船舶与海洋工程系列

水声学基础

主　编　喻　敏
副主编　王献忠

哈尔滨工程大学出版社
Harbin Engineering University Press

内 容 简 介

本书主要介绍声学和水声学的基础知识,为读者提供简单易懂的声学入门知识。水声技术在海洋资源开发、海洋权益维护等领域至关重要,因此本书介绍了声波的产生、传播、辐射和接收的基本理论,旨在推动水声学的发展和普及。

本书可作为高等院校涉海专业本科生的入门教材,也可作为对水声学感兴趣的人员旨在推动水声学的发展和普及的参考读物。

图书在版编目(CIP)数据

水声学基础/喻敏主编. —哈尔滨 : 哈尔滨工程大学出版社,2023.11
　　ISBN 978-7-5661-4163-7

　　Ⅰ. ①水… Ⅱ. ①喻… Ⅲ. ①水体声学 Ⅳ. ①O427

中国国家版本馆 CIP 数据核字(2023)第 224257 号

水声学基础
SHUISHENGXUE JICHU

选题策划　　石　岭
责任编辑　　宗盼盼
封面设计　　李海波

出版发行　　哈尔滨工程大学出版社
社　　址　　哈尔滨市南岗区南通大街 145 号
邮政编码　　150001
发行电话　　0451-82519328
传　　真　　0451-82519699
经　　销　　新华书店
印　　刷　　哈尔滨午阳印刷有限公司
开　　本　　787 mm×1 092 mm　1/16
印　　张　　12.5
字　　数　　308 千字
版　　次　　2023 年 11 月第 1 版
印　　次　　2023 年 11 月第 1 次印刷
书　　号　　ISBN 978-7-5661-4163-7
定　　价　　40.00 元
http://www.hrbeupress.com
E-mail:heupress@ hrbeu.edu.cn

前　言

声波是迄今为止已知的唯一能够在水中远距离传播的能量形式,而水声技术作为以声波为载体来获取、利用、处理海洋信息的重要工具,对于深海资源的开发与利用以及维护海洋权益至关重要。水声学是水声技术的重要理论基础,同时也是声学领域的一个重要分支。在众多声学分支中,水声学的发展一直受到军事需求的推动。军事需求不仅促进了水声学的发展,同时也为水下战争装备的研制和创新提供了动力。随着"冷战"的结束和人类对海洋开发的逐步深入,水声学应用正在发生深刻的变革,从海洋安全和国土防御,到海洋资源的勘探和开发,从舰艇战力和反潜作战,再到海洋环境保护,涉及多个领域。

面对日益激烈的国际竞争,围绕国家海洋强国战略,必须大力发展水声学科,培养更多水声领域的专业人才,为我国由海洋大国向海洋强国的迈进提供智力支持。然而,目前全国开设水声工程专业的学校数量有限,导致对水声专业人才的需求远远超出供应。公众对水声专业了解不足。杨士莪院士曾说过:"很多人,包括一些高级知识分子,都没有听说过水声学,很多涉海专业的学生对水声学也知之甚少。"这都表明了我国水声学科技的普及有着明显的不足。本书的目的正是从声学和水声学的基础知识出发,逐步引导广大涉海专业的读者深入水声学的领域,使更多人了解水声学。

本书从声学基础理论出发,介绍声学和其分支学科水声学的基础内容,使读者快速了解声波在水中的传播特性和相互作用。其中,影响声波在水下传播的重要干扰因素,如海洋背景噪声、混响以及舰船辐射噪声等内容与随机过程理论密切相关。考虑到大多数涉海专业的本科生尚未学习随机过程相关的课程,因此本书在这方面未做深入展开,需要进一步了解的读者可以参考相关文献。

本书的编写得益于编者多年的教学经验,同时也借鉴了众多水声学研究人员的成果。在编写过程中,研究生罗传增、樊丁繁、刘航、杜炀、陈启扬、田洪海、方旭轶、穆焰塾、闫婧洁、祝明思等做出了贡献,在此表示衷心感谢。由于编者水平有限,书中难免存在不足之处,欢迎读者批评和指正,以便将来进一步完善和改进。

最后,衷心希望本书能够成为广大读者学习和探索水声学的启蒙书,为推动我国水声学的发展和应用做出积极的贡献。对于广大涉海专业的学生,希望本书能够为他们提供有益的知识和启发,引导他们在水声学领域进行更深入的研究。

编　者

2023 年 9 月

目　　录

第1章 单自由度振动系统

振动学是研究声学的基础。从广义来看,声学现象实质上就是传声媒介(气体、液体、固体等)质点所产生的一系列力学振动传递过程的表现,而声波的产生(无论是自然产生或人工获得)基本上来源于物体的振动。

振动是指质点围绕其平衡位置进行的往返运动。振动系统是包含弹性元件和质量元件的装置,通过某种方法激发可产生振动。确定某个系统几何位置的独立参数的数目称为自由度数。若只用一个独立参数即可确定系统的几何位置,则称该系统为单自由度系统(图1-1)。单自由度系统是最简单的振动系统,但它是研究复杂振动系统的基础。若需要用两个或两个以上独立参数才能确定系统的几何位置,则称该系统为两个自由度系统或多自由度系统,或统称为多自由度系统。例如,多质点轴的横向振动系统、多圆盘轴的扭振系统等。连续弹性体可以

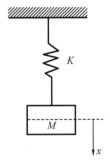

图1-1 单自由度系统

看成由无穷多个质点组成的系统,该系统需要用无穷多个参数或一个连续函数来确定几何位置,因此是无穷多自由度系统。

现实中很多振动问题可简化为单自由度系统的问题。而单自由度系统的振动又揭示了振动现象的本质,是研究多自由度系统振动的基础。

1.1 单自由度自由振动

单自由度自由振动是声学中一个重要的基础概念,它是指一个物体围绕其平衡位置进行简谐振动,并且只需一个自由度就可以描述它的运动状态。声波和振动是声学研究的核心内容,而单自由度自由振动是振动学的基础。通过学习单自由度自由振动,读者可以更好地理解声波和振动的特性,如频率、周期、振幅等,还可以简化复杂系统的分析,如弦线、膜、板等结构的振动。

1.1.1 无阻尼自由振动

系统没有受到动载荷作用,即振动系统在受到初始扰动后,没有受到其他外力的作用,也不受阻尼影响所做的振动,称为无阻尼的自由振动。

无阻尼自由振动的振动微分方程为

$$M\ddot{x} + Kx = 0 \qquad (1-1)$$

若令 $\omega_n^2 = K/M$,则式(1-1)可写作

$$\ddot{x} + \omega_n^2 x = 0 \qquad (1-2)$$

式中,ω_n 只与系统本身的参数 M、K 有关,而与初始条件无关,故称为固有角频率,简称为固

有频率或自然频率。

式(1-2)中二阶齐次线性微分方程就是单自由度系统无阻尼自由振动的标准微分方程。

设 $x = e^{rt}$ 为方程的一个解,代入式(1-2)得

$$(r^2 + \omega_n^2) e^{rt} = 0 \tag{1-3}$$

由于 e^{rt} 恒不为零,所以其特征方程为

$$r^2 + \omega_n^2 = 0 \tag{1-4}$$

则特征根为

$$r = \pm j\omega_n \tag{1-5}$$

式中,$j = \sqrt{-1}$,方程的通解为

$$x = C_1 e^{j\omega_n t} + C_2 e^{-j\omega_n t} \tag{1-6}$$

由欧拉公式可知

$$e^{j\omega_n t} = \cos \omega_n t + j\sin \omega_n t \tag{1-7}$$

通解可改写为

$$x = A_1 \cos \omega_n t + A_2 \sin \omega_n t \tag{1-8}$$

式中,$A_1 = C_1 + C_2$,$A_2 = j(C_1 + C_2)$,均由振动初始条件确定。

由式(1-8)可知,单自由度系统的自由振动包含的两个同频率的简谐振动,合成后仍为同一频率的简谐振动,即

$$x = A\sin(\omega_n t + \varphi) = A\cos(\omega_n t + \varphi_1) \tag{1-9}$$

式中

$$\begin{cases} A = \sqrt{A_1^2 + A_2^2} \\ \varphi = \arctan \dfrac{A_1}{A_2} \\ \varphi_1 = \varphi - \dfrac{\pi}{2} \end{cases} \tag{1-10}$$

现在根据振动的初始条件确定 A_1 和 A_2。

设在 $t = 0$ 时,质量 M 的初始位移和初始速度分别为

$$x\mid_{t=0} = x_0, \ \dot{x}\mid_{t=0} = \frac{dx}{dt}\Big|_{t=0} = \dot{x}_0 \tag{1-11}$$

将式(1-11)代入式(1-8)可得

$$A_1 = x_0, A_2 = \dot{x}_0 / \omega_n \tag{1-12}$$

于是得式(1-2)的特解为

$$x = x_0 \cos \omega_n t + \frac{\dot{x}_0}{\omega_n} \sin \omega_n t \tag{1-13}$$

式(1-13)表示无阻尼自由振动的位移响应,它是以初始位移 x_0 为幅值的余弦运动和以 $\dot{x}_0 / \omega_n$ 为幅值的正弦运动的叠加。这种随时间按正弦或余弦函数变化的运动,称为简谐振动。组合运动的幅值和初相角为

$$\begin{cases} A = \sqrt{x_0^2 + (\dot{x}_0/\omega_n)^2} \\ \varphi = \arctan \dfrac{x_0\omega_n}{\dot{x}_0} \end{cases} \tag{1-14}$$

在振动问题中还可以用旋转矢量来表示简谐振动。为此引进一个半径为 A 的参考圆，有一质点 M 在此圆周上以匀角速度 ω_n 沿逆时针方向做匀速圆周运动，如图 1-2(a) 所示。可以看到，当 M 点做圆周运动时，它在 x 轴上的投影点 M' 以圆心 O 为平衡位置做上下来回振动。如果开始时($t=0$)质点 M 位于 M_0，则 $\overline{OM_0}$ 与 y 轴的夹角为 φ。经过时间 t 后，$\overline{OM_0}$ 转过角度 $\omega_n t$，M 点在 x 轴上的投影点 M' 离平衡位置的距离，即位移 x 为

$$x = \overline{OM}\sin(\omega_n t + \varphi) = A\sin(\omega_n t + \varphi) \tag{1-15}$$

得到与式(1-9)同样的结果。

如以 x 轴为纵坐标，$\omega_n t$ 为横坐标，就可得 M' 点的振动曲线，如图 1-2(b) 所示。所得的结果表明，质点的自由振动为简谐振动。其中旋转矢量的模 A 为振幅，即质点的最大位移为峰值；$\omega_n t + \varphi$ 为振动的相角，φ 为初相角；旋转角速度 ω_n 为圆频率，它指质点每秒内振动的弧度数，或 2π 秒内振动的次数。它仅取决于系统的固有性质(质量 M 及弹簧的弹性系数 K)，而与运动的初始条件无关，故称为系统的固有频率，是表征振动系统固有性质的一个重要特征值。

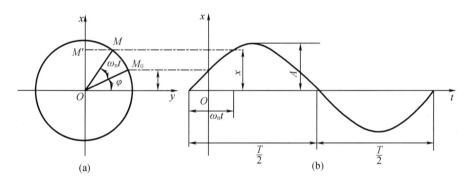

图 1-2　匀速圆周运动

1.1.2　固有频率的求解方法

1.静变形法

要求解系统的固有频率，根据公式 $\omega_n = \sqrt{K/M}$，需计算出系统的质量和弹簧的弹性系数。由于系统往往较复杂，其质量和弹簧的弹性系数有时难以直接求出，因此求解系统的固有频率就很困难。但是，这时可根据静变形法计算系统的固有频率，也就是只要能测量出弹簧的静变形 h，就能根据 $Mg = Kh$ 得到

$$K = \frac{Mg}{h} \tag{1-16}$$

则固有频率为

$$\omega_n = \sqrt{\frac{K}{M}} = \sqrt{\frac{Mg}{Mh}} = \sqrt{\frac{g}{h}} \tag{1-17}$$

知道静变形后即可求得直线振动的固有频率。系统振动一周所需的时间为

$$T = \frac{2\pi}{\omega_n} = 2\pi\sqrt{\frac{M}{K}} = 2\pi\sqrt{\frac{h}{g}} \qquad (1-18)$$

称为振动的周期,单位为 s。

若以系统每秒振动的次数来表示频率,则

$$f = \frac{1}{T} = \frac{\omega_n}{2\pi} = \frac{1}{2\pi}\sqrt{\frac{K}{M}} \qquad (1-19)$$

显然,系统每分钟振动的次数为

$$f_n = 60f = \frac{60}{2\pi}\omega_n \qquad (1-20)$$

2. 能量法

单自由度振动系统在做自由振动时,如果不计阻尼,则在振动过程中可认为没有能量损失。在振动的任一瞬时,系统总能量保持不变,位能 E_p 和动能 E_k 之和应恒为常数,即 $E_p + E_k =$ 常数,或写成

$$\frac{\mathrm{d}}{\mathrm{d}t}(E_p + E_k) = 0 \qquad (1-21)$$

由于能量守恒,系统能够维持持久的等幅振动。系统自由振动的任一瞬时,质点离开平衡位置的位移为 x,质点的速度为 $\dot{x}$,则其位能为 $E_p = \frac{1}{2}Kx^2$,动能为 $E_k = \frac{1}{2}M\dot{x}^2$,系统的总能量为 $E_p + E_k$。也就是说,任意选择两个振动位置,振动的总能量应相等,即

$$E_{p1} + E_{k1} = E_{p2} + E_{k2}$$

现选择两个特殊位置讨论。当质点经过平衡位置时,位移 $x = 0$,故位能为零,速度达到最大值 $\dot{x}_{max}$,此时动能应为最大值 E_{kmax};当质量离开平衡位置运动到最大位移时,速度 $\dot{x} = 0$,故动能为零,弹簧变形达到最大值 x_{max},此时位能应为最大值 E_{pmax}。

因为能量守恒,故有

$$E_{pmax} = E_{kmax} \qquad (1-22)$$

用式(1-22)可直接求系统的固有频率,称为能量法。

若系统自由振动表示为

$$x = A\sin(\omega_n t + \varphi) \qquad (1-23)$$

则有

$$x_{max} = A \qquad (1-24)$$

$$\dot{x}_{max} = \omega_n A \qquad (1-25)$$

系统的最大动能

$$E_{kmax} = \frac{1}{2}M\dot{x}_{max}^2 = \frac{1}{2}M\omega_n^2 A^2 \qquad (1-26)$$

系统的最大位能

$$E_{pmax} = \frac{1}{2}Kx_{max}^2 = \frac{1}{2}KA^2 \qquad (1-27)$$

将式(1-26)、式(1-27)代入式(1-22),有

$$\frac{1}{2}M\omega_n^2 A^2 = \frac{1}{2}KA^2 \tag{1-28}$$

所以自由振动频率(即系统的固有频率)为

$$\omega_n = \sqrt{\frac{K}{M}}$$

进而有

$$f = \frac{\omega_n}{2\pi} = \frac{1}{2\pi}\sqrt{\frac{K}{M}}$$

3. 等效系统及应用等效法

使用能量法,可将一个复杂的系统化为一个简单的弹簧质量等效系统。等效系统与真实系统的位移是等效的,且它们的动能与位能都相同,因而两者的固有频率也相同。

在一般情况下,一个系统的等效弹簧质量系统可以这样来确定:先规定系统中某一个质点的位移作为等效系统中质量的位移(即等效位移),再根据真实系统的动能和位能分别与等效系统的动能和位能相等的条件求出等效系统中的质量及弹簧的弹性系数(即由动能等效求等效质量 M_e,由位能等效求等效弹性系数 K_e),于是真实系统的固有频率 ω_n 为

$$\omega_n = \sqrt{\frac{K_e}{M_e}} \tag{1-29}$$

这种寻求系统固有频率的方法即为等效法。

例 1-1 如图 1-3 所示,一质量为 M 的小球,被支承在弹性系数为 K 的弹簧上,求系统的固有频率。

解 已知弹簧的弹性系数为 K,则其固有频率为

$$\omega_n = \sqrt{K/M}$$

进而

$$f = \frac{\omega_n}{2\pi} = \frac{1}{2\pi}\sqrt{K/M}$$

图 1-3 弹簧振子结构

1.1.3 振动的复数表达

在讨论振动问题,包括后面讨论的声波问题时,人们通常采用复函数来求解。系统的振动在复平面表示,其优点主要有两个,其一是便于运算、简化数学处理,其二是物理意义清晰、直观。图 1-4 表示一个复平面,矢量 $\overline{OP}$ 即旋转矢量 A 的模 $|A| = A$,矢端位置可用一个复数 Z 表示。

$$Z = x + jy = A(\cos\theta + j\sin\theta) = A(\cos\omega t + j\sin\omega t) \tag{1-30}$$

式中,$j = \sqrt{-1}$,$\theta = \omega t$ 为复数的幅角。

根据欧拉公式 $e^{j\omega t} = \cos\omega t + j\sin\omega t$,可得

$$Z = Ae^{j\omega t} \tag{1-31}$$

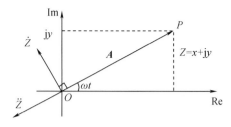

图 1-4　复平面

不难看出,复数 Z 在实轴(x 轴)和虚轴(y 轴)上的投影,即复数的实部和虚部均可表示一个简谐振动。

$$\begin{cases} x = \mathrm{Re}\ Z = A\cos \omega t \\ y = \mathrm{Im}\ Z = A\sin \omega t \end{cases} \qquad (1\text{-}32)$$

式中,Im 指复数的虚部,与 Re 指代的实部共同组成一个复数。由于实际的振动物理量是实数,因此需将复数运算后所得到的复数解化为实数解。因含有复数的方程意味着其实部和虚部均满足此方程,所以只要约定复数的实部或虚部,即可用复数形式运算或求解。

在振动和声学问题中会遇到大量的简谐运动的物理量,如力和速度等,在电磁波和电工学等领域也有许多这样的量,它们都可以采用复数的实部表示。现约定用实部表示简谐振动,即

$$x = A\cos \omega t$$

则其复数表示为

$$Z = A\mathrm{e}^{\mathrm{j}\omega t} \qquad (1\text{-}33)$$

因而用复数表示的速度和加速度分别为

$$\begin{cases} \dot{Z} = \mathrm{j}\omega A\mathrm{e}^{\mathrm{j}\omega t} = \omega A\mathrm{e}^{\mathrm{j}\left(\omega t + \frac{\pi}{2}\right)} \\ \ddot{Z} = \mathrm{j}^2 \omega^2 A\mathrm{e}^{\mathrm{j}\omega t} = \omega^2 A\mathrm{e}^{\mathrm{j}(\omega t + \pi)} \end{cases} \qquad (1\text{-}34)$$

这样,简谐振动 x 的速度 $\dot{x}$ 和加速度 $\ddot{x}$ 就可从 $\dot{Z}$ 与 $\ddot{Z}$ 的实部取得,则有

$$\begin{cases} \dot{x} = \mathrm{Re}\ \dot{Z} = -\omega A\sin \omega t = \omega A\cos\left(\omega t + \frac{\pi}{2}\right) \\ \ddot{x} = \mathrm{Re}\ \ddot{Z} = -\omega^2 A\cos \omega t = \omega^2 A\cos(\omega t + \pi) \end{cases} \qquad (1\text{-}35)$$

由式(1-35)可知,$\dot{x}$ 速度的幅值为 ωA,是位移幅值的 ω 倍,相位超前 $\dfrac{\pi}{2}$;加速度的幅值为 $\omega^2 A$,是位移幅值的 ω^2 倍,相位超前 π,如图 1-4 所示。$\dot{Z}$ 和 $\ddot{Z}$ 在复平面上各为一旋转矢量,它们在实轴上的投影分别为 $\dot{x}$ 和 $\ddot{x}$。

对于系统简谐振动的组合问题,令两个同频率但幅值与相角不相同的简谐振动为

$$\begin{cases} x_1 = A_1\cos \omega t = \mathrm{Re}(A_1\mathrm{e}^{\mathrm{j}\omega t}) \\ x_2 = A_2\cos(\omega t + \varphi) = \mathrm{Re}\left[A_2\mathrm{e}^{\mathrm{j}(\omega t + \varphi)}\right] \end{cases} \qquad (1\text{-}36)$$

则

$$x = x_1 + x_2 = \mathrm{Re}\left[A\mathrm{e}^{\mathrm{j}(\omega t + \beta)}\right] \qquad (1\text{-}37)$$

式中

$$\begin{cases} A = \sqrt{(A_1 A_2 \cos\varphi)^2 + (A_2 \sin\varphi)^2} \\ \beta = \arctan \dfrac{A_2 \sin\varphi}{A_1 + A_2 \cos\varphi} \end{cases} \tag{1-38}$$

以上关系用复数旋转矢量表示,如图 1-5 所示。

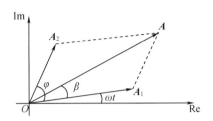

图 1-5 复数旋转矢量

可以看到,在表示同频率简谐振动合成时,矢量表示方法有着物理概念清晰、直观的优点,复数表示方法在求导运算中较方便。

1.2 单自由度阻尼振动

单自由度阻尼振动是声学中基本的振动模型之一,也是其他复杂振动系统的基础。通过学习单自由度阻尼振动,读者可以了解振动系统的基本特性,如自然频率、阻尼比、振幅等,以及其对能量传递和耗散的影响。此外,单自由度阻尼振动也是掌握振动理论和机械振动分析方法的基础,包括共振、频率响应等内容。

1.2.1 阻尼的概念与分类

前面所述的无阻尼自由振动系统,在计算中略去了系统运动中所受的阻力,而假定系统振动时仅受重力和弹性力的作用,这时系统做等振幅的自由振动,并且当系统受外界激振力作用时,振动的振幅在共振时变得无穷大,但这只是一种理想的情况。在实际的振动系统中总是存在着阻力的作用,它使得自由振动受到阻滞而逐渐衰减。这种使系统的振动受到阻滞和减弱,系统的能量随运动或时间而损耗的阻力就称为阻尼或阻尼力。由于阻尼的作用,使上述无阻尼振动的情况发生了明显的变化。在自由振动过程中,阻尼的存在使振动系统要克服阻尼而做功,能量转化为其他形式的能量,振动的振幅随时间的增加而减小;在强迫振动过程中,产生共振时,由于阻尼的作用,振幅也不会无限的增大。所以在振动的过程中,必须考虑阻尼对振动的影响。

在振动系统中,由于系统所处的情况不同,其所受到的阻尼的性质也有所不同。阻尼力按其作用的性质可分为外阻尼力和内阻尼力。外阻尼力是由于系统与外界直接接触而产生的阻尼力;内阻尼力则是由于系统自身内部原因而产生的阻尼力。

按照系统接触外界介质的不同,外阻尼力可分为干摩擦阻力、黏性阻力和流体动力阻力三种。

1. 干摩擦阻力

当系统与外界的固体表面相接触时,运动产生的摩擦阻力,称为干摩擦阻力(图1-6),也称库仑阻尼。干摩擦阻力的大小取决于两接触面间的正压力 N 和两接触面的粗糙程度与材料,即决定于干摩擦系数 μ。干摩擦阻力的方向始终与系统运动方向相反,故有

$$F_d = -\mu N \frac{\dot{x}}{|\dot{x}|} \qquad (1-39)$$

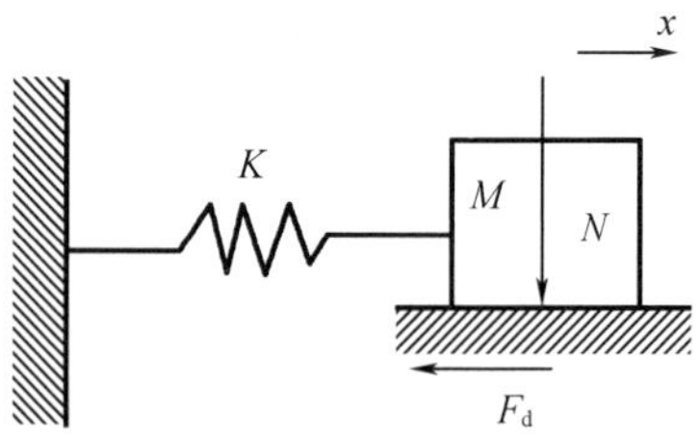

图1-6 干摩擦阻力系统

干摩擦系数 μ 又分为静摩擦系数和动摩擦系数。一般来说,静摩擦系数要大于动摩擦系数。所以使系统开始运动所需要的力比维持系统运动的力要大。只要质量块 M 上的作用力,即惯性力和弹簧恢复力足以克服干摩擦阻力,系统就维持振动,干摩擦阻力的方向就与运动方向相反,大小保持不变。当这些作用力小于干摩擦阻力时,运动便停止。

2. 黏性阻力

系统与外界黏性流体接触时(如两接触面之间有润滑剂),或在黏性流体中以低速运动时所产生的阻力,称为黏性阻力。它与两物体接触面的材料无关,与振动体的大小、形状及流体(或润滑剂)的黏性有关。其大小与运动速度成正比,方向则与运动方向相反(图1-8),即

$$F_d = -C\dot{x} \qquad (1-40)$$

式中,C 为黏性阻力系数,其大小取决于振动体的大小、形状和流体的黏性。这种黏性阻力又可称为线性黏性阻力。

3. 流体动力阻力

当系统与外界的黏性流体接触或在黏性流体中以较高速度运动时(如 3 m/s 以上)所产生的阻尼力,称为流体动力阻力(图1-7)。它的大小与速度的平方成正比,故又称为高次阻力或非线性黏性阻力。流体动力阻力的方向与运动方向相反,即

$$F_d = -b \frac{\dot{x}}{|\dot{x}|} \dot{x}^2 \qquad (1-41)$$

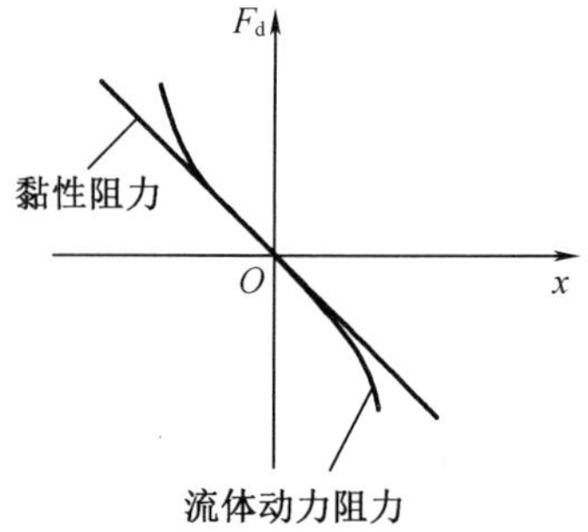

图1-7 流体动力阻力系统

式中,b 为物体在流体中运动的阻尼常数。

1.2.2 黏性阻尼系统的自由振动及其解

黏性阻尼是线性的,在分析求解振动问题时可大为简化,所以本节以黏性阻尼为例来研究有阻尼振动。若系统的阻尼为非线性阻尼,通常可根据非线性阻尼一个周期内所消耗的能量和一个等效的黏性阻尼所消耗的能量相等的原则来换算等效黏性阻尼系数,以便进行近似计算。

先讨论单自由度黏性阻尼系统的自由振动情况。设图1-8为一质量为 M 的单自由度阻尼系统,其弹簧的弹性系数为 K,阻尼为 C。以静平衡位置为原点,建立 x 坐标,方向向下为正。在自由振动过程中,系统受力如图1-8所示,依据牛顿运动定律或达朗贝尔原理可

得单自由度有阻尼自由振动的微分方程为

$$M\ddot{x}+C\dot{x}+Kx=0 \qquad (1-42)$$

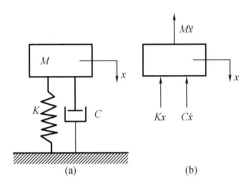

图 1-8 单自由度阻尼系统

式(1-42)两边同时除以 M 可得

$$\ddot{x}+\frac{C}{M}\dot{x}+\frac{K}{M}x=0 \qquad (1-43)$$

令 $2n=\dfrac{C}{M}$，$\omega_n^2=\dfrac{K}{M}$，将它们代入式(1-43)可得

$$\ddot{x}+2n\dot{x}+\omega_n^2x=0 \qquad (1-44)$$

式(1-44)即为单自由度系统有阻尼自由振动的运动微分方程,它是一个齐次二阶常系数线性微分方程。故可设其特解为

$$x(t)=\mathrm{e}^{rt} \qquad (1-45)$$

将式(1-45)代入式(1-44),可求得这一微分方程的特征方程

$$r^2+2nr+\omega_n^2=0 \qquad (1-46)$$

其解为

$$r_1 \mathrel{、} r_2=-n\pm\sqrt{n^2-\omega_n^2} \qquad (1-47)$$

式中,$r_1 \mathrel{、} r_2$ 称为特征根,因此式(1-44)的通解可写为

$$x(t)=A_1\mathrm{e}^{r_1t}+A_2\mathrm{e}^{r_2t}=\mathrm{e}^{-nt}(A_1\mathrm{e}^{\sqrt{n^2-\omega_n^2}t}+A_2\mathrm{e}^{-\sqrt{n^2-\omega_n^2}t}) \qquad (1-48)$$

方程解的性质取决于 $\sqrt{n^2-\omega_n^2}$ 的值是实数、零,还是虚数。解的不同表示的情况也不同。为了讨论方便,现引进 ζ:

$$\zeta=\frac{n}{\omega_n} \qquad (1-49)$$

式中,ζ 称为相对阻尼系数或阻尼比。

关于 $\sqrt{n^2-\omega_n^2}$ 的不同取值情况的讨论如下。

(1)当 $n<\omega_n$,或 $\zeta<1$ 时,称为弱阻尼状态,即小阻尼的情形。这时特征方程的两个根是一对共轭复根。

$$r_1 \mathrel{、} r_2=-n\pm\mathrm{j}\sqrt{\omega_n^2-n^2} \qquad (1-50)$$

故利用欧拉方程可得微分方程的通解为

$$x(t) = e^{-nt}\left(A_1\cos\sqrt{\omega_n^2-n^2}\,t + A_2\sin\sqrt{\omega_n^2-n^2}\,t\right) = Ae^{-nt}\sin\left(\sqrt{\omega_n^2-n^2}\,t+\varphi\right) \tag{1-51}$$

令

$$\omega_d = \sqrt{\omega_n^2-n^2} = \omega_n\sqrt{1-\left(\frac{n}{\omega}\right)^2} \tag{1-52}$$

则

$$x(t) = Ae^{-nt}\sin\left(\omega_d t+\varphi\right) \tag{1-53}$$

式中，ω_d 称为有阻尼自由振动频率或衰减振动的圆频率。

$$\begin{cases} A = \sqrt{A_1^2+A_2^2} \\ \varphi = \arctan\dfrac{A_1}{A_2} \end{cases} \tag{1-54}$$

式中，A、φ、A_1、A_2 为待定系数，由初始条件决定。

当 $t=0$ 时，$x=\dot{x}_0$，$\dot{x}=\dot{x}_0$，可求出式（1-54）中的常数为

$$\begin{cases} A_1 = x_0 \\ A_2 = \dfrac{\dot{x}_0+nx_0}{\omega_d} \end{cases} \tag{1-55}$$

则

$$\begin{cases} A = \sqrt{x_0^2+\left(\dfrac{\dot{x}_0+nx_0}{\omega_d}\right)^2} = \sqrt{\dfrac{\dot{x}_0^2+2n\dot{x}_0 x_0+\omega_n^2 x_0^2}{\omega_n^2-n^2}} \\ \varphi = \arctan\dfrac{x_0\omega_d}{\dot{x}_0+nx_0} = \arctan\dfrac{x_0\sqrt{\omega_n^2-n^2}}{\dot{x}_0+nx_0} \end{cases} \tag{1-56}$$

将 A_1、A_2 代入式（1-51）可得

$$x = e^{-nt}\left(x_0\cos\omega_d t + \dfrac{\dot{x}_0+nx_0}{\omega_d}\sin\omega_d t\right) \tag{1-57}$$

式（1-51）中包含两个因素，一个是下降的指数曲线，另一个是正弦曲线。故系统的振动不再是等幅的简谐振动，而是振幅被限制在 $x=Ae^{-nt}$ 及 $x=-Ae^{-nt}$ 两曲线之间，并且振幅随时间增加而逐渐减小的衰减振动，振动情况如图1-9所示。

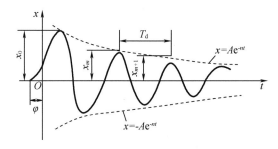

图1-9　阻尼振动的衰减

系统相邻两次从同一方向通过其平衡位置的时间间隔，称为有阻尼自由振动的周期 T_d（除通过平衡位置之外，有阻尼自由振动并不满足周期性的条件）。

$$T_{\mathrm{d}} = \frac{2\pi}{\omega_{\mathrm{d}}} = T \frac{1}{\sqrt{1 - \left(\dfrac{n}{\omega_{\mathrm{n}}}\right)^2}} \tag{1-58}$$

式中, T 为无阻尼自由振动的周期。

实际振动系统中,一般阻尼较小,通常 $\zeta < 0.2$,因此由式(1-52)和式(1-58)可见,阻尼对自由振动的频率和周期影响较小,在计算时可按二项式定理近似地取为

$$\begin{cases} \omega_{\mathrm{d}} \approx \omega_{\mathrm{n}} \left(1 - \dfrac{1}{2}\zeta^2\right) \\ T_{\mathrm{d}} \approx T\left(1 + \dfrac{1}{2}\zeta^2\right) \end{cases} \tag{1-59}$$

但阻尼对振幅的影响很大,经过若干个周期后,振幅有很大的衰减。振幅的衰减程度可由任意相邻的两个振幅之比 ψ 来表示。

$$\psi = \frac{x_m}{x_{m+1}} = \frac{A\mathrm{e}^{-nt_m}}{A\mathrm{e}^{-n(t_m + T_{\mathrm{d}})}} = \mathrm{e}^{nT_{\mathrm{d}}} \tag{1-60}$$

式中, ψ 为阻尼振动的衰减系数或减幅系数; $x_m = A\mathrm{e}^{-nt_m}$,为第 m 次振动的振幅; $x_{m+1} = A\mathrm{e}^{-n(t_m + T_{\mathrm{d}})}$,为第 $m+1$ 次振动的振幅。

为了运算方便,通常用"对数衰减率"代替衰减系数 ψ 来表示振幅衰减的快慢,即

$$\delta = \ln \frac{x_m}{x_{m+1}} = nT_{\mathrm{d}} = 2\pi \frac{\zeta}{\sqrt{1 - \zeta^2}} \approx 2\pi\zeta \tag{1-61}$$

或

$$\begin{cases} \dfrac{x_m}{x_{m+N}} = \mathrm{e}^{NnT_{\mathrm{d}}} = \mathrm{e}^{N\delta} \\ \delta = \dfrac{1}{N}\ln \dfrac{x_m}{x_{m+N}} \\ \zeta \approx \dfrac{\delta}{2\pi} = \dfrac{1}{2\pi N}\ln \dfrac{x_m}{x_{m+N}} \end{cases} \tag{1-62}$$

(2)当 $n > \omega_{\mathrm{n}}$,或 $\zeta > 1$ 时,称为强阻尼状态,即大阻尼的情形。这时 $\sqrt{n^2 - \omega_{\mathrm{n}}^2} > 0$,但 $\sqrt{n^2 - \omega_{\mathrm{n}}^2} < n$。故特征方程的两个根是负实根。

$$r_1 \text{、} r_2 = -n \pm \sqrt{n^2 - \omega_{\mathrm{n}}^2} = -n \pm \omega_{\mathrm{b}} \tag{1-63}$$

式中

$$\omega_{\mathrm{b}} = \sqrt{n^2 - \omega_{\mathrm{n}}^2} \tag{1-64}$$

则式(1-44)的通解为

$$x(t) = \mathrm{e}^{-nt}(A_1 \cos \omega_{\mathrm{b}}t + A_2 \sin \omega_{\mathrm{b}}t) \tag{1-65}$$

积分常数 A_1、A_2 由初始条件确定。

设 $t=0$ 时, $x = x_0$, $\dot{x} = \dot{x}_0$,则可求出式(1-57)的积分常数为

$$\begin{cases} A_1 = x_0 \\ A_2 = \dfrac{\dot{x}_0 + nx_0}{\omega_{\mathrm{b}}} \end{cases} \tag{1-66}$$

故有

$$x(t) = \mathrm{e}^{-nt}\left(x_0 + \cos \omega_{\mathrm{b}}t + \frac{\dot{x}_0 + nx_0}{\omega_{\mathrm{b}}}\sin \omega_{\mathrm{b}}t\right) \qquad (1-67)$$

式(1-67)为一非周期函数,它不再表示振动。当 $t \to \infty$, $x \to 0$ 时,物体随时间 t 的增大而逐渐趋于平衡位置。也就是说,当黏性阻尼很大时,物体受到激振力而离开平衡位置,在撤去激振力后,由于阻尼的作用,使其不产生振动而逐渐回到平衡位置。图 1-10 为在不同的初始条件下,物体的运动情况。可以看出,初始条件不同,其趋向于平衡位置的方式也不同。

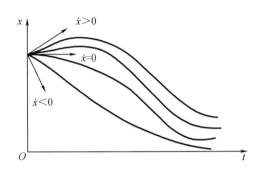

图 1-10　在不同的初始条件下,物体的运动情况

(3)当 $n = \omega_{\mathrm{n}}$,或 $\zeta = 1$ 时,称为临界阻尼状态。这时特征方程有重根,即

$$r_1 = r_2 = -n \qquad (1-68)$$

故式(1-44)的一般解为

$$x(t) = \mathrm{e}^{-nt}(A_1 + A_2 t) \qquad (1-69)$$

设当 $t = 0$ 时, $x = x_0$, $\dot{x} = \dot{x}_0$,则

$$\begin{cases} A_1 = x_0 \\ A_2 = \dot{x}_0 + nx_0 \end{cases} \qquad (1-70)$$

故

$$x(t) = x_0\mathrm{e}^{-nt} + (\dot{x}_0 + nx_0)t\mathrm{e}^{-nt} \qquad (1-71)$$

当 $t \to \infty$ 时,式(1-71)右边的第一项 $x_0\mathrm{e}^{-nt}$ 趋近于零。

式(1-71)右边的第二项 $(\dot{x}_0 + nx_0)t\mathrm{e}^{-nt}$,可应用麦克劳林级数展开成如下公式:

$$(\dot{x}_0 + nx_0)t\mathrm{e}^{-nt} = \frac{\dot{x}_0 + nx_0}{\dfrac{\mathrm{e}^{nt}}{t}} = \frac{\dot{x}_0 + nx_0}{\dfrac{1}{t} + n + \dfrac{n^2 t}{2!} + \dfrac{n^3 t^2}{3!} + \cdots + \dfrac{n^n t^{n-1}}{n!}} \qquad (1-72)$$

当 $t \to \infty$ 时,其也趋近于零。因此式(1-71)表示的运动也是一种非周期运动。物体随时间 t 的增长而趋向平衡位置,所以它不表示振动。它是系统从振动过渡到不振动的临界情况。此时系统的黏性阻尼系数称为临界黏性阻尼系数,简称临界阻尼,用 C_{c} 表示。

因为 $n = \omega_{\mathrm{n}}$, $2n = \dfrac{C}{M}$,所以 $\dfrac{C_{\mathrm{c}}}{2M} = \sqrt{\dfrac{K}{M}}$,则

$$C_{\mathrm{c}} = 2M\sqrt{\frac{K}{M}} = 2\sqrt{KM} \qquad (1-73)$$

由式(1-73)可以看出,临界阻尼 C_{c} 只取决于系统本身的物理性质。

又因为

$$\zeta = \frac{n}{\omega_n} = \frac{\dfrac{C}{2M}}{\omega_n} = \frac{C}{C_c} \tag{1-74}$$

所以相对阻尼系数也是系统实际阻尼系数与临界阻尼系数的比值。

1.2.3　阻尼振动举例

振动系统的无阻尼振动是对实际问题的理论抽象,如果现实世界没有阻尼振动的话,整个世界将处在无休止的运动中。真实的世界是和谐的,既有振动又有阻尼,保证了我们生活在一个相对安静的世界里。汽车的减震系统、高速公路两旁的隔音板、降噪耳机等能够减弱周围环境的噪声,这些都是对阻尼振动的具体应用(图1-11)。

(a)汽车的减震系统　　　(b)高速公路两旁的隔音板　　　(c)降噪耳机

图1-11　阻尼振动的应用

1.3　单自由度强迫振动

单自由度强迫振动是声学中的一个基础概念,它描述了一个物体在受到外力作用下的振动行为。通过学习单自由度强迫振动,读者可以了解振动系统受外界激励作用时的响应特性,如共振现象、频率响应等,以及其对信号传输和滤波的影响。

1.3.1　无阻尼简谐激振

1. 基本概念

若不考虑阻尼力作用,在振动过程中,系统的动能和位能不断相互转化,而总和保持不变,系统维持等幅振动,这种振动称为无阻尼自由振动。而实际系统总是有阻尼力作用,因此要维持系统做等幅振动,必须有外来的激振力对系统做功,否则振动就会停止。这种由于外界持续激振力所引起的振动称为强迫振动。例如,扬声器的音圈-纸盒振动系统受到持续的电磁策动力作用而振动,就是属于系统在外界的激振力作用下的振动。

外界激振力作用于系统的方式可分为两种:一种是持续的激振力 $F(t)$,可能直接作用于质量块上,如图1-12(a)所示,也可能是由系统内部运动构件的不平衡离心惯性力引起的;另一种是系统支座的动力载荷 $F'(t)$,如图1-12(b)所示。外界激振使系统产生的振动状态称为对系统的响应。响应可以用位移、速度、加速度形式表达,通常把外界的激振称为对系统的"输入",而把响应称为对系统的"输出"。

2. 方程及其求解

下面就系统在简谐激振力的作用下的响应进行分析。

如图 1-12(a)所示的弹簧质量系统,取静平衡位置为坐标原点,假定物体(M)受到的简谐激振力为

$$F(t) = F_0 \sin \omega t \tag{1-75}$$

式中,F_0 为激振力的幅值;ω 为激振力的频率。

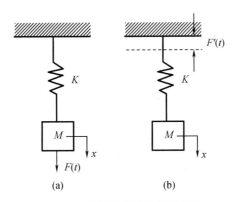

图 1-12 外界激振力作用于系统

由牛顿运动定律或达朗贝尔原理可知,任一瞬时的物体的运动方程为

$$M\ddot{x} + Kx = F_0 \sin \omega t \tag{1-76}$$

可改写为

$$\ddot{x} + \omega_n^2 x = \frac{F_0}{M} \sin \omega t \tag{1-77}$$

式(1-77)即为单自由度系统在简谐激振力作用下的强迫振动微分方程,这是一个非齐次方程,它的全解包括对应的齐次方程的通解和非齐次方程的特解两部分。齐次方程的通解即为无阻尼自由振动的解,即

$$x_1 = A_1 \cos \omega_n t + A_2 \sin \omega_n t \tag{1-78}$$

设非齐次方程的特解为

$$x_2 = B \sin \omega t \tag{1-79}$$

将式(1-78)和式(1-79)代入式(1-77)可得

$$B = \frac{\dfrac{F_0}{K}}{1 - \left(\dfrac{\omega}{\omega_n}\right)^2} = \frac{x_{st}}{1 - \left(\dfrac{\omega}{\omega_n}\right)^2} \tag{1-80}$$

式中

$$x_{st} = \frac{F_0}{K} \tag{1-81}$$

x_{st} 为弹簧在静力 F_0 作用下的静位移,或称静态振幅,故式(1-77)的通解可写为

$$x = A_1 \cos \omega_n t + A_2 \sin \omega_n t + \frac{x_{st}}{1 - \left(\dfrac{\omega}{\omega_n}\right)^2} \sin \omega t \tag{1-82}$$

待定系数 A_1、A_2 由系统的初始条件确定。设初始条件在 $t=0$ 时为

$$x\big|_{t=0}=x_0,\ \dot{x}\big|_{t=0}=\frac{\mathrm{d}x}{\mathrm{d}t}\bigg|_{t=0}=\dot{x}_0 \tag{1-83}$$

将式(1-83)代入式(1-82)可以求得

$$\begin{cases} A_1=x_0 \\[2mm] A_2=\dfrac{\dot{x}_0}{\omega_n}-\dfrac{x_{st}}{1-\left(\dfrac{\omega}{\omega_n}\right)^2}\dfrac{\omega}{\omega_n} \end{cases} \tag{1-84}$$

再将式(1-84)代入式(1-81),则式(1-77)的通解又可写成

$$x=x_0\cos\omega_n t+\frac{\dot{x}_0}{\omega_n}\sin\omega_n t-\frac{x_{st}}{1-\left(\dfrac{\omega}{\omega_n}\right)^2}\frac{\omega}{\omega_n}\sin\omega_n t+\frac{x_{st}}{1-\left(\dfrac{\omega}{\omega_n}\right)^2}\sin\omega t \tag{1-85}$$

式(1-85)右边的前两项是以固有频率振动的自由振动项,当初始条件 $x_0=\dot{x}_0=0$ 时,这些振动将不发生,第三项也按照固有频率振动,但与初始条件无关,它是伴随强迫振动而出现的,故称为伴随振动项。由于在实际的振动过程中,都存在阻尼,所以这三项只在振动开始后的一段时间内才存在,不久便会消失。第四项也就是方程的特解,它表示在简谐激振力作用下产生的纯粹的强迫振动,是一种持续的等幅振动。所以第四项称为稳态振动项或稳态强迫振动项。故振动经过一段时间后,式(1-85)只剩下第四项,即

$$x(t)=\frac{x_{st}}{1-\left(\dfrac{\omega}{\omega_n}\right)^2}\sin\omega t=\alpha x_{st}\sin\omega t=A\sin\omega t \tag{1-86}$$

式中,α 称为系统的动力系数或动力放大系数,其定义见后文。

3. 质点的稳态强迫振动

对式(1-86)进行分析,稳态强迫振动的振幅 A 与外界激振力的频率和固有频率之比 $\dfrac{\omega}{\omega_n}$ 有关。下面重点分析一下稳态振动的规律。设在足够长时间后,系统达到稳态,其位移可以简化表示为 $x(t)=A\sin\omega t$。

如图 1-13 所示的等幅简谐运动,振幅 A 不随时间变化,其振动频率就是外力的频率 ω。

先来分析位移振幅 A 的一些规律,已知位移振幅为

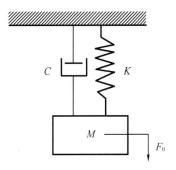

图 1-13　稳态强迫振动

$$A=\frac{F_0}{\omega\,|Z_m|}=\frac{F_0}{\omega\sqrt{C^2+\left(\omega M-\dfrac{K}{\omega}\right)^2}} \tag{1-87}$$

式中,Z_m 为系统的力阻抗;C 为阻力系数,也称力阻或阻尼。

式(1-87)表明,当系统达到稳态时,将以外力频率 ω 做等幅简谐振动,其振幅 A 除了与外力幅值 F_0、外力频率 ω 有关外,还取决于系统的一些固有参量。

这里引入一个新的参量 $Q_m=\dfrac{\omega M}{C}$(力学品质因素),它与电路中的品质因素 $Q=\dfrac{\omega L}{R}$ 类似。

可以看出,阻尼作用越大,Q_m 越小,则振动衰减越快。所以 Q_m 是表征振动系统特征的常数,其数值反映了系统受阻尼作用的大小。

已知 x_{st} 为静态振幅,定义 $z=\dfrac{\omega}{\omega_0}=\dfrac{f}{f_0}$ 为外力频率与系统固有频率的比值,对式(1-87)做适当的变换可得位移与振幅的比值为

$$\alpha=\frac{A}{x_{st}}=\frac{Q_m}{\sqrt{z^2+(z^2-1)^2Q_m^2}}=\left|\frac{1}{1-\left(\dfrac{\omega}{\omega_n}\right)^2}\right| \qquad (1-88)$$

位移与振幅的比值 α 称为系统的动力系数或动力放大系数,也表示外力所产生的最大位移(即振幅 A)与外力做静力作用时产生的位移(x_{st})之比。由式(1-88)可以看出,α 也取决于激振力的频率与固有频率的比值。

以 $|\alpha|$ 为纵坐标,$\dfrac{\omega}{\omega_n}$ 为横坐标,Q_m 为参数做曲线,如图 1-14 所示。

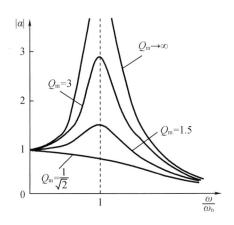

图 1-14 归一化的位移频率特性曲线

由图 1-14 可知,当 $\dfrac{\omega}{\omega_n}\ll 1$ 时,曲线近似平坦,$|\alpha|$ 的极限值等于1,当 $Q_m>\dfrac{1}{\sqrt 2}$ 时,曲线在 $\dfrac{\omega}{\omega_n}=1$ 处出现峰值。在此处,频率位移将可能大大超过静位移,这一现象称为系统的位移共振,与此对应的频率称为位移共振频率。图 1-14 称为归一化的位移频率特性曲线,也称为归一化的位移共振曲线。从图中可以看到,一个具有较高 Q_m 值的系统能够在共振频率附近产生更加锐利的峰值响应,也就是说共振现象越显著;而具有较低 Q_m 值的系统则会产生更加平缓的响应。

举个例子,如果在钢琴上按下一个键,琴弦就会开始振动,并以其固有的频率振动。当这种振动与钢琴的其他部分相互作用时,就会形成谐振系统。此时,琴弦的品质因素 Q_m 会影响琴弦的振动方式及音色,具有高品质因素 Q_m 值的琴弦会在共振频率附近产生更为明显和持久的共鸣,从而使其音色更加丰满、清晰和富有表现力。图 1-15 为钢琴家在演奏钢琴。

图1-15　钢琴家在演奏钢琴

此外,不同品质因素 Q_m 值的琴弦还会影响钢琴的音色平衡和调性特征。例如,高品质因素 Q_m 值的低音弦线往往更加浓郁和深沉,而高音弦线则可能会更加明亮和清澈。

在扬声器中,品质因素 Q_m 决定了声音传递时的能量损失率。一个具有较高 Q_m 值的扬声器可以更有效地转换输入信号为声波,从而提供更好的音质。同时,对于同样的输出功率,具有较高 Q_m 值的扬声器可以使用较小的驱动器,从而实现更高的效率。

4. 共振现象

由前文可知,当激振力的频率与系统的固有频率相等或相近时,系统的振动幅值会迅速增大。假设有一系统,其阻尼很小,即 $C\to 0$ 以至于 $Q_m\to\infty$,于是当 $\omega=\omega_n$ 时,$A\to\infty$,这时这一系统就会表现出极为强烈,甚至带有破坏性的共振现象。由式(1-86)可以看出:

(1)当 $\omega<\omega_n$ 时,稳态强迫振动与外界激振力同相位;

(2)当 $\omega>\omega_n$ 时,稳态强迫振动与外界激振力反相位,相差 $180°$。

从式(1-86)可知,当 $\omega\to\omega_n$ 时,$\alpha\to\infty$。式(1-85)中伴随振动项与稳态强迫振动项(实为方程的特解)都失去意义。现在只研究这两项,即

$$-\frac{x_{st}}{1-\left(\dfrac{\omega}{\omega_n}\right)^2}\frac{\omega}{\omega_n}\sin\omega_n t+\frac{x_{st}}{1-\left(\dfrac{\omega}{\omega_n}\right)^2}\sin\omega t=x_{st}\left[\frac{\sin\omega t-\dfrac{\omega}{\omega_n}\sin\omega_n t}{1-\left(\dfrac{\omega}{\omega_n}\right)^2}\right]=\frac{-x_{st}\dfrac{\omega}{\omega_n}\sin\omega_n t+x_{st}\sin\omega t}{1-\left(\dfrac{\omega}{\omega_n}\right)^2}$$

$$(1-89)$$

当 $\omega\to\omega_n$ 时,式(1-89)变为 $\dfrac{0}{0}$ 型不定式,根据洛必达法则,对分子、分导同时求导,并求 $\omega\to\omega_n$ 之极限值。因 ω_n 为常数,则其极限值为

$$\lim_{\omega\to\omega_n}\left[\frac{\omega_n t\cos\left(\dfrac{\omega}{\omega_n}\omega_n t\right)-\sin\omega_n t}{-2\dfrac{\omega}{\omega_n}}\right]x_{st}=\frac{x_{st}}{2}(\sin\omega_n t-\omega_n t\cos\omega_n t)=\frac{x_{st}}{2}\sin\omega_n t-\frac{x_{st}}{2}\omega_n t\cos\omega_n t$$

$$(1-90)$$

此时,式(1-85)变为

$$x=x_0\cos\omega_n t+\frac{\dot{x}_0}{\omega_n}\sin\omega_n t+\frac{x_{st}}{2}\sin\omega_n t-\frac{x_{st}}{2}\omega_n t\cos\omega_n t \qquad (1-91)$$

式(1-91)由自由振动项、伴随振动项和纯粹的强迫振动项三部分组成,但强迫振动项

即式中最后一项 $-\dfrac{x_{st}}{2}\omega_n t\cos\omega_n t$，不是周期性的等幅振动，而是随着时间 t 的增大而趋于无限大（图 1-16 表示 $\omega=\omega_n$ 时的强迫振动现象）。这种振幅不断增大而趋于无穷的现象称为共振。

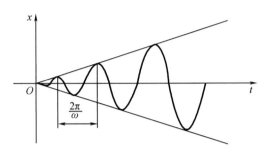

图 1-16 强迫振动

5. 拍振现象

当激振力的频率 ω 与系统的固有频率 ω_n 相当接近，即 $\dfrac{\omega}{\omega_n}$ 趋近于 1，但它们并不相等时，又会发生另一种现象，即系统的振幅时而增大，时而减小，该现象称为拍振现象（图 1-17）。

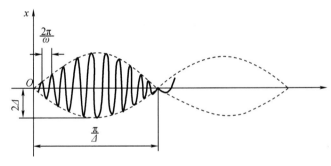

图 1-17 拍振现象

假设

$$\omega_n-\omega=2\Delta \tag{1-92}$$

此处 Δ 为小值。假定系统的初始条件为零，即 $x_0=0,\dot{x}_0=0$，则由式（1-85）可得

$$x=\dfrac{x_{st}}{1-\left(\dfrac{\omega}{\omega_n}\right)^2}\left(\sin\omega t-\dfrac{\omega}{\omega_n}\sin\omega_n t\right) \tag{1-93}$$

可改写为

$$x=\dfrac{x_{st}}{\left(1+\dfrac{\omega}{\omega_n}\right)\left(1-\dfrac{\omega}{\omega_n}\right)}\left(\sin\omega t-\dfrac{\omega}{\omega_n}\sin\omega_n t\right) \tag{1-94}$$

因为 $\dfrac{\omega}{\omega_n}\rightarrow 1$，所以 $1+\dfrac{\omega}{\omega_n}\approx 2$，并且 $1-\dfrac{\omega}{\omega_n}=\dfrac{2\Delta}{\omega_n}$，故式（1-94）可写作

$$x = \frac{2x_{st}}{4\dfrac{\Delta}{\omega_n}} \cos \frac{(\omega+\omega_n)t}{2} \sin \frac{(\omega-\omega_n)t}{2} = -\frac{\omega_n x_{st}}{2\Delta} \sin \Delta t \cos \omega t \qquad (1-95)$$

这是一个振幅随着 $\sin \Delta t$ 而变化，频率为 ω 的振动。振幅变化的频率为 Δ，是一个小值，因而振幅变化的周期 $\dfrac{2\pi}{|\omega_n-\omega|} = \dfrac{\pi}{|\Delta|}$ 是一个大值，这种振动称为拍振，简称拍。

拍的周期等于 $\dfrac{\pi}{|\Delta|}$，ω 愈接近于 ω_n，即趋近于共振时，拍的周期愈大。在极端情况下，ω 无限接近 ω_n，$\sin \Delta t \to \Delta t$，故可得到

$$x = -\frac{x_{st}\omega_n t}{2} \cos \omega t \qquad (1-96)$$

它是频率为 ω 的强迫振动，其振幅 $\dfrac{x_{st}\omega_n t}{2}$ 随时间无限地增加，即为共振现象。由此可见，前面讲的共振现象可以理解为是拍振现象的一种极限情况。

如不计阻尼，在共振时振幅将趋无限大，但也需要一定时间来增大振幅。实际上，在共振时振幅不会随时间增加而趋于无限大，因为当振幅继续增大时，质点的位移与弹簧作用力之间的线性关系将不再存在。此外，在真实的系统中，总是存在阻尼力，它亦会限制共振时的振幅。

1.3.2 有阻尼强迫振动

具有黏性阻尼的系统，在振动时会逐渐衰减。但当系统受外界持续激振力的作用时，会产生强迫振动。现对在简谐激振力作用下具有黏性阻尼的系统进行分析。图 1-18 为一黏性振动系统，设其平衡位置为坐标原点，x 正向如图 1-18 所示。系统中黏性阻尼力为 $C\dot{x}$，简谐激振力为 $P(t) = P_0\sin(\omega t+\varphi)$，根据牛顿运动定律或达朗贝尔原理建立强迫振动微分方程如下：

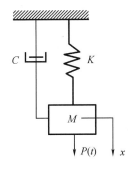

图 1-18　黏性振动系统

$$M\ddot{x}+C\dot{x}+Kx = P_0\sin(\omega t+\varphi) \qquad (1-97)$$

两边同时除以 M 后为

$$\ddot{x}+2n\dot{x}+\omega_n^2 x = \frac{P_0}{M}\sin(\omega t+\varphi) \qquad (1-98)$$

式中，$2n = \dfrac{C}{M}$；$\omega_n^2 = \dfrac{K}{M}$。

式（1-98）的解由二阶常系数齐次线性微分方程的通解和非齐次方程的特解两部分组成。二阶常系数齐次线性微分方程的通解即为有黏性阻尼自由振动方程的解，在小阻尼情况下（$n<\omega_n$），其通解为

$$x(t) = e^{-nt}(A_1\cos \omega_{nd}t+A_2\sin \omega_{nd}t) \qquad (1-99)$$

式中，$\omega_{nd} = \sqrt{\omega_n^2-n^2}$，为有黏性阻尼的自由振动频率。

非齐次方程的特解可写为

$$x = A_3\sin(\omega t+\varphi)+A_4\cos(\omega t+\varphi) \qquad (1-100)$$

经过三角函数变换,式(1-100)可改写为

$$x = A\sin(\omega t + \varphi - \beta) \tag{1-101}$$

式中

$$\begin{cases} A = \sqrt{A_3^2 + A_4^2} \\ \tan\beta = -\dfrac{A_4}{A_3} \end{cases} \tag{1-102}$$

将式(1-100)代入式(1-98),因为 $\sin(\omega t + \varphi)$ 及 $\cos(\omega t + \varphi)$ 不能恒等于零,比较 $\sin(\omega t + \varphi)$ 及 $\cos(\omega t + \varphi)$ 项前的系数,可得

$$\begin{cases} -A_4\omega^2 + 2nA_3\omega + \omega_n^2 A_4 = 0 \\ -A_3\omega^2 - 2nA_4\omega + \omega_n^2 A_3 = \dfrac{P_0}{M} \end{cases} \tag{1-103}$$

解之得

$$\begin{cases} A_3 = \dfrac{P_0}{M} \dfrac{\omega_n^2 - \omega^2}{(\omega_n^2 - \omega^2)^2 + 4n^2\omega^2} \\ A_4 = -\dfrac{P_0}{M} \dfrac{2n\omega}{(\omega_n^2 - \omega^2)^2 + 4n^2\omega^2} \end{cases} \tag{1-104}$$

将式(1-104)代入式(1-102)可得

$$\begin{cases} A = \dfrac{P_0}{M\omega_n^2} \dfrac{1}{\sqrt{\left(1 - \dfrac{\omega^2}{\omega_n^2}\right)^2 + 4\dfrac{\omega^2}{\omega_n^2}\dfrac{n^2}{\omega_n^2}}} \\ \tan\beta = -\dfrac{2n\omega}{\omega_n^2 - \omega^2} \end{cases} \tag{1-105}$$

令 $\gamma = \dfrac{\omega}{\omega_n}$，$\zeta = \dfrac{n}{\omega_n}$，有

$$\begin{cases} A = \dfrac{P_0}{K} \dfrac{1}{\sqrt{(1-\gamma^2)^2 + (2\zeta\gamma)^2}} = x_{st}\alpha \\ \beta = \arctan\dfrac{2\zeta\gamma}{1-\gamma^2} \end{cases} \tag{1-106}$$

式(1-98)的全解即可写为

$$x(t) = \mathrm{e}^{-nt}(A_1\cos\omega_{nd}t + A_2\sin\omega_{nd}t) + A\sin(\omega t + \varphi - \beta) \tag{1-107}$$

设初始条件为:当 $t = 0$ 时,$x(0) = x_0$,$\dot{x}(0) = \dot{x}_0$,则有

$$x(t) = \mathrm{e}^{-\zeta\omega_n t}\left(x_0\cos\omega_{nd}t + \frac{\dot{x}_0 + nx_0}{\omega_{nd}}\sin\omega_{nd}t\right) - $$

$$\mathrm{e}^{-\zeta\omega_n t}A\left[\sin(\varphi-\beta)\cos\omega_{nd}t + \frac{\omega\cos(\varphi-\beta) + n\sin(\varphi-\beta)}{\omega_{nd}}\sin\omega_{nd}t\right] + $$

$$A\sin(\omega t + \varphi - \beta) \tag{1-108}$$

式(1-108)右边前两项表示有阻尼自由振动,第一项由初始条件决定,为自由振动项。第二项是由激振力引起的,它的振动频率与有阻尼振动频率相同,称为伴随振动项。第三

项表示有阻尼受迫振动,它是简谐振动,是由激振力引起的频率与激振力频率相同的纯强迫振动。因此,在振动的一开始,运动是衰减振动和受迫振动的叠加,形成了振动的暂态过程。经过一段时间后,衰减振动很快消失了,受迫振动将继续保持,形成了振动的稳态过程,称为稳态振动。

例 1-2 图 1-19 为振动系统,其弹簧的弹性系数 $K = 250 \text{ N/cm}$,阻尼系数 $C = 0.6 \text{ N} \cdot \text{s/cm}$,物体的重力为 9.8 N。设将物体从静平衡位置压低 1 cm,然后无初速度释放,求此后运动方程的稳态振动解。

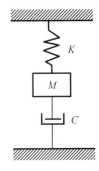

图 1-19 振动系统

解 由题可知

$$\omega_n = \sqrt{\frac{K}{M}} = \sqrt{\frac{250 \times 98}{9.8}} = 50$$

$$C = 0.6 \text{ N} \cdot \text{s/cm}$$

$$\zeta = C/(2m\omega_n) = \frac{0.6 \times 980}{2 \times 9.8 \times 50} = 0.6 < 1$$

可见物体在释放后将有衰减振动,运动方程为

$$x = A e^{-nt} \cos(\omega_{nd} t - \varphi)$$

式中

$$n = \zeta \omega_n = 0.6 \times 50 = 30$$

$$\omega_{nd} = \sqrt{1 - \zeta^2}\, \omega_n = 0.8 \times 50 = 40$$

常数 A 与 φ 由初始条件确定,设释放的瞬间为 $t = 0$,则由 $x_0 = 1 \text{ cm}$,$\dot{x}_0 = 0$,可得

$$A = \sqrt{x_0^2 + \left(\frac{\dot{x}_0 + n x_0}{\omega_{nd}}\right)^2} = 1.25 \text{ cm}$$

$$\varphi = \arctan\left(\frac{\dot{x}_0 + n x_0}{\omega_{nd} x_0}\right) \approx 36° = 0.2\pi$$

故运动方程的稳态振动解为

$$x = 1.25 e^{-30t} \cos(40t - 0.2\pi)$$

接下来对振动特性加以讨论。

1. 受迫振动的运动规律

由前所述知,当作用在系统上的力是简谐激振力时,系统的受迫振动的稳态过程是简谐振动。只要激振力存在,振动就会维持下去。

2. 受迫振动的频率

有阻尼强迫振动的频率与激振力的频率相同,与阻尼无关。

3. 受迫振动的振幅

(1)初始条件的影响

由式(1-106)可知,有阻尼强迫振动的振幅与初始条件无关,且不随时间 t 改变。

(2)激振力幅值 F_0 的影响

由式(1-106)可知,受迫振动的振幅与系统在作用下的静位移成正比,即有阻尼强迫振动的振幅 A 比系统在静力 F_0 作用下由 F_0 引起的静位移 x_{st} 大 α 倍。

$$\alpha = \frac{1}{\sqrt{(1-\gamma^2)^2 + (2\zeta\gamma)^2}} \tag{1-109}$$

式中,α 为有阻尼强迫振动的动力系数。它和频率比 γ 及阻尼比 ζ 有关。所以振幅 A 与激振力幅值 F_0 呈线性关系,F_0 越大,A 也越大。

(3)激振力频率 ω 和系统固有频率 ω_n 的比值 γ 的影响

为了说明 γ 对振幅 A 的影响,现以 γ 为横坐标,α 为纵坐标,以阻尼比 ζ 为参变量,将 α 随 γ 及 ζ 的变化曲线绘于图 1-20 上。此曲线称为位移幅值的频率响应曲线,简称幅频 $\omega \to \omega_n$ 响应曲线,有时也称共振曲线。由图 1-20 可以看出:若 γ 很小,即激振力频率 ω 与系统固有频率 ω_n 的比值很小,则 α 接近于 1,且振幅等于静位移,此时激振力的作用可视为静力的作用;若当 $\gamma \to 1$,即 $\omega \to \omega_n$ 时,振幅 A 将急剧增加,并达到最大值,也会出现共振现象。在共振区附近,振幅的大小与阻尼有关。若 γ 很大,即激振力频率 ω 远大于系统固有频率 ω_n,则系统的振幅将趋近于零。

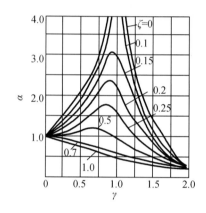

图 1-20　幅频 $\omega \to \omega_n$ 响应曲线

(4)阻尼的影响

由图 1-20 可以看出,对于不同的阻尼比 ζ,可以得到不同的共振曲线。阻尼的增大可有效地降低共振区的振幅,当 $\zeta = 0$ 时,曲线为无阻尼的共振曲线,即有

$$\alpha = \left| \frac{1}{1-\gamma^2} \right| \tag{1-110}$$

此时若 $\omega = \omega_n$,即 $\gamma = 1$,则式(1-110)中 $\alpha \to \infty$,产生共振,系统的振幅将趋于无穷大。随着阻尼的增大,即 ζ 增大,振幅也相应地减小。在共振区以外,阻尼对振幅的影响较小。特别是 γ 很大时,图 1-20 中不同 ζ 值的曲线都非常接近于无阻尼时的曲线,所以计算振动时,可以近似地不计阻尼的影响。此外,阻尼增大时不但使共振振幅降低,而且使最大振幅的位置向左移动,且这个偏移随系数 ζ 的增大而增大。我们可以先将下式,即

$$\alpha = \frac{1}{\sqrt{(1-\gamma^2)^2 + (2\zeta\gamma)^2}} \tag{1-111}$$

对 γ 求导(求极值)得

$$\frac{\mathrm{d}(1-2\gamma^2+\gamma^4+4\gamma^2\zeta^2)}{\mathrm{d}\gamma} = (-2)(2\gamma) + 4\gamma^3 + 8\gamma\zeta^2 = 0 \tag{1-112}$$

$$4\gamma^2 = 4 - 8\zeta^2 \tag{1-113}$$

所以

$$\gamma = \sqrt{1 - 2\zeta^2} \tag{1-114}$$

当 $\gamma = \sqrt{1 - 2\zeta^2}$ 时，可得 α 的最大值，其值为

$$\alpha_{max} = \frac{1}{2\zeta\sqrt{1 - \zeta^2}} \tag{1-115}$$

而当 $\gamma = 1$，即 $\omega = \omega_n$ 时

$$\alpha = \frac{1}{2\zeta} \tag{1-116}$$

所以说，在有阻尼的情况下，共振不是发生在 $\gamma = 1$ 时。但在小阻尼（$\zeta < 0.2$）的情况下，最大振幅离 $\gamma = 1$ 处不远。由于实际振动系统多数是小阻尼的情况，因此通常仍可认为当 $\omega = \omega_n$ 时系统发生共振。为避免共振，要求 ω 与 ω_n 相差10%或20%以上。

1.3.3　非简谐周期激振

上面介绍的是简谐激振力的情况，而常见的系统振动所受的激振力大多是非简谐周期性激振力。对于非简谐周期性激振力，可展开成傅里叶级数，化成频率为 $\omega, 2\omega, \cdots, n\omega$ 的无穷多个简谐激振力之和，即

$$P(t) = P(t + T_1) = a_0 + \sum_{n=1}^{\infty}(a_n\cos n\omega t + b_n\sin n\omega t) \tag{1-117}$$

式中，T_1 为激振力周期；$\omega = \dfrac{2\pi}{T_1}$ 为激振力的基本频率；a_0、a_n、b_n 为系数。

$$\begin{cases} a_0 = \dfrac{1}{T_1}\displaystyle\int_0^{T_1} P(t)\,\mathrm{d}t \\[2mm] a_n = \dfrac{2}{T_1}\displaystyle\int_0^{T_1} P(t)\cos n\omega t\mathrm{d}t \\[2mm] b_n = \dfrac{2}{T_1}\displaystyle\int_0^{T_1} P(t)\sin n\omega t\mathrm{d}t \end{cases} \tag{1-118}$$

这种把一个周期函数展开成傅里叶级数，即展开成一系列简谐函数之和的过程称为谐波分析。

系统在周期性激振力作用下的振动为周期振动——每经过相同的时间间隔其运动量值能重复出现的振动。它的无阻尼强迫振动微分方程可写成

$$M\dot{x} + Kx = a_0 + \sum_{n=1}^{\infty}(a_n\cos n\omega t + b_n\sin n\omega t) \tag{1-119}$$

其解为

$$x = A_1\cos \omega_n t + A_2\sin \omega_n t + \frac{a_0}{K} + \frac{1}{K}\sum_{n=1}^{\infty}\frac{a_n\cos n\omega t + b_n\sin n\omega t}{1 - \left(\dfrac{n\omega}{\omega_n}\right)^2} \tag{1-120}$$

式中，右边第一项和第二项为自由振动项，常数 A_1、A_2 由运动初始条件决定。如将 A_1、A_2 解

出,可得伴随振动项。因实际的振动系统总存在阻尼,随时间增长,自由振动项将逐渐消失。a_0 为常值力,故第三项 $\dfrac{a_0}{K}$ 相当于在常值力 a_0 作用下的静位移。如将位移 x 的坐标原点移至静位移处,则此项也将消失。故在周期性激振力作用下所产生的稳态强迫振动是无穷多个简谐振动之和。其中对应于基本频率的谐和分量称为基波,其他对应的谐和分量依次称为二次谐波、三次谐波。当系统的固有频率 ω_n 与 $\omega,2\omega,\cdots,n\omega$ 的无穷多次谐波的任一次谐波频率相等时,均会引起共振。

必须注意,周期性振动可展开成简谐振动来处理,但若干个简谐振动叠加而成的振动却未必一定是周期振动。若其任意两个谐振频率之比均为有理数,则此振动是周期性的。因这时可找到一个基频使各简谐振动的频率均成为此基频的整数倍,而基频的倒数即为此振动的周期。如

$$x(t)=A_1\sin(\pi t+\varphi_1)+A_2\sin(3\pi t+\varphi_2)+A_3\sin(5\pi t+\varphi_3) \tag{1-121}$$

是周期振动,它的基频是 π(即 0.5 Hz),周期是 2 s。若各谐振的频率之比出现了无理数,则找不到一个基频或者周期,因此由这些谐振所组成的振动就不是周期性的。如

$$x(t)=A_1\sin(3t+\varphi_1)+A_2\sin(\sqrt{2}t+\varphi_2) \tag{1-122}$$

这种由若干个简谐振动所组成的振动虽不是周期性的,但它的特性基本上与周期性的振动相接近,称为准周期性振动。

1.3.4 强迫振动举例

强迫振动在实际生活中广泛存在:风琴、吉他等乐器的弦因人手拨动而产生振动发出美妙的声音;在跳床、蹦极运动中借助弹性网和弹性绳完成惊险刺激的动作等。在这些例子中,外力通过强迫振动使得物体发生规律性的振动,进而产生声音、运动等效应。

共振是强迫振动的一种特殊形式,一个具有与某物体固有频率相同频率的周期性外力作用于该物体,会使得该物体与该力在这个频率下同步振动,这样会使得物体振动的振幅增大,如图 1-21 所示。如弦乐器的共鸣箱、无线电的电谐振、电台通过天线发射出的短波/长波信号,收音机通过将天线频率调至和电台电波信号相同频率来引起共振,从而接收信号。

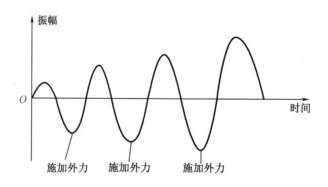

图 1-21　物体振动的振幅

紫外线是太阳发出的一种射线,如果紫外线直射地球,地球上的各种生物将遭受极大的危害,因为过量的紫外线会使生物的机能遭到严重的破坏。当紫外线经过大气层时,臭氧层的振动频率恰恰能与紫外线产生共振,因而就使这种振动吸收了大部分的紫外线。微波也是共振技术的应用。以微波炉为例,2 500 Hz 左右频率的电磁波称为"微波",食物中水分子的振动频率与微波大致相同,微波炉加热食品时,炉内产生很强的振荡电磁场,使食物中的水分子做受迫振动,发生共振,将电磁辐射能转化为热能,从而使水分子蒸发,食物的温度迅速升高。

1.4 习　　题

1.不倒翁的晃动、吉他琴弦的振动、音叉的共鸣分别可以简化为哪种振动形式?

2.举例说明生活中存在的共振现象。

3.如图 1-22 所示,已知圆盘质量为 M,物块质量为 m,圆盘半径为 r,弹簧的弹性系数为 K,绳索不可伸长,且与滑轮间无相对滑动,不计阻尼。求系统固有频率 ω_n。

4.某系统做自由衰减振动,如果经过 m 个周期,振幅正好减至原来的一半,求系统的阻尼比。

5.已知质量为 45 kg 的机器固定在弹性系数为 5×10^5 N/m 的弹簧上。当机器振动频率为 32 Hz 时,测得机器的稳态振幅为 1.5 mm,假设其为无阻尼系统,则激振力幅度为多大?

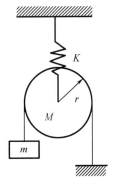

图 1-22　习题 3 图

参 考 文 献

[1] 于开平,邹经湘.结构动力学[M]. 3 版.哈尔滨:哈尔滨工业大学出版社,2015.
[2] 包世华.结构动力学[M].武汉:武汉理工大学出版社,2005.
[3] 姚熊亮.船体振动[M].哈尔滨:哈尔滨工程大学出版社,2004.

第2章 理想流体介质中声场的基本规律

第1章讨论了一些物体振动的规律,可知物体的振动往往伴随着声音的产生。例如,提琴的弦振动能产生悦耳的音乐,收音机借助于扬声器的振动播放出各种语言和音乐节目。声音不仅可以在空气中传播,也可以在液体和固体中传播。例如,人们潜入水中,可能听到远处石块投入水中的声音;将耳朵贴在铁轨上,能听到远处行驶在该铁轨上的火车的响声。那么人们不禁要问:物体的振动何以会在人们的耳朵中感觉为声音?这个有趣的问题实际上包含着两方面的内容:一是物体的振动如何传到人们的耳朵中,从而使人耳的鼓膜发生振动;二是人耳鼓膜的振动如何使人们主观上感觉为声音。后一问题属于生理声学的范畴,本章不做讨论,本章重点讨论物体的振动是如何在介质中传播的。

2.1 声场的基本概念

2.1.1 概述

设想由于某种原因(如前面讲到的一个物体的振动)在弹性介质的某局部地区激发起一种扰动,使此局部地区的介质质点 A 离开平衡位置开始运动。一方面,这个质点 A 的运动必然推动相邻介质质点 B,亦即压缩了这部分相邻介质,如图 2-1(a)所示。由于介质的弹性作用,这部分相邻介质被压缩时会产生一个反抗压缩的力,这个力作用于质点 A 并使它恢复到原来的平衡位置。另一方面,因为质点 A 具有质量,也就是具有惯性,所以质点 A 在经过平衡位置时会出现"过冲",同时又压缩了另一侧面的相邻介质,该相邻介质中也会产生一个反抗压缩的力,使质点 A 又回过来趋向平衡位置。可见,由于介质的弹性和惯性作用,这个最初得到扰动的质点 A 就在平衡位置附近来回振动。由于同样的原因,被 A 推动了的质点 B 以至更远的质点 $C,D,\cdots$ 也都在平衡位置附近振动起来,只是依次滞后一些时间而已。

这种介质质点的机械振动由近及远的传播就称为声振动的传播或称为声波。声波是一种能引起听觉的机械波,频率为 20~20 000 Hz,其中男性的基准音区为 64~523 Hz,女性的基准音区为 160~1 200 Hz。频率低于 20 Hz 的机械波称为次声波,由于其频率很低,波长很长,绕射能力强,传播衰减小、距离远,因此在预报自然灾害、探测气象规律和军事侦察方面有着重要应用。频率高于 20 000 Hz 的机械波称为超声波,它的波长很短,由此决定了超声波具有一些重要特性,使其能广泛用于无损探伤、超声成像等应用场景。通过以上的介绍可知,声音是一种机械振动状态的传播现象,因此产生声波的一个必要条件就是要有做机械振动的物体——声源。

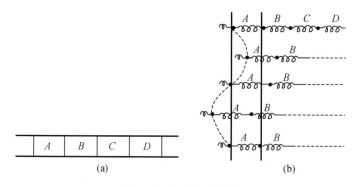

图 2-1　声传播示意图

弹性介质里这种质点振动的传播过程,十分类似于多个振子相互耦合形成的质量→弹簧→质量→弹簧……的链形系统,一个振子的运动会影响其他振子跟着运动的过程。图2-1(b)表示振子 A 的质量在四个不同时间的位置,其余振子的质量也都在平衡位置附近做类似的振动,只是依次滞后一些时间。

由以上讨论可见,弹性介质的存在是产生声波传播的另一个必要条件。声音不能在真空中传播,真空器皿中振动的铃就传不出声音。早在16世纪60年代,英国物理学家罗伯特·波义耳(Robert Boyle)利用一个气泵,经过细心安排做的试验表明,随着空气的抽出,声音强度明显变小,由此他推断空气是声传播的一种媒介。

本书只讨论声波的宏观性质,不涉及介质的微观特性,所以本书中讨论的介质均认为是"连续介质",即认为它是由无限多连续分布的质点所组成的。当然这里的所谓质点只是在宏观上足够小,以至各部分物理特性可看作均匀的一个小体积元,实际上质点在微观上却包含有大量数目的分子。显然这样的质点(介质微团)既具有质量又具有弹性。

当振动在气体和液体等理想流体介质中传播时,形成压缩和伸张交替运动现象,其中理想流体介质的弹性主要表现在体积改变时出现的恢复力,而不会出现切向恢复力,所以声音在流体介质中表现为压缩波的传播,在理想流体介质中声振动传播的方向与质点振动方向是一致的,即纵波(膨胀波)。而振动在固体中传播时由于有切应力,存在声振动传播的方向与质点振动方向是垂直的波,即横波(剪切波)。在介质中,有声波存在的区域统称为声场。本书着重讨论气体、液体等流体介质,所以本书重点讨论的是纵波。

2.1.2　声学基本量

在连续介质中,任意一点附近的运动状态可用压强、密度及介质质点振速(质点速度)表示。声场中不同位置的物理量有不同的值,而且对同一位置这些量又是随时间改变的。因此,可用 $P(x,y,z,t)$、$\rho(x,y,z,t)$ 以及 $\boldsymbol{u}(x,y,z,t)$ 表示介质中压强、密度和质点振速。

在理想流体(液体和气体)中,没有切应力,所以,内应力和任意截面垂直,因而压强只用一个标量函数表示即可。设介质中没有扰动时静压强为 $P_0(x,y,z,t)$,声波传来时,同一位置的压强变为 $P(x,y,z,t)$,此时介质压强的变化量为 $p(x,y,z,t)$,称为声压,写成

$$p(x,y,z,t)=P(x,y,z,t)-P_0(x,y,z,t) \tag{2-1}$$

声波作用引起各点介质压缩或伸张,因此各点压强比静压强有时大有时小,即声压有正有负。声压的单位为 Pa(帕)。

声场中某一瞬时的声压值称为瞬时声压。在一定时间间隔中的最大瞬时声压称为峰值声压或巅值声压。如果声压随时间变化是按照简谐规律的,则峰值声压也就是声压的振幅。在一定时间间隔中,瞬时声压对时间取均方根值称为有效声压,即

$$p_e = \sqrt{\frac{1}{T} \int_0^T p^2 \mathrm{d}t} \qquad (2-2)$$

一般用电子仪表测得的往往是有效声压,因而人们习惯上说的声压,往往是指有效声压。

在空气中,人们对 1 000 Hz 纯音的可听阈约为 2×10^{-5} Pa。人们在室内高声谈话时,声压的幅值为 0.05~0.1 Pa。靠近飞机几米处时,其发动机声音的声压可达几百帕,人们感到震耳。在水下,水声设备接收声音的声压最低不及一个帕,而靠近强功率发射源时,声压可高达几十万帕。

在声波作用下,介质质点围绕其平衡位置往复振动,其瞬时位置即振动位移和瞬时速度均随时间而变,因此也可用质点的振动位移或速度描述声场。

由于声场中各处振动速度(简称"振速")不仅随时间而变,同时各处振速的方向也不同,即振速分布是个向量场。因此在理想流体中用振速表达声场的分布,不如用声压方便,因为声压是个标量。并且在理想流体中,用已知声压函数求振速函数也很方便。

设没有扰动时介质的静态流速 $U_0(x,y,z)$ 在声波作用下变为 $U(x,y,z,t)$,其改变量为

$$u(x,y,z,t) = U(x,y,z,t) - U_0(x,y,z,t) \qquad (2-3)$$

$u(x,y,z,t)$ 即为介质质点振速。

位移的单位是 m 或 cm,振速的单位是 m/s 或 cm/s。

在空气中,1 Pa 的声压对应的振速约为 2.3×10^{-3} m/s(或 0.23 cm/s),相应于频率 1 000 Hz 声音的质点位移约为 3.7×10^{-5} cm,所以声场中介质质点位移振幅是很微小的。水中 1 Pa 的声音,相应的振速约为 7×10^{-7} m/s,相应于频率 1 000 Hz 声音的位移仅为 10^{-8} cm,比空气中的位移更小。

设没有扰动时介质的静态密度为 $\rho_0(x,y,z)$,声波通过时,介质密度变为 $\rho(x,y,z,t)$,其变化量(增量)为

$$\rho'(x,y,z,t) = \rho(x,y,z,t) - \rho_0(x,y,z) \qquad (2-4)$$

介质密度的相对变化量(又称压缩量,相对增量)$s(x,y,z,t)$ 为

$$s(x,y,z,t) = \frac{\rho(x,y,z,t) - \rho_0(x,y,z)}{\rho_0(x,y,z)} \qquad (2-5)$$

需注意,描述流体运动状态时有两种方法:拉格朗日法和欧拉法。拉格朗日法主要着眼于流体中的某一体积元在运动中的性质,而欧拉法则是研究空间某一固定点的流体性质。一般研究流体力学问题采用欧拉法,研究声学问题采用拉格朗日法。在研究小振幅声波传播时,欧拉法和拉格朗日法之间的差别可以忽略。描述场的特征时采用分布函数(欧拉法)。

声场中质点振速和声波的传播速度两者不应该混淆。小振幅波的传播速度决定于介质本身的物理常数。空气中的声速约为 340 m/s,海水中的声速约为 1 500 m/s。但声场中质点振速的振幅值却很小。

2.2 理想流体介质中的声波方程

已知声场的特征可以通过介质中的声压 p、质点速度 u 以及密度的变化量 ρ' 来表征。本节就是要根据声波过程的物理性质,建立声压随空间位置的变化和随时间的变化两者之间的联系,这种联系的数学表示就是声波动方程。

2.2.1 理想流体介质的三个基本方程

虽然本节的目的是推导关于描述声波的任一参量,例如,声压 p 的波动方程,但不应该孤立地单纯考察声压 p 的变化,在声扰动过程中,p、u 及 ρ' 等量的变化是互相关联着的,所以必须首先找出它们之间的联系。

声振动作为一个宏观的物理现象,必然要满足三个基本的物理定律,即牛顿第二定律、质量守恒定律,以及描述压强、温度与体积等状态参数关系的物态方程。显然,运用这些基本定律,就可以分别推导出介质的运动方程,即 p 与 u 之间的关系;连续性方程,即 u 与 ρ' 之间的关系;物态方程,即 p 与 ρ' 之间的关系。

为了使问题简化,必须对介质及声波过程做出以下假设。

(1)介质为理想流体,即介质中不存在黏滞性,声波在这种理想介质中传播时没有能量的耗损。

(2)没有声扰动时,介质在宏观上是静止的,即初速度为零。同时介质是均匀的,指介质在几个波长范围内,其有关的力学参数基本不变。因此认为介质是静态的,即介质中静压强 P_0、静态密度 ρ_0 都是常数。

(3)声波传播时,介质中稠密和稀疏的过程是绝热的,即介质与毗邻部分不会由于声过程引起的温度差而产生热交换,也就是说,讨论的是绝热过程。

(4)介质中传播的是小振幅声波,各声学变量都是一级微量,声压 p 远小于介质中静压强 P_0;质点速度 u 远小于声速 c;质点位移 ξ 远小于声波波长 λ;介质密度增量 ρ' 远小于静态密度 ρ_0,或密度的相对增量 s 远小于1。

现在先考虑一维情形,即声场在空间的两个方向上是均匀的,只需考虑质点在一个方向,如 x 方向上的运动。

1. 理想流体介质的三个基本方程

(1)运动方程

设想在声场中取一足够小的体积元,如图 2-2 所示,其体积为 $S\mathrm{d}x$(S 为体积元垂直于 x 轴的侧面的面积),由于声压 p 随位置 x 而异,因此作用在体积元左侧面与右侧面上的力是不相等的,其合力就导致这个体积元里的质点沿 x 方向运动。当有声波传过时,体积元左侧面处的压强为 P_0+p,所以作用在该体积元左侧面上的力 $F_1=(P_0+p)S$,因为在理想流体介质中不存在切向力,内压力总是垂直于所

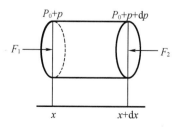

图 2-2 运动方程体积元

取的表面,所以 F_1 的方向是沿 x 轴正方向;体积元右侧面处的压强为 $P_0+p+\mathrm{d}p$,其中 $\mathrm{d}p=\frac{\partial p}{\partial x}\mathrm{d}x$ 为位置从 x 变到 $x+\mathrm{d}x$ 以后声压的改变量,于是作用在该体积元右侧面上的力 $F_2=(P_0+p+\mathrm{d}p)S$,其方向沿 x 轴负方向;考虑到介质压强 P_0 不随 x 改变,因而作用在该体积元上沿 x 方向的合力为 $F=F_1-F_2=-S\frac{\partial p}{\partial x}\mathrm{d}x$。

该体积元内介质的质量为 $\rho S\mathrm{d}x$,它在力 F 作用下得到沿 x 方向的加速度为 $\frac{\mathrm{d}u}{\mathrm{d}t}$,因此据牛顿第二定律有

$$\rho S\mathrm{d}x\frac{\mathrm{d}\boldsymbol{u}}{\mathrm{d}t}=-S\frac{\partial p}{\partial x}\mathrm{d}x$$

整理后可得

$$\rho\frac{\mathrm{d}\boldsymbol{u}}{\mathrm{d}t}=-\frac{\partial p}{\partial x} \tag{2-6}$$

这就是有声扰动时介质的运动方程,它描述了声场中声压 p 与质点速度 $\boldsymbol{u}$ 之间的关系。

(2)连续性方程

连续性方程实际上就是质量守恒定律,即介质中单位时间内流入体积元的质量与流出该体积元的质量之差应等于该体积元内质量的增加或减少。

仍设想在声场中取一足够小的体积元,如图 2-3 所示,其体积为 $S\mathrm{d}x$,如在体积元左侧面 x 处,介质质点的速度为 $(\boldsymbol{u})_x$,密度为 $(\rho)_x$,则在单位时间内流过左侧面进入该体积元的质量应等于截面积为 S、高度为 $(\boldsymbol{u})_x$ 的柱体体积内所包含的介质质量,即 $(\rho\boldsymbol{u})_xS$;在同一单位时间内从体积元经过、右侧面流出的质量为 $-(\rho\boldsymbol{u})_{x+\mathrm{d}x}S$,负号表示流出,取其泰勒展开式的一级近似,即为 $-\left[(\rho\boldsymbol{u})_x+\frac{\partial(\rho\boldsymbol{u})}{\partial x}\mathrm{d}x\right]S$,因此,单位时间

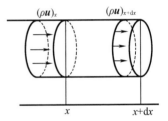

图 2-3 连续性方程体积元

内流入体积元的净质量为 $\frac{\partial(\rho\boldsymbol{u})}{\partial x}S\mathrm{d}x$。另外,体积元内质量增加,则说明它的密度增大了,设它在单位时间内质量的增加量为 $\frac{\partial\rho}{\partial t}S\mathrm{d}x$。由于体积元内质量是守恒的,因此在单位时间内体积元的质量的增加量必然等于流入体积元的净质量,则

$$-\frac{\partial(\rho\boldsymbol{u})}{\partial x}S\mathrm{d}x=\frac{\partial\rho}{\partial t}S\mathrm{d}x$$

整理后可得

$$-\frac{\partial(\rho\boldsymbol{u})}{\partial x}=\frac{\partial\rho}{\partial t} \tag{2-7}$$

这就是声场中介质的连续性方程,它描述了介质质点速度 $\boldsymbol{u}$ 与密度 ρ 之间的关系。

(3)物态方程

下面考察介质中包含一定质量的某体积元,它在没有声扰动时的状态以压强 P_0、密度 ρ_0 及温度 T_0 来表征,当声波传过该体积元时,体积元内的压强、密度、温度都会发生变化。

当然这三个量的变化不是独立的,而是互相联系的,这种介质状态的变化规律由热力学状态方程所描述。因为即使在频率较低的情况下,声波过程进行得还是比较快的,体积压缩和膨胀过程的周期比热传导需要的时间短得多,因此在声传播过程中,介质还来不及与毗邻部分进行热量的交换,因而声波过程可以认为是绝热过程。这样,就可以认为压强 P 仅是密度 ρ 的函数,即

$$P = P(\rho)$$

因而由声扰动引起的微小量满足

$$\mathrm{d}P = \left(\frac{\mathrm{d}P}{\mathrm{d}\rho}\right)_s \mathrm{d}\rho$$

式中,下标"s"表示绝热过程。

考虑到压强和密度的变化有相同的方向,当介质被压缩时,压强和密度都增加,即 $\mathrm{d}P > 0$,$\mathrm{d}\rho > 0$,而膨胀时压强和密度都降低,即 $\mathrm{d}P < 0$,$\mathrm{d}\rho < 0$,所以系数 $\left(\frac{\mathrm{d}P}{\mathrm{d}\rho}\right)_s$ 恒大于零,现以 c^2 表示,即

$$\mathrm{d}P = c^2 \mathrm{d}\rho \tag{2-8}$$

这就是理想流体介质中有声扰动时的物态方程,它描述了声场中压强 P 的微小变化与密度 ρ 的微小变化之间的关系。关于 $c^2 = \left(\frac{\mathrm{d}P}{\mathrm{d}\rho}\right)_s$,现在暂且认为是引入一个符号,在2.4节中解出波动方程以后将会看到,它实际上代表了声传播的速度。它在一般情况下并非常数,仍可能是 P 或 ρ 的函数,其值决定于具体介质情况下 P 对 ρ 的依赖关系。

例如,理想气体的绝热物态方程为

$$PV^{\gamma} = \mathrm{const} \tag{2-9}$$

而对一定质量的理想气体,式(2-9)变为

$$\frac{P}{\rho^{\gamma}} = \mathrm{const}$$

由此可求得

$$c^2 = \frac{\gamma P}{\rho} \tag{2-10}$$

可见 c 仍是 P 及 ρ 的函数。

对于一般流体(包括液体),其压强和密度之间的关系比较复杂,不可能求得类似于式(2-9)那样的解析表达式,这时常可通过介质的压缩系数(或体积弹性系数)来求得 c,由定义可知

$$c^2 = \left(\frac{\mathrm{d}P}{\mathrm{d}\rho}\right)_s = \frac{\mathrm{d}P}{\left(\frac{\mathrm{d}\rho}{\rho}\right)_s \rho}$$

考虑到介质质量一定,有 $\rho \mathrm{d}V + V \mathrm{d}\rho = 0$,即

$$\left(\frac{\mathrm{d}\rho}{\rho}\right)_s = -\left(\frac{\mathrm{d}V}{V}\right)_s$$

则有

$$c^2 = \frac{\mathrm{d}P}{\left(\frac{\mathrm{d}\rho}{\rho}\right)_s \rho} = \frac{\mathrm{d}P}{-\left(\frac{\mathrm{d}V}{V}\right)_s \rho} = \frac{1}{\beta_s \rho} = \frac{K_s}{\rho} \qquad (2-11)$$

式中,$\dfrac{\mathrm{d}V}{V}$ 为体积的相对增量;$\beta_s = -\dfrac{\dfrac{\mathrm{d}V}{V}}{\mathrm{d}P}$,为绝热体积压缩系数,表示绝热情况下,单位压强变化引起的体积相对变化,负号表示压强和体积的变化方向相反;$K_s = \dfrac{1}{\beta_s} = \dfrac{\mathrm{d}P}{-\dfrac{\mathrm{d}V}{V}}$ 为绝热体积弹性系数。由式(2-11)可知,对液体等一般介质,c^2 通常也还是 ρ 的函数。

2. 简化后的三个基本方程

前面已经得到了有声扰动存在时理想流体介质的三个基本方程,但这些方程中各声学量之间的关系都是非线性的,因此不可能从这些方程中消去某些物理量以得到用单一参量表示的声波方程,但是如果考虑到前文中曾经做出的一些假设,即声波的振幅比较小,声波的各参量 p、$\boldsymbol{u}$、ρ' 以及它们随位置、随时间的变化量都是微小量,并且它们的平方项以上的微量为更高级的微量,因而可以忽略。那么,三个基本方程即可得到进一步的简化,下面分别叙述。

(1)运动方程

已知介质运动方程(即式(2-6))为

$$\rho \frac{\mathrm{d}\boldsymbol{u}}{\mathrm{d}t} = -\frac{\partial p}{\partial x}$$

这里的 $\rho = \rho_0 + \rho'$,它仍是一个变量。至于介质质点的加速度 $\dfrac{\mathrm{d}\boldsymbol{u}}{\mathrm{d}t}$,它实际包含了两部分:一部分是在空间指定点上,该位置的速度是随时间而变化所取得的加速度,即本地加速度 $\dfrac{\partial \boldsymbol{u}}{\partial t}$;另一部分是由于质点迁移一空间距离以后,速度是随位置而异取得的速度增量而得到的加速度,它等于 $\dfrac{\partial \boldsymbol{u}}{\partial x}\dfrac{\mathrm{d}x}{\mathrm{d}t} = \boldsymbol{u}\dfrac{\partial \boldsymbol{u}}{\partial x}$,即迁移加速度。因此式(2-6)变为

$$(\rho_0 + \rho')\left(\frac{\partial \boldsymbol{u}}{\partial t} + \boldsymbol{u}\frac{\partial \boldsymbol{u}}{\partial x}\right) = -\frac{\partial p}{\partial x}$$

略去二级以上的微量就得到简化了的方程

$$\rho_0 \frac{\partial \boldsymbol{u}}{\partial t} = -\frac{\partial p}{\partial x} \qquad (2-12)$$

(2)连续性方程

已知连续性方程(即式(2-7))为

$$-\frac{\partial(\rho \boldsymbol{u})}{\partial x} = \frac{\partial \rho}{\partial t}$$

因为 $\rho = \rho_0 + \rho'$,其中 ρ_0 为没有声扰动时介质的静态密度,它既不随时间变化,也不随位置而变化,将 ρ 代入式(2-7),略去二级以上的微量即可得到简化方程

$$-\rho_0 \frac{\partial \boldsymbol{u}}{\partial x} = \frac{\partial \rho'}{\partial t} \qquad (2-13)$$

（3）物态方程

前面已经提到，物态方程（即式（2-8））中的系数 $c^2 = \left(\dfrac{\mathrm{d}P}{\mathrm{d}\rho}\right)_s$ 一般来讲并非常数，仍可能是

P 或 ρ 的函数。但如果是小振幅波，ρ' 较小，这时可将 $\left(\dfrac{\mathrm{d}P}{\mathrm{d}\rho}\right)_s$ 在平衡态 (P_0,ρ_0) 附近展开，即

$$\left(\frac{\mathrm{d}P}{\mathrm{d}\rho}\right)_s = \left(\frac{\mathrm{d}P}{\mathrm{d}\rho}\right)_{s,0} + \frac{1}{2}\left(\frac{\mathrm{d}^2 P}{\mathrm{d}^2 \rho}\right)_{s,0}(\rho-\rho_0) + \cdots$$

这里下角符号"0"表示取平衡态时的数值。因 $\rho-\rho_0$ 很小，上式可忽略第二项以后的所有项

得 $\left(\dfrac{\mathrm{d}P}{\mathrm{d}\rho}\right)_s \approx \left(\dfrac{\mathrm{d}P}{\mathrm{d}\rho}\right)_{s,0}$，并以 c_0^2 来表示，则有

$$c_0^2 = \left(\frac{\mathrm{d}P}{\mathrm{d}\rho}\right)_{s,0}$$

可见对小振幅声波，c_0^2 近似为一常数。

例如，对理想气体，$c^2 = \dfrac{\gamma P}{\rho}$，取平衡态时的数值则得到

$$c_0^2 \approx \left(\frac{\mathrm{d}P}{\mathrm{d}\rho}\right)_{s,0} = \frac{\gamma P_0}{\rho_0} \tag{2-14}$$

对液体等一般流体，$c^2 = \left(\dfrac{\mathrm{d}P}{\mathrm{d}\rho}\right)_{s,0} = \dfrac{1}{\beta_s \rho}$，取平衡态的数值则得到

$$c_0^2 \approx \left(\frac{\mathrm{d}P}{\mathrm{d}\rho}\right)_{s,0} = \frac{1}{\beta_s \rho_0} \tag{2-15}$$

利用式（2-14）、式（2-15）计算出气体和液体声速值与实验测定的结果非常接近。这也间接证明了采用介质的绝热过程分析声波传播过程是正确的。

经过上述近似，再考虑到对于小振幅声波，式（2-8）中压强的微分即声压 p，密度的微分即密度增量 ρ'，因而介质物态方程可简化为

$$p = c_0^2 \rho' \tag{2-16}$$

总之，对小振幅声波，经过略去二级以上微量的所谓线性化以后，介质三个基本方程都已简化为线性方程了，它们是

$$\begin{cases} \rho_0 \dfrac{\partial \boldsymbol{u}}{\partial t} = -\dfrac{\partial p}{\partial x} \\[2mm] -\rho_0 \dfrac{\partial \boldsymbol{u}}{\partial x} = \dfrac{\partial \rho'}{\partial t} \\[2mm] p = c_0^2 \rho' \end{cases}$$

根据这一方程组，即可消去 p、$\boldsymbol{u}$、ρ' 中的任意两个，如将式（2-16）对 t 求导后代入式（2-13）得

$$-\rho_0 c_0^2 \frac{\partial \boldsymbol{u}}{\partial x} = \frac{\partial p}{\partial t}$$

将此式对 t 求导得

$$-\rho_0 c_0^2 \frac{\partial^2 \boldsymbol{u}}{\partial t \partial x} = \frac{\partial^2 p}{\partial t^2}$$

然后将式(2-12)代入上式即得

$$\frac{\partial^2 p}{\partial x^2} = \frac{1}{c_0^2} \frac{\partial^2 p}{\partial t^2} \tag{2-17}$$

这就是均匀的流体介质中小振幅声波的波动方程。此外,如果由式(2-12)、式(2-13)、式(2-16)消去 p、ρ',或 p、u,则也可得到关于 u 或 ρ' 的类似于式(2-17)的波动方程。

必须指出,式(2-17)是在忽略了二级以上微量以后得到的,故称为线性声波方程,所以从式(2-17)出发研究声场规律时,必须意识到式(2-17)赖以成立的前提。式(2-17)反映了声压 $p(x,y,z,t)$ 随空间 (x,y,z) 和时间 t 变化的时间与空间联系,物理量的这种时空变化关系,反映其波动性质,这是式(2-17)为波动方程的原因。

2.2.2 速度势函数

前面已经导得了关于声压 p 的声波方程,至于质点速度 u,它通常可以在求得声压 p 以后,再应用运动方程(2-16)而得到,即

$$\begin{cases} u_x = -\dfrac{1}{\rho_0} \displaystyle\int \dfrac{\partial p}{\partial x} \mathrm{d}t \\[2mm] u_y = -\dfrac{1}{\rho_0} \displaystyle\int \dfrac{\partial p}{\partial y} \mathrm{d}t \\[2mm] u_z = -\dfrac{1}{\rho_0} \displaystyle\int \dfrac{\partial p}{\partial z} \mathrm{d}t \end{cases} \tag{2-18}$$

现在来分析一下声波的速度场有什么特点。由式(2-18)不难发现,恒有

$$\begin{cases} \dfrac{\partial u_x}{\partial y} - \dfrac{\partial u_y}{\partial x} = 0 \\[2mm] \dfrac{\partial u_x}{\partial z} - \dfrac{\partial u_z}{\partial x} = 0 \\[2mm] \dfrac{\partial u_y}{\partial z} - \dfrac{\partial u_z}{\partial y} = 0 \end{cases}$$

也就是

$$\mathrm{rot}\ \boldsymbol{u} = 0 \tag{2-19}$$

这里 rot 为旋度算符,它作用于质点速度 u 就得到

$$\mathrm{rot}\ \boldsymbol{u} = \left(\frac{\partial u_z}{\partial y} - \frac{\partial u_y}{\partial x}\right)\boldsymbol{i} + \left(\frac{\partial u_x}{\partial z} - \frac{\partial u_z}{\partial x}\right)\boldsymbol{j} + \left(\frac{\partial u_y}{\partial x} - \frac{\partial u_x}{\partial y}\right)\boldsymbol{k}$$

此式说明了理想流体介质中的小振幅声场是无旋场。

另一方面,由矢量分析知识可以知道,如果某一矢量的旋度等于零,则这一矢量必为某一标量函数的梯度,而此矢量的分量则是该标量函数对相应坐标的偏导数。现在 rot $\boldsymbol{u} = 0$,因此,质点速度 u 必为某一标量函数 Φ 的梯度,这一点只要在适当改变一下式(2-18)的形式以后将立即可以得到证明。由式(2-18)有

$$\begin{cases} u_x = -\dfrac{\partial}{\partial x}\displaystyle\int \dfrac{p}{\rho_0}\mathrm{d}t \\[2mm] u_y = -\dfrac{\partial}{\partial y}\displaystyle\int \dfrac{p}{\rho_0}\mathrm{d}t \\[2mm] u_z = -\dfrac{\partial}{\partial z}\displaystyle\int \dfrac{p}{\rho_0}\mathrm{d}t \end{cases}$$

如果定义一个新的标量函数 Φ，它等于

$$\Phi = \int \frac{p}{\rho_0}\mathrm{d}t \tag{2-20}$$

则式(2-20)变为

$$\begin{cases} u_x = -\dfrac{\partial \Phi}{\partial x} \\[2mm] u_y = -\dfrac{\partial \Phi}{\partial y} \\[2mm] u_z = -\dfrac{\partial \Phi}{\partial z} \end{cases}$$

或者合并为

$$\boldsymbol{u} = -\mathbf{grad}\ \Phi \tag{2-21}$$

可见质点速度 $\boldsymbol{u}$ 果然可以表示成一个标量函数的梯度，这个标量函数 Φ 就称为速度势，其值即为式(2-20)所定义。由式(2-20)可知，速度势 Φ 在物理上反映了由于声扰动使介质单位质量具有的冲量。

可以证明，速度势 Φ 也具有与式(2-20)形式相类似的波动方程。例如，由式(2-20)解得

$$p = \rho_0 \frac{\partial \Phi}{\partial t} \tag{2-22}$$

然后将式(2-16)两边对时间 t 求导，得

$$\frac{\partial p}{\partial t} = -c_0^2 \frac{\partial p'}{\partial t} \tag{2-23}$$

将连续性方程从一维情况的结果简单地推广到三维情况，对应于式(2-7)的三维连续性方程为

$$-\mathrm{div}(\rho \boldsymbol{u}) = \frac{\partial \rho}{\partial t} \tag{2-24}$$

式中，div 为散度符号，它作用于矢量 $\rho\boldsymbol{u}$ 时得到 $\mathrm{div}(\rho\boldsymbol{u}) = \dfrac{\partial(\rho u_x)}{\partial x} + \dfrac{\partial(\rho u_y)}{\partial y} + \dfrac{\partial(\rho u_z)}{\partial z}$，这里的 u_x、u_y、u_z 分别为质点速度 $\boldsymbol{u}$ 沿三个坐标轴的分量。

在小振幅情况下，经过线性化近似，得到相应于式(2-13)的三维连续性方程为

$$-\mathrm{div}(\rho_0 \boldsymbol{u}) = \frac{\partial \rho'}{\partial t} \tag{2-25}$$

将式(2-25)代入式(2-23)可得

$$\frac{\partial p}{\partial t} = -c_0^2 \mathrm{div}(\rho_0 \boldsymbol{u}) \tag{2-26}$$

再将式(2-22)两边对 t 求导,代入式(2-24)便得

$$\rho_0 \frac{\partial^2 \boldsymbol{\Phi}}{\partial t^2} = -c_0^2 \mathrm{div}(\rho_0 \boldsymbol{u})$$

最后将式(2-21)代入上式得

$$\nabla^2 \boldsymbol{\Phi} = \frac{1}{c_0^2} \frac{\partial^2 \boldsymbol{\Phi}}{\partial t^2} \tag{2-27}$$

由于速度势 $\boldsymbol{\Phi}$ 像声压一样也是一个标量,所以用它来描述声场也很方便,只要从波动方程(2-27)出发解得 $\boldsymbol{\Phi}$,那么很容易由式(2-21)及式(2-22)经过简单的微分运算,即可求得质点速度 $\boldsymbol{u}$ 及声压 p。

2.3 声场中的能量关系

由前可知,声场中质点随着声波的传播而振动,同时,介质的密度也发生变化,因此在声波传播过程中,介质中各点的能量也发生变化。振动引起动能变化,形变引起位能变化。这种由于声波传播而引起的介质能量的增量称为声能。显然声能是介质运动的机械能。

2.3.1 声能密度

试计算声场中任意体积元 V_0 中介质在声波作用下获得的能量。静止状态介质的压强为 P_0,密度为 ρ_0;声波作用时压强、密度和振速为 (P_0+p)、$(\rho_0+\rho_1)$ 与 $\boldsymbol{u}_0$。静止状态 V_0 体积元的质量 $m_0 = \rho_0 V_0$。在声波作用下,体积元振速由 $u(t_0) = 0$ 变到 $u(t) = u$。因此体积元获得动能 E_k。

$$E_k = \int_{u(t)=0}^{u(t)=u} \mathrm{d}W = \int_0^u m_0 \frac{\mathrm{d}u(t)}{\mathrm{d}t} \mathrm{d}x(t) = \frac{1}{2}m_0 u^2 = \frac{1}{2}\rho_0 u^2 V_0 \tag{2-28}$$

体积元的体积在声波作用下由 V_0 变为 $V = m_0/\rho$,获得位能 E_p,即

$$E_p = -\int_{V_0}^V \Delta P \mathrm{d}V$$

对小振幅波 $\mathrm{d}V = -\frac{\mathrm{d}\rho}{\rho_0}V_0$,$\Delta P = c^2(\rho - \rho_0)$,所以

$$E_p = -\int_{V_0}^V \Delta P \mathrm{d}V \approx \int_{\rho_0}^\rho c^2(\rho - \rho_0)\mathrm{d}\rho \frac{V_0}{\rho_0} = \frac{V_0}{2\rho_0}c^2(\rho - \rho_0)^2 \tag{2-29}$$

由于 $p = c^2(\rho - \rho_0)$,所以

$$E_p = \frac{p^2}{2\rho_0 c^2}V_0$$

体积元在声波作用下获得的总能量为 $(E_k + E_p)$。定义介质由于声波作用而得到的能量为声场中的声能,单位体积的声能称为声能密度 E。则声场中的声能密度 E 为

$$E = \frac{E_k + E_p}{V_0} = \frac{1}{2}\rho_0 u^2 + \frac{1}{2}\frac{p^2}{\rho_0 c^2} \tag{2-30}$$

由式(2-30)可知,介质中能量总是正值。从能量守恒观点看,由声源输出的机械能除部分被介质或界面吸收外,其余都以介质振动的声能形式保留在声场中。

声场中各点 p、u 值不同,因而各点声能密度不等。又因 p、u 是时间的函数,因此声能密度 E 也随时间变化。如果取一个时间间隔 T,声能量的时间平均值为 $\frac{1}{T}\int_0^T (E_\mathrm{k} + E_\mathrm{p})\,\mathrm{d}t$,即单位体积里的平均声能量。单位体积里的平均声能量称为平均声能量密度,即

$$\overline{E} = \frac{1}{V_0 T}\int_0^T (E_\mathrm{k} + E_\mathrm{p})\,\mathrm{d}t \qquad (2-31)$$

2.3.2　声功率和声强

单位时间内通过垂直于声传播方向的面积 S 的平均声能量称为平均声能量流或称为平均声功率。因为声能量是以声速 c_0 传播的,因此平均声能量流应等于声场中面积 S、高度为 c_0 的柱体内所包括的平均声能量,即

$$\overline{W} = \overline{E} c_0 S \qquad (2-32)$$

平均声能量流的单位为 W,1 W = 1 J/s。

通过垂直于声传播方向的单位面积上的平均声能量流就称为平均声能量流密度或称为声强,即

$$I = \frac{\overline{W}}{S} = \overline{E} c_0 \qquad (2-33)$$

根据声强的定义,它还可用单位时间内、单位面积的声波向前进方向毗邻介质所做的功来表示,因此它也可写成

$$I = \frac{1}{T}\int_0^T \mathrm{Re}(p)\,\mathrm{Re}(u)\,\mathrm{d}t \qquad (2-34)$$

式中,声强的单位是 W/m²。

显然,在简谐变化的声场中,声强决定于声压和振速的振幅值与它们之间的相位差。

$$I = \frac{1}{2} p_0 u_0 \cos \varphi_0$$

式中,p_0、u_0 是声场中某点声压和振速的振幅值,一般地说,它们是空间坐标的函数;φ_0 是 p_0、u_0 之间的相位差,它也可能是空间坐标的函数。

行波场中,既然有能量的传播,因而必定有 $I>0$,也即 p 和 $\boldsymbol{u}$ 之间的相位差必然小于 $\frac{\pi}{2}$,且能量随着波的传播和扩散,声波强度将衰减。这种现象在球面波场中反映最明显。但在平面驻波场中,可以证明,p 和 $\boldsymbol{u}$ 相位差为 $\frac{\pi}{2}$,于是通过任意波面的声强为零。然而这并不意味着声场中没有能量,只是说能量有时集中在这一地区,有时移至另一地区,使各点的能量流密度值时而大,时而小,甚至为零。假设介质和边界没有能量吸收,则一旦建立起驻波场,其能量就在驻波场中来回振荡。当然,事实上没有吸收的假设只是一种近似,因此驻波也会衰减。

2.4 平面声波在流体介质中的传播

2.4.1 平面声波的基本性质

由 2.2 节可以看出,声学波动方程只是利用了介质的基本物理特性,并不涉及具体的波形和发射形式,因此它反映的是理想介质中声波这个物理现象的共同规律,至于具体的声传播特性,如求解具体声压函数 $p(x,y,z,t)$,还必须结合具体初始条件及具体边界状况来确定。初始条件决定于介质中初始振动或激发的分布情况,即 $p(x,y,z,t_0)$、$u(x,y,z,t_0)$;边界条件决定于介质中特定界面上或特定点处的声压和振速。在数学上就是从波动方程(2-17)出发,来求满足初始条件和边界条件的解。

为了描述清楚,我们先选择一种波形比较简单的例子来进行分析,这就是声波仅沿 x 方向传播,而在 yz 平面上所有质点的振幅和相位均相同的情况,因为这种声波的波阵面是平面,所以称为平面波。

1. 波动方程的解

设想在无限均匀介质里有一个无限大平面刚性物体沿法线方向来回振动,这时所产生的声场显然就是平面声波。讨论这种声场,归结为求解一维声波方程(2-17),即

$$\frac{\partial^2 p}{\partial x^2} = \frac{1}{c_0^2} \frac{\partial^2 p}{\partial t^2}$$

根据具体的物理情况,运用分离变量法来求解这个二阶线性偏微分方程。

关于声场随时间变化的部分,主要关注的是在稳定的简谐声源作用下产生的稳态声场。这有两方面的原因:一方面,声学中相当多的声源是随时间做简谐振动的;另一方面,根据傅里叶分析,任意时间函数的振动(如脉冲声波等)原则上都可以分解为许多不同频率的简谐函数的叠加(或积分),所以只要对简谐振动分析清楚了,就可以通过不同频率的简谐振动的叠加(或积分)来求得这些复杂时间函数的振动的规律。因此随时间简谐变化的声场将是分析随时间复杂变化的声场的基础。

基于上述原因,设方程(2-17)有以下形式的解:

$$p = p(x)e^{j\omega t} \tag{2-35}$$

式中,ω 为声源简谐振动的频率。对一般情况,式(2-35)中还应引入一个初相角,但它对稳态声传播性质的影响不大,这里为简单起见将它忽略了。

将式(2-35)代入方程(2-17),即可得到关于空间部分 $p(x)$ 的常微分方程

$$\frac{d^2 p(x)}{dx^2} + k^2 p(x) = 0 \tag{2-36}$$

式中,$k = \dfrac{\omega}{c_0}$ 称为波数。

常微分方程(2-36)的一般解可以取正弦、余弦的组合,也可以取复数组合。对于讨论声波向无限空间传播的情形,取声压复数的解

$$p(x) = Ae^{-jkx} + Be^{jkx} \tag{2-37}$$

式中, A 和 B 为两个任意常数, 由边界条件决定。

将式(2-37)代入式(2-35)得

$$p(t,x) = A\mathrm{e}^{\mathrm{j}(\omega t - kx)} + B\mathrm{e}^{\mathrm{j}(\omega t + kx)} \tag{2-38}$$

下面很快将证明, 式(2-38)右边第一项代表了沿 x 正方向行进的波, 右边第二项代表了沿 x 负方向行进的波。现在既然讨论无限介质中平面声波的传播, 可假设在波传播途径上没有反射体, 这时就不出现反射波, 因而 $B=0$, 所以式(2-38)就简化为

$$p(t,x) = A\mathrm{e}^{\mathrm{j}(\omega t - kx)} \tag{2-39}$$

在设 $x=0$ 的声源振动时, 在毗邻介质中产生了 $p_\mathrm{a}\mathrm{e}^{\mathrm{j}\omega t}$ 的声压, 这样就求得 $A=p_\mathrm{a}$, 于是就求得了声场中的声压为

$$p(t,x) = p_\mathrm{a}\mathrm{e}^{\mathrm{j}(\omega t - kx)} \tag{2-40}$$

求得了声压, 再运用式(2-12)即可求得质点速度为

$$u(t,x) = u_\mathrm{a}\mathrm{e}^{\mathrm{j}(\omega t - kx)} \tag{2-41}$$

式中, $u_\mathrm{a} = \dfrac{p_\mathrm{a}}{\rho_0 c_0}$。因考虑到介质起初是静止的, 所以这里的积分常数为零, 即 $t=0$ 时的质点速度 $u(0)=0$, 式(2-40)及式(2-41)就是均匀的理想介质中一维小振幅声波的声压和质点速度。如前所述, 取复数形式的解只是为了运算的方便, 真正有物理意义的应该是它们的实部(如取它的虚部也是可以的), 这一点以后就不再另加说明了。

下面就来分析一下以式(2-40)及式(2-41)表示的声场所具有的特性。

(1)首先讨论任一瞬间 $t=t_0$ 时位于任意位置 $x=x_0$ 处的波经过 Δt 时间以后位于何处? 在还没有确切知道以前, 不妨假设经过 Δt 时间以后, 它传播到了 $x_0 + \Delta x$ 处, 最后如果求得 $\Delta x = 0$, 则说明经过 Δt 时间以后波仍在原处; 如 $\Delta x > 0$, 则说明波沿 x 正方向移动了 Δx 距离; 如 $\Delta x < 0$, 则说明波沿 x 负方向移动了 Δx 距离。这个假设意味着 $t_0 + \Delta t$ 时位于 $x_0 + \Delta x$ 处的波就是 t_0 时位于 x_0 处的波, 即

$$p(t_0, x_0) = p(t_0 + \Delta t, x_0 + \Delta x)$$

将式(2-40)代入上式, 经过简化得到

$$\mathrm{e}^{\mathrm{j}(\omega \Delta t - k\Delta x)} = 1$$

因此解得

$$\Delta x = c_0 \Delta t \tag{2-42}$$

因为时间间隔 Δt 总是大于零的, 所以有 $\Delta x > 0$, 这说明式(2-40)表征了沿 x 正方向行进的波。

类似的讨论可以证明, 式(2-38)右边第二项代表了沿 x 负方向行进的波即反射波。

由此也可以说明当初在写出方程(2-36)的一般解时为什么要取成复数形式的特解的组合, 很明显, 这种形式的解可以很方便地将行进波和反射波分离开来。

(2)可看出任一时刻 t_0 时, 具有相同相位 φ_0 的质点的轨迹是一个平面。只要令

$$\omega t_0 - kx = \varphi_0$$

即可解得

$$x = \frac{\omega t_0 - \varphi_0}{k} = \mathrm{const}$$

这就是说, 这种声波传播过程中, 等相位面是平面, 所以通常称为平面波。

（3）由式（2-42）可得

$$c_0 = \frac{\Delta x}{\Delta t}$$

式中，c_0 代表单位时间内波阵面传播的距离，也就是声速。

总之，以式（2-40）及式（2-41）描述的声场是一个波阵面为平面、沿 x 正方向以速度 c_0 传播的平面行波。从式（2-40）及式（2-41）可以看出，平面声波在均匀的理想介质中传播时，声压幅值 p_a、质点速度幅值 u_a 都是不随距离改变的常数，也就是声波在传播过程中不会有任何衰减。这是很容易理解的，因为本章一开始就已假设介质是理想的，没有黏滞存在，这就保证了声传播过程中不会发生能量的耗损；同时平面声波传播时波阵面又不会扩大，因而能量也不会随距离增加而分散。

由上可见，在理想、无限、均匀介质中，保持波形和振幅不变是小振幅单向平面波传播的重要特点之一。在考虑到介质的吸收作用时，平面波的振幅会随传播距离增大而衰减。同时，当振幅不是很小时，传播的波形也可能发生变化。

此外，还可以指出，平面声场中任何位置处，声压和质点速度都是同相位的。

最后必须注意的是：声波以速度 c_0 传播出去，并不意味着介质质点由一处流至远方。事实上，由式（2-41）可求得质点位移为

$$\xi = \int \boldsymbol{u}\, \mathrm{d}t = \frac{u_a}{\mathrm{j}\omega}\mathrm{e}^{\mathrm{j}(\omega t - kx)}$$

任意位置 x_0 处质点的位移为

$$\xi = \frac{u_a}{\omega}\mathrm{e}^{-\mathrm{j}\left(kx_0 + \frac{\pi}{2}\right)}\mathrm{e}^{\mathrm{j}\omega t} = \xi_a \mathrm{e}^{\mathrm{j}(\omega t - \alpha)}$$

这里 ξ_a 及 α 都是常数。可见 x_0 处的质点只是在平衡位置附近来回振动，并没有流至远方。实际上也正是通过介质质点的这种在平衡位置附近的来回振动，又影响了周围以至更远的介质质点也跟着在平衡位置附近来回振动起来，从而把声源振动的能量传播出去。

2. 声波传播速度

通过对波动方程的解的分析已经看到，在 2.3 节推导介质状态方程时引入的、出现在波动方程里的常数 c_0 就是声速。这也是自然的，因为常数 c_0 当初被定义为 $c_0 = \sqrt{\left(\dfrac{\mathrm{d}p}{\mathrm{d}\rho}\right)_{s,0}}$，可见它反映了介质受声扰动时的压缩特性。如果某种介质可压缩性较大（如气体），即压强的改变引起的密度变化较大，显然按定义 c_0 值较小，在物理上就是因为介质的可压缩性较大，那么一个体积元状态的变化需要经过较长的时间才能传到周围相邻的体积元，因而声扰动传播的速度就较慢。反之，如果某种介质的可压缩性较小（如液体），即压强的改变引起的密度变化较小，这时按定义 c_0 值就较大，在物理上就是因为介质的可压缩性较小，所以一个体积元状态的变化很快就传递给相邻的体积元，因而这种介质里的声扰动传播速度就较快。极限情况就是在理想的刚体内，介质不可压缩，这时 c_0 趋于无穷大。由此可见，介质的压缩特性在声学上通常表现为声波传播的快慢。

对理想气体中的小振幅声波,其声速为

$$c_0^2 = \frac{\gamma P_0}{\rho_0}$$

例如,对于空气:$\gamma = 1.402$,在标准大气压 $P_0 = 1.013 \times 10^5$ Pa、温度为 0 ℃时,$\rho_0 = 1.293$ kg/m^3,则 $c_0 = 331.6$ m/s。

早在 1687 年,牛顿运用波义耳定律,也就是假设在声扰动状态下气体状态的变化是等温过程,因此有 $PV = \text{const}$,计算得到空气中的理论声速值为 $c_0(0\ ℃) = \sqrt{\dfrac{P_0}{\rho_0}} = 297$ m/s,此数值与实验结果相差很大。1816 年拉普拉斯对牛顿的理论进行了修正,假设气体按绝热过程变化,运用气体绝热物态方程,得到声速公式(即 2.2 节中解得的结果),其理论计算值与实验结果符合得相当好,从而人们最后确认了声振动过程确实是绝热的。后来人们对除空气以外的其他气体进行类似的声速理论值与实验值的比较也有力地支持了这一结论。

下面再来讨论声速 c_0 与介质温度的关系。已知声速 c_0 与介质平衡状态的参数有关,所以温度改变了,声速大小也不一样。对理想气体有克拉柏龙公式

$$PV = \frac{M}{\mu} RT$$

式中,P、V、T 分别为 M kg 气体的压强、体积和绝对温度;μ 为气体的摩尔质量,对空气 $\mu = 2.9 \times 10^{-2}$ kg/mol;$R = 8.31$ J/(mol·K),为摩尔气体常数。

因此,式(2-14)可改写为

$$c_0 = \sqrt{\frac{\gamma P_0}{\rho_0}} = \sqrt{\frac{\gamma R}{\mu} T_0} \tag{2-43}$$

由此可见,声速与无声扰动时介质平衡状态的绝对温度 T_0 的平方根成正比。如采用摄氏温度 t ℃,因为 $T_0 = 273 + t$,则温度为 t ℃时的声速为

$$c_0(t\ ℃) = \sqrt{\frac{\gamma R}{\mu}(273 + t)} \approx c_0(0\ ℃) + \frac{c_0(0\ ℃)}{273 \times 2} t \tag{2-44}$$

这里的 $c_0(0\ ℃) = \sqrt{\dfrac{\gamma R}{\mu} 273} = 331.6$ m/s。将此值代入式(2-44)得

$$c_0(t\ ℃) \approx 331.6 + 0.6t \text{ m/s} \tag{2-45}$$

例如,空气中温度为 20 ℃时的声速可算得为 $c_0(20\ ℃) = 344$ m/s。

对于水,20 ℃时 $\rho_0 = 998$ kg/m^3,$\beta_s = 45.8 \times 10^{-11}$ m^2/N,则按式(2-15)算得 $c_0(20\ ℃) = 1\,480$ m/s。由于水中压强和密度间的物态关系比较复杂,从理论上计算声速值与速度的关系比较困难,往往根据实验测定再总结出经验公式,通常水温升高 1 ℃,声速约增加 4.5 m/s。

3. 声阻抗率与介质特性阻抗

声阻抗率是指声场中某位置的声压与该位置的质点速度的比值,即

$$Z_s = \frac{p}{u} \tag{2-46}$$

声场中某位置的声阻抗率 Z_s 一般来讲可能是复数,像电阻抗一样,其实部反映了能量

的损耗。在理想介质中,实数的声阻率也具有"损耗"的意思,不过它代表的不是能量转化成热,而是代表着能量从一处向另一处的转移,即"传播损耗"。

根据声阻抗率的定义式(2-46),对平面声波情况,应用式(2-40)、式(2-41),可求得平面前进声波的声阻抗率为

$$Z_s = \rho_0 c_0 \tag{2-47}$$

对沿 x 负方向传播的反射波情形,通过类似的讨论可求得

$$Z_s = -\rho_0 c_0 \tag{2-48}$$

由此可见,在平面声场中,各位置的声阻抗率在数值上都相同,且为一个实数。这反映了在平面声场中各位置上都无能量的储存,在前一个位置上的能量可以完全地传播到后一个位置上去。

注意到乘积 $\rho_0 c_0$ 值是介质固有的一个常数,以后(如讨论声波的反射时)会看到,它的数值对声传播的影响比起 ρ_0 或 c_0 单独的作用还要大,所以这个量在声学中具有特殊的地位,正因为此,又考虑到它具有声阻抗率的量纲,所以称 $\rho_0 c_0$ 为介质的特性阻抗,单位为 $N \cdot s/m^3$ 或 $Pa \cdot s/m$。

对空气,当温度为 0 ℃、压强为标准大气压 $P_0 = 1.013 \times 10^5$ Pa 时,$\rho_0 = 1.293$ kg/m³,$c_0 = 331.6$ m/s,$\rho_0 c_0 = 428$ N·s/m³;当温度为 20 ℃ 时,$\rho_0 = 1.21$ kg/m,$c_0 = 343$ m/s,$\rho_0 c_0 = 415$ N·s/m³。对于水,当温度为 20 ℃时,$\rho_0 = 998$ kg/m,$c_0 = 1\,480$ m,$\rho_0 c_0 = 1.48 \times 10^6$ N·s/m³。

由式(2-47)及式(2-48)可知,平面声波的声阻抗率的数值恰好等于介质的特性阻抗,如果借用电路中的语言来形象地描述此时的传播特性的话,可以说平面声波处处与介质的特性阻抗相匹配。在不同形式的波中(如球面波、柱面波等),振速和声压的传播波形不同,只有在平面波场中,声阻抗率只决定于介质参数的常数(介质的特性阻抗),这是平面波的又一重要特点。

4. 简谐平面波的声能及声强

对于简谐平面波,将式(2-40)和式(2-41)取实数部分后代入式(2-31)可得平面波的平均声能量密度为

$$\overline{E} = \frac{1}{V_0 T} \int_0^T (E_k + E_p) \, \mathrm{d}t = \frac{p_a^2}{2\rho_0 c_0^2} \tag{2-49}$$

式中,p_a 为声压幅值。

由式(2-12)及式(2-40),利用式(2-34)可得平面声强为

$$
\begin{aligned}
I &= \frac{1}{T} \int_0^T \mathrm{Re}[p(x,t)] \, \mathrm{Re}[u(x,t)] \, \mathrm{d}t \\
&= \frac{1}{T} \frac{p_a^2}{\rho_0 c_0} \int_0^T \cos^2(\omega t - kx) \, \mathrm{d}t \\
&= \frac{p_a^2}{2\rho_0 c_0} = \frac{1}{2} \rho_0 c_0 u_a^2
\end{aligned}
\tag{2-50}
$$

式中,u_a 为简谐波振速幅值。或

$$I = \rho_0 c_0 u_e^2 = p_e u_e = \frac{p_e^2}{\rho_0 c_0} = \rho_0 c_0 \omega^2 \xi_e^2$$

式中,p_e、u_e、ξ_e 分别表示声压、振速及位移的有效值。

图 2-4 表示声场中 $x=x_0$ 处声压 $p(x_0,t)$、振速 $u(x_0,t)$、声强 $I(x_0,t)$ 随时间变化的曲线。

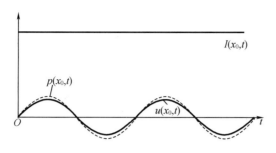

图 2-4 声压、振速、声强随时间变化的曲线

平面波声场中声强和声压值的平方或和振速值的平方成正比,因此,振幅愈大,声波强度也愈大。当振速幅值相同时,声强还和介质的特性阻抗成正比,即相同频率、位移振幅相等的平面波,在水中要比在空气中的声强大几千倍。实际上,在水中推动声源振动需要更大能量。从声波发射的角度考虑,在水中发射声波是有利的,它用较小振幅可以辐射更大声能。应注意,这些特性表明水声换能器和空气中用的电声换能器(麦克风和扬声器),在设计要求和使用上有很大区别。如就振动面的结构而言,水声换能器要求承受更大的应力,因而振动面要有强的劲度。又如,当保持水声换能器输入端电压不变(确切说,维持推动力不变)时,其振动面在空气中的振动幅度要比在水中大得多,故用于大功率发射的换能器,加上高电压时,不应取出水面,在取出水面之前须将高压减小,以保证水声换能器的安全。

还可看到,位移振幅 ξ_e 相等时,高频波的声强更大,也即高频声波向介质馈送能量的效果更佳。在低频辐射高强度声波时,要求有更大的位移,因而低频辐射比较困难。但不能因此认为使用低频声波不利,事实恰恰相反,20 世纪 50 年代以来,为了增大检测目标的作用距离,现代声呐的工作频率逐渐向低频发展,已从几十千赫降至 1 千赫以下。同样功率、定向辐射的声波,低频声波可以传播更远的距离,故频段的选择取决于使用的对象和要求。

理想介质中,平面声波的声压和振速幅值不随传播距离改变,因此理想介质中,平面声波的声强各处皆相等,不随传播距离变化,这是理想介质中平面声波的又一特点。

5. 任意方向平面波表达

已知当平面声波的传播方向也就是波阵面的法线方向与 x 轴相一致时,平面波的表达式为

$$p(t,x) = p_a e^{j(\omega t - kx)} \tag{2-51}$$

这时同一波阵面上不同位置的点 (x,y,z) 因为有相同的 x 坐标,声压的振幅和相位均相同,即这些位置上的声压都以式(2-40)描述。仔细分析一下,发现式(2-40)中的 x 值实际上代表的是位置矢量 r 在波阵面法线方向(这里恰巧为 x 轴)上的投影,如图 2-5(a)所示。

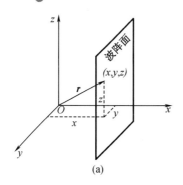 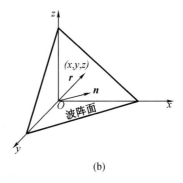

(a)　　　　　　　　　　　　(b)

图 2-5　波阵面

如果设想一列沿空间任意方向行进的平面波,也会发现,波阵面上的不同位置因为位置矢量在波阵面法线方向上的投影相等而具有相同的声压,如图 2-5(b)所示。所以可以把式(2-40)中的 x 一般化地理解为声场某点的位置矢量 r 在波阵面法线上的投影,它等于波阵面法线的单位矢量 $n=\cos\alpha i+\cos\beta j+\cos\gamma k$ 与位置矢量 $r=xi+yj+zk$ 的标量积,即

$$x=n\cdot r$$

这里的 α、β、γ 为波阵面法线与 x、y、z 三个坐标轴间的夹角,$\cos\alpha$、$\cos\beta$、$\cos\gamma$ 为该法线的方向余弦。若法线方向与 x 轴重合的,则 $\alpha=0°$,$\beta=\gamma=90°$。这样式(2-40)就可一般化地写成

$$p(t,x)=p_a\mathrm{e}^{\mathrm{j}(\omega t-kn\cdot r)}$$

如果令 $kn=k$,它代表波阵面法线方向上长度为 k 的矢量,称为波矢量(简称波矢),则上式成为

$$p(t,x)=p_a\mathrm{e}^{\mathrm{j}(\omega t-k\cdot r)} \tag{2-52}$$

这就是由式(2-40)推广得到的沿空间任意方向行进的平面波的表示式,其中 k 为波矢,r 为位置矢量。

因为

$$k\cdot r=kn\cdot r=k\cos\alpha x+k\cos\beta y+k\cos\gamma z$$

所以式(2-52)也可写成

$$p=p_a\mathrm{e}^{\mathrm{j}(\omega t-kx\cos\alpha-ky\cos\beta-kz\cos\gamma)} \tag{2-53}$$

可见,只要已知平面波传播方向的方向余弦 $\cos\alpha$、$\cos\beta$、$\cos\gamma$,就可以用式(2-53)表示空间一点 (x,y,z) 的声压。

6. 一般平面波分析

已知在无限介质中,平面行波在传播过程中具有波形保持不变、波阻抗等于 $\rho_0 c_0$、声波强度不随距离变化等特点。但进一步分析波的反射、折射和发射、接收问题时,发现上述现象常和频率有关,因此一般波形的波(如脉冲波),将会引起波形畸变现象。在计算这类问题时,有必要采用一般波形频率分析(即傅里叶分析)的方法处理。

假设一声波朝 x 正方向传播,波面振幅均匀,于是平面波可以用式(2-40)表达,波动方程为

$$\frac{\partial^2 p}{\partial x^2}=\frac{1}{c_0^2}\frac{\partial^2 p}{\partial t^2}$$

此时引入变量 $\xi = x - ct, \eta = x + ct$，不难证明

$$p(\xi, \eta) = f_1(\xi) + f_2(\eta) \tag{2-54}$$

是式 (2-17) 的解，式中的 $f_1(\xi)$ 和 $f_2(\eta)$ 是任意函数。此时朝 x 正方向传播的声压可以用波函数 $f_1(x - ct)$ 来表示，即

$$p(x, t) = f_1(x - ct) \tag{2-55}$$

式中，c 表示波的传播速度。

由前文可知，对于周期性的过程，波函数 $f\left(\dfrac{x\cos\alpha + y\cos\beta + z\cos\gamma}{c} - t\right)$ 可以分解成傅里叶级数。若用复数形式可写成

$$f = \sum_{n=-\infty}^{+\infty} C_n e^{j\omega_n t} = \sum_{n=-\infty}^{+\infty} P_n(\xi) \tag{2-56}$$

式中，$\xi = (x\cos\alpha + y\cos\beta + z\cos\gamma)/c - t$，$C_n = \dfrac{1}{2\pi}\displaystyle\int_{-\pi}^{\pi} f(\xi) e^{-j\omega_n \xi} d\xi$。

按照级数的收敛性和波动方程的线性性质，每个频率成分都应满足波动方程，也满足迭加原理，则有

$$\frac{d^2 p_n}{dx^2} + \frac{d^2 p_n}{dy^2} + \frac{d^2 p_n}{dz^2} + k_n^2 p_n = 0$$

式中，$k_n = \dfrac{\omega_n}{c}$，表示第 n 次倍频的波数。

对非周期过程，一般的波函数 $f(\xi)$ 可以用谱密度的傅里叶积分表示，即

$$f(\xi) = \int_{-\infty}^{+\infty} G(\omega) e^{j\omega\xi} d\omega = \frac{1}{2}\left(\int_0^{\infty} G(\omega) e^{j\omega\xi} d\omega + \int_0^{\infty} G^*(\omega) e^{-j\omega\xi} d\omega\right) \tag{2-57}$$

式中，$G(\omega)$ 为谱密度函数，且

$$G(\omega) = \frac{1}{2\pi}\int_{-\infty}^{+\infty} f(\xi) e^{-j\omega\xi} d\xi$$

函数 $G(\omega) e^{j\omega\xi}$ 和 $G^*(\omega) e^{-j\omega\xi}$ 可假想成是"简谐振动波"，而 G 满足方程

$$\frac{d^2 G}{dx^2} + \frac{d^2 G}{dy^2} + \frac{d^2 G}{dz^2} + k^2 G = 0$$

因而任意规律波的波动方程式的解 $f\left(\dfrac{x\cos\alpha + y\cos\beta + z\cos\gamma}{c} - t\right)$ 都可以看成无穷多个单频振动波的迭加，或者看作连续谱的谐和振动波的积分。既然每个频率成分波形不变，阻抗是常数（与频率无关），强度不衰减，则线性迭加的结果也应具有相同的性质，这说明理想介质中一般形式小振幅平面行波传播特点和单频平面波行波特点相同。但结论只适用于无限、理想、小振幅波的传播情况。实际上，在大振幅声波传播时，它的波动方程不是线性的，波在传播过程中将出现畸变现象。又如，当考虑到介质的吸收现象时，多频波传播将出现"频散现象"，由此引起波形失真。

2.4.2 平面波的反射和折射

平面波入射到两种介质的平面分界面上，部分声能反射，形成反射波，部分声能穿透界面进入另一介质形成折射波。如研究声波在海洋中传播，将会碰到海底反射和海面反射等

问题;在换能器和基阵的结构设计中,也常有声反射问题。平面波在无限、均匀介质分界面上的反射,是声发射最简单的例子。但可反映声反射的某些基本特性,所以本节以平面波为例,研究声波在两种介质分界面处的传播规律。

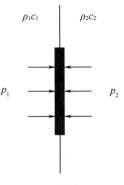

图 2-6　声学边界

1. 声学边界条件

声波的反射、折射及透射都是在两种介质的分界面处发生的,因而首先必须讨论在分界面处存在什么声学特性和规律,即声学的边界条件。

设有两种都延伸到无限远的理想流体,其特征阻抗分别为 $\rho_1 c_1$ 和 $\rho_2 c_2$,相互在分界层接触(图 2-6)。

设想在分界面上割出一面积为 S、厚度足够薄的质量元,其左右两个界面分别位于两种介质里,其质量设为 Δm。如果在分界面附近两种介质里的压强分别为 P_1 和 P_2,它们的压强差就引起质量元的运动,按牛顿第二定律,其运动方程为

$$(P_1 - P_2)S = \Delta m \frac{\mathrm{d}u}{\mathrm{d}t} \tag{2-58}$$

因为分界面是无限薄的,即这个质量元的厚度乃至质量 Δm 是趋近于零的,而质量元的加速度不可能趋于无限大,所以要让式(2-58)成立就必须满足

$$P_1 - P_2 = 0 \tag{2-59}$$

式(2-59)对有无声波的情况都成立。当无声波存在时,式(2-59)给出两种介质中的静压强在分界面处是连续的,则有

$$P_{01} = P_{02}$$

当有声波存在时,考虑到 $P_1 = P_{01} + p_1$,$P_2 = P_{02} + p_2$,则有

$$p_1 = p_2 \tag{2-60}$$

即两种介质的声压在分界面处是连续的。

此外,如果分界面两边的介质由于声扰动得到的法向速度(垂直于分界面的速度)分别为 u_1 和 u_2,因为两种介质保持恒定接触,所以两种介质在分界面处的法向速度相等,即

$$u_1 = u_2 \tag{2-61}$$

实际上,对于紧密相连的两种介质间的无限薄分界面,它的质点的法向速度既可以看作介质 I 的法向质点速度在分界面上的数值,也可以看作介质 II 的法向质点速度在分界面上的数值,因为分界面上质点的法向速度作为一个有意义的物理量只能是单值的,所以这两个量实际上是同一个量。

式(2-60)及式(2-61)就是介质分界面处的声学边界条件。

2. 平面声波垂直入射到两种介质平面分界面上

如图 2-7 所示,平面波沿 x 方向入射,$x = 0$ 是两介质的分界平面,特征阻抗分别为 $Z_1 = \rho_1 c_1$,$Z_2 = \rho_2 c_2$,当平面波由介质 I 垂直入射到界面上时,由于分界面两边的特征阻抗不一样,就会发生声波的反射和折射,声波在第一种和第二种介质中的声压分别为

$$p_1 = p_i + p_r = A_1 e^{j(\omega t - k_1 x)} + B_1 e^{j(\omega t + k_1 x)}$$

$$p_2 = p_t = A_2 e^{j(\omega t - k_2 x)}$$

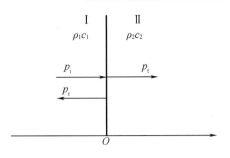

图 2-7 平面波垂直入射

A_1、B_1 分别为入射波和反射波的振幅，A_2 为折射波的振幅。p_1 和 p_2 均满足波动方程，即

$$\frac{\partial^2 p_1}{\partial t^2} = c_1^2 \frac{\partial^2 p_1}{\partial x^2}(x<0)$$

$$\frac{\partial^2 p_2}{\partial t^2} = c_2^2 \frac{\partial^2 p_2}{\partial x^2}(x>0)$$

在 $x=0$ 的分界面上有两个边界条件：

（1）声压的连续性。分界面两侧介质的声压，在界面处满足压力平衡条件，即

$$p_1(x,t)\big|_{x=0} = p_2(x,t)\big|_{x=0} \tag{2-62}$$

（2）垂直振速（法向振速）的连续性。在分界面两侧介质中垂直界面的质点振速相等，即

$$u_{1n}(x,t)\big|_{x=0} = u_{2n}(x,t)\big|_{x=0} \tag{2-63}$$

因为 $u = -\dfrac{1}{\rho_0}\displaystyle\int \frac{\partial p}{\partial x}\mathrm{d}t$ ，所以

$$u_1 = \frac{A_1}{\rho_1 c_1}\mathrm{e}^{\mathrm{j}(\omega t - k_1 x)} - \frac{B_1}{\rho_1 c_1}\mathrm{e}^{\mathrm{j}(\omega t + k_1 x)}$$

$$u_2 = \frac{A_2}{\rho_2}\mathrm{e}^{\mathrm{j}(\omega t - k_2 x)}$$

利用上述两边界条件，得到

$$1 + \frac{B_1}{A_1} = \frac{A_2}{A_1}$$

$$1 - \frac{B_1}{A_1} = \frac{A_2}{A_1}\frac{\rho_1 c_1}{\rho_2 c_2}$$

定义 $R = \dfrac{B_1}{A_1}$ 为反射系数，其值为反射波与入射波声压振幅的比值，$D = \dfrac{A_2}{A_1}$ 为折射系数，其值为折射波与入射波声压振幅的比值，则有

$$R = \frac{B_1}{A_1} = \frac{\rho_2 c_2 - \rho_1 c_1}{\rho_2 c_2 + \rho_1 c_1} = \frac{Z_2 - Z_1}{Z_2 + Z_1} \tag{2-64}$$

$$D = \frac{A_2}{A_1} = \frac{2\rho_2 c_2}{\rho_2 c_2 + \rho_1 c_1} = \frac{2Z_2}{Z_2 + Z_1} \tag{2-65}$$

因为假设介质是无吸收的，所以 $Z_1 = \rho_1 c_1$，$Z_2 = \rho_2 c_2$ 都是实数，因而 R、D 也是实数，其值

完全取决于两种介质的特征阻抗,说明介质的特征阻抗对平面声波传播有着重要的影响。

当 $Z_1 = Z_2$ 时,$R = 0$,$D = 1$。这表明声波没有反射,即全部透射,也就是说即使存在两种不同的介质的分界面,只要两种介质的特征阻抗相等,那么对声波的传播来讲,分界面好像不存在一样。因此在对吸声材料进行研究时,往往从材料的特征阻抗入手。

当 $Z_2 = \rho_2 c_2 \to \infty$ 时为理想的绝对硬的边界,则 $R = 1$,$D = 2$,即界面上压力比入射波声压大一倍,而界面上的反射波与入射波声压相等,且同相迭加;透射声压为入射声压的两倍。由于是"绝对硬"边界,入射声扰动不能激起硬边界振动,在硬边界上质点振速趋于零。因而,透射波振速为零,反射波振速与入射波振速数值相等,相位相反,因此界面上的总振速为零。另外,即使声压透射系数 $D \approx 2$,但由于透射波的振速为零,透射声强 $I_t \approx 0$,这时界面上发生声波全反射。当 $\rho_1 c_1 \gg \rho_2 c_2$ 时,$R \approx -1$,$D \approx 0$,反射波声压振幅与入射波声压振幅近似相等,但反射波声压相位跃变 $180°$,故界面上总压力等于零,可见介质的阻抗对波的反射影响很大,两介质的特征阻抗值差愈大,反射系数愈大,反射波愈强,反射能量愈大;反之,两介质的特征阻抗愈接近,反射系数愈小,反射波愈弱,入射声波能大部分进入第二介质中。此外,从能量观点看,在讨论波透射时,常考虑透射损失,它是入射声波强度与透射声波强度比值的分贝数。

若入射波声压为 p_i,声强为 I_i,折射波声压为 p_t,声强为 I_t,则透射损失为

$$\text{TL} = 10\lg\frac{I_i}{I_t} = -10\lg\frac{I_t}{I_i} = -10\lg\left(D^2\frac{\rho_1 c_1}{\rho_2 c_2}\right) \tag{2-66}$$

例 2-1　声波由水中射向空气,若入射波声压为 p_i,声强为 I_i,折射波声压为 p_t,声强为 I_t。求透射损失。

解
$$Z_1 = \rho_1 c_1 \approx 1.5 \times 10^6 \text{ kg}/(\text{m}^2 \cdot \text{s})$$
$$Z_2 = \rho_2 c_2 \approx 420 \text{ kg}/(\text{m}^2 \cdot \text{s})$$

则反射波声压与入射波声压之比为

$$R = \frac{Z_2 - Z_1}{Z_2 + Z_1} \approx -1$$

透射波质点速度与入射波质点速度之比为

$$D = \frac{2}{1 + \dfrac{Z_1}{Z_2}} \approx 5.6 \times 10^{-4}$$

则透射损失为

$$\text{TL} = 10\lg\frac{I_i}{I_t} = -10\lg\frac{I_t}{I_i} = -10\lg\left(D^2\frac{\rho_1 c_1}{\rho_2 c_2}\right) = -10\lg\left[\frac{4Z_1 Z_2}{(Z_1 + Z_2)^2}\right] \approx -10\lg 0.001\ 119$$

所以,透射损失 $\text{TL} \approx 29$ dB。

空气对于水来说如同自由边界,声波透过分界面进入空气中的能量只有入射声能的千分之一。对于平静海面反射,近似地可采用此条件,当海面不平静,但波高比波长小得多时,也可采用。

因为反射波与透射波都仍是平面波,应用式(2-49)可求得反射波声强与入射波声强大小之比即声强反射系数 r_I,以及透射波声强与入射波声强之比即声强透射系数 t_I 分别为

$$r_l = \frac{I_r}{I_i} = \frac{B_1^2}{2\rho_1 c_1} \bigg/ \frac{A_1^2}{2\rho_1 c_1} = \left(\frac{Z_2 - Z_1}{Z_2 + Z_1}\right)^2$$

$$t_l = \frac{I_t}{I_i} = \frac{A_2^2}{2\rho_2 c_2} \bigg/ \frac{A_1^2}{2\rho_1 c_1} = 1 - r_l = \frac{4Z_1 Z_2}{(Z_1 + Z_2)^2}$$

由此可以看出,因为公式里 Z_1 与 Z_2 是对称的,所以声波不论从介质 I 入射到介质 II 或者相反,声强反射系数都是相等的。

3. 平面声波斜入射情况

前面讨论了声波垂直入射于分界面的情况,着重分析的是介质特性阻抗对声波反射、透射现象的影响。现在讨论斜入射情况,这时一部分声波将按一定的角度反射回原先介质,另一部分也将透入第二介质,但是一般来讲,声波穿过分界面时会偏离原来的入射方向,形成折射。这时反射波、折射波的大小不仅与分界面两边介质的特性阻抗有关,而且与声波入射角有关,出现许多新的现象。

假定平面波以入射角 θ_i 由特征阻抗 $Z_1 = \rho_1 c_1$ 的第一介质射到特征阻抗 $Z_2 = \rho_2 c_2$ 的第二介质组成的平面界面上,则在此界面上产生声的反射和折射现象,如图 2-8 所示。平面波波阵面的法线与分界面的法线在同一平面 xOz 内。

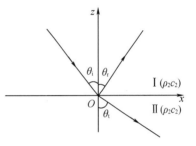

图 2-8　平面波倾斜入射

则入射波声压为

$$p_i = A_1 e^{j(\omega_i t - \mathbf{k}_1 \cdot \mathbf{r})} = A_1 e^{j(\omega_i t - k_1 x \sin\theta_i + k_1 z \cos\theta_i)} \quad (Z \geqslant 0)$$

式中,θ_i 为入射角。

反射波声压为

$$p_r = B_1 e^{j(\omega_r t - k_1 x \sin\theta_r - k_1 z \cos\theta_r)} \quad (Z \geqslant 0)$$

式中,θ_r 为反射角。

折射波声压为

$$p_t = A_2 e^{j(\omega_t t - k_2 x \sin\theta_t + k_2 y \cos\theta_t)} \quad (Z \leqslant 0)$$

式中,θ_t 为折射角。

在第一介质中声压为

$$p_1(x, z, t) = p_i(x, z, t) + p_r(x, z, t)$$

第二介质中声压为

$$p_2(x, z, t) = p_t(x, z, t)$$

它们显然满足波动方程

$$\frac{\partial^2 p_1}{\partial x^2} + \frac{\partial^2 p_1}{\partial z^2} = \frac{1}{c_1^2} \frac{\partial^2 p_1}{\partial t^2} \quad (Z > 0)$$

$$\frac{\partial^2 p_2}{\partial x^2} + \frac{\partial^2 p_2}{\partial z^2} = \frac{1}{c_2^2} \frac{\partial^2 p_2}{\partial t^2} \quad (Z < 0)$$

在分界面 $Z = 0$ 处满足边界条件:

（1）声压连续性

$$p_1(x,z,t)\big|_{z=0}=p_2(x,z,t)\big|_{z=0}$$

则有

$$A_1 e^{j(\omega_i t-k_1 x\sin\theta_i)}+B_1 e^{j(\omega_r t-k_1 x\sin\theta_r)}=A_2 e^{j(\omega_t t-k_2 x\sin\theta_t)} \tag{2-67}$$

（2）法向振速连续

$$u_{1z}(x,z,t)\big|_{z=0}=u_{2z}(x,z,t)\big|_{z=0}$$

且

$$u_{1z}=-\frac{1}{\rho_1}\int\frac{\partial p_1}{\partial z}\mathrm{d}t=-\frac{1}{\rho_1}\int\frac{\partial p_i}{\partial z}\mathrm{d}t-\frac{1}{\rho_1}\int\frac{\partial p_r}{\partial z}\mathrm{d}t$$

$$u_{2z}=-\frac{1}{\rho_2}\int\frac{\partial p_2}{\partial z}\mathrm{d}t$$

则有

$$-\frac{A_1}{\rho_1 c_1}\cos\theta_i e^{j(\omega_i t-k_1 x\sin\theta_i)}+\frac{B_1}{\rho_1 c_1}\cos\theta_r e^{j(\omega_r t-k_1 x\sin\theta_r)}=-\frac{A_2}{\rho_2 c_2}\cos\theta_t e^{j(\omega_t t-k_2 x\sin\theta_t)} \tag{2-68}$$

要使式（2-67）、式（2-68）对任意 x、t 值都成立，必要条件是等式两边各项中 x、t 的系数相等，即

$$k_1\sin\theta_i=k_1\sin\theta_r=k_2\sin\theta_t \tag{2-69}$$

由此可知：

反射定律为

$$\theta_i=\theta_r \tag{2-70}$$

折射定律为

$$\frac{\sin\theta_i}{\sin\theta_r}=\frac{k_2}{k_1}=\frac{c_1}{c_2}=n \tag{2-71}$$

这就是著名的斯涅尔声波反射与折射定律。它说明声波遇到分界面时，反射角等于入射角，而折射角的大小与两种介质中声速之比有关，介质 Ⅱ 的声速愈大，则折射波偏离分面法线的角度愈大。根据式（2-70）和式（2-71），则式（2-67）和式（2-68）可简化为

$$A_1+B_1=A_2,\ 1+R=D \tag{2-72}$$

$$\frac{\cos\theta_i}{\rho_1 c_1}A_1-\frac{\cos\theta_r}{\rho_1 c_1}B_1=\frac{\cos\theta_t}{\rho_2 c_2}A_2$$

即

$$1-R=\frac{\rho_1 c_1/\cos\theta_i}{\rho_2 c_2/\cos\theta_t}D=\frac{Z_{1n}}{Z_{2n}}D \tag{2-73}$$

这里 $Z_{1n}=\dfrac{\rho_1 c_1}{\cos\theta_i}$、$Z_{2n}=\dfrac{\rho_2 c_2}{\cos\theta_t}$ 称为比阻抗。

由式（2-69）和式（2-70）解得

$$R=\frac{Z_{2n}-Z_{1n}}{Z_{2n}+Z_{1n}}=\frac{\rho_2 c_2\cos\theta_i-\rho_1 c_1\cos\theta_t}{\rho_2 c_2\cos\theta_i+\rho_1 c_1\cos\theta_t} \tag{2-74}$$

$$D=\frac{2Z_{2n}}{Z_{2n}+Z_{1n}}=\frac{2\rho_2 c_2\cos\theta_i}{\rho_2 c_2\cos\theta_i+\rho_1 c_1\cos\theta_t} \tag{2-75}$$

由此可见,在斜入射的情况下,反射系数和折射系数不但与界面两边的介质的特征阻抗有关,而且与平面波的入射角 θ_i 有关。前面已讨论介质特征阻抗对反射、折射的影响,现在讨论入射角 θ_i 对反射、折射的影响,为方便起见,令 $m = \rho_2/\rho_1$,$n = \dfrac{k_2}{k_1} = \dfrac{c_1}{c_2}$,将它们代入式(2-74)、式(2-75)得到

$$R = \frac{m\cos\theta_i - \sqrt{n^2 - \sin^2\theta_i}}{m\cos\theta_i + \sqrt{n^2 - \sin^2\theta_i}} \qquad (2-76)$$

$$D = \frac{2m\cos\theta_i}{m\cos\theta_i + \sqrt{n^2 - \sin^2\theta_i}} \qquad (2-77)$$

(1)全透射

当声波入射角 $m^2\cos^2\theta_i = n^2 - \sin^2\theta_i$,$R = 0$ 时,入射角 $\theta_i = \theta_0$,声能全透射,θ_0 称为全透射角,因为

$$\sin\theta_0 = \sqrt{\frac{m^2 - n^2}{m^2 - 1}} \qquad (2-78)$$

所以 θ_0 的存在条件为

$$0 < \frac{m^2 - n^2}{m^2 - 1} < 1$$

此条件成立有两种情况:$m > n > 1$ 或 $m < n < 1$,也即 $\rho_2 c_2 > \rho_1 c_1$ 且 $c_1 > c_2$,或 $\rho_2 c_2 < \rho_1 c_1$ 且 $c_1 < c_2$。实际上,这种条件很少碰到,但氢气和空气可符合此条件。

(2)全内反射

由反射与折射定律看出,当 $c_2 \leqslant c_1 (n \geqslant 1)$ 时,恒有 $\theta_t \leqslant \theta_i$,这说明当介质 Ⅱ 的声速 c_2 小于介质 Ⅰ 中的声速 c_1 时,无论入射角 θ_i 为多少,均有正常的折射波存在,其折射角小于入射角。当 $c_2 > c_1$ 时,恒有 $\theta_t > \theta_i$,这说明当介质 Ⅱ 中的声速大于介质 Ⅰ 中的声速时,折射角总是大于入射角。那么可以想象,当入射角 θ_i 由 0° 逐渐增大时,折射角自然也随之增大,当入射角大到等于某一定角度 θ_c 时,有 $\theta_t = 90°$,即这时折射波沿着分界面传播。如果入射角再增大,以至 $\theta_i > \theta_c$,这时 $\sin\theta_t > 1$,也就是不存在实数角 θ_t,这意味着在介质 Ⅱ 中没有通常意义的折射波。这时反射角仍等于入射角,而反射系数变成一复数,其绝对值恒等于1,即反射波幅值等于入射波幅值,所以入射声波的能量全部反射回介质 Ⅰ 中,只是相对于入射波而言产生了一个相位跃变,因此称此现象为全内反射。θ_c 称为全内反射临界角,它等于

$$\theta_c = \arcsin\frac{c_1}{c_2} \qquad (2-79)$$

例如,当声波由空气射向水面时,$n = \dfrac{c_1}{c_2} \approx 0.23$,可求得 $\theta_c \approx 13°23'$。声波的全内反射现象也被实验所证实。

4.分界面上反射时的能量关系

声波入射分界面上,由式(2-50),有

入射波强度为

$$I_i = \frac{A_1^2}{2\rho_1 c_1}$$

反射波强度为

$$I_r = \frac{|R|^2 A_1^2}{2\rho_1 c_1}$$

折射波强度为

$$I_t = \frac{|D|^2 A_1^2}{2\rho_1 c_1}$$

倾斜入射时,不能认为入射波的声强等于反射波声强与折射波声强之和。但可以证明,无论入射角为何值,在分界层上入射波的能量总等于反射波能量与折射波能量之和。即在分界面上波反射时,仍然遵守能量守恒定律。

如图 2-9 所示,取分界面上一小段范围 AB,对应 AB 范围内,入射平面波和反射平面波的波前面积相同,取垂直于纸面波面宽度为单位长度,则波面 $AC = BD = s_1$,$s_1 = \overline{AB}\cos\theta_i$。而折射波由于 $\theta_t \neq \theta_i$,所对应的 AB 的波面 $BE = s_2$,$s_2 = \overline{AB}\cos\theta_t$。可以证明,$s_2 I_i - s_1 I_r = s_2 I_t$,反射时在界面上没有能量损耗是由于假设两边都是理想介质的必然结果。

在水声中,往往采用掠射角来表示入射波的方向,掠射角是入射声波的方向和水平分界面的交角为 θ_i',如图 2-10 所示。用折射波强度与入射波强度之比来定义声强的折射系数 T,可以表示为

$$T = \frac{\dfrac{p_t^2}{\rho_2 c_2}}{\dfrac{p_i^2}{\rho_1 c_1}} = \left(\frac{p_t}{p_i}\right)^2 \cdot \frac{\rho_1 c_1}{\rho_2 c_2} = \frac{\rho_1 c_1}{\rho_2 c_2} D^2$$

或

$$T = \frac{4\rho_1 c_1 \rho_2 c_2 \cos^2\theta_i}{(\rho_2 c_2 \cos\theta_i + \rho_2 c_2 \cos\theta_t)^2}$$

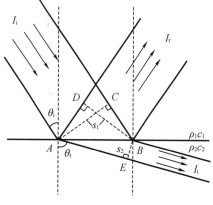

图 2-9　平面波反射、折射时,波束宽度的变化

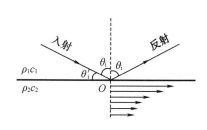

图 2-10　掠射角 θ_i' 示意图

由图 2-9 可以看出,平面波在折射时,波束宽度要发生变化。声强与波束截面积的乘积是单位时间内通过截面的总能量,因此在评定能量穿透时,定义功率透射系数 T_w 比 T 更合适。T_w 等于进入第二介质的功率 W_t 与入射波功率 W_i 之比。

利用界面能量守恒原理,即折射功率等于入射功率与反射功率之差,而入射波与反射波功率之比等于 $\dfrac{W_r}{W_i} = \dfrac{I_r}{I_i}$,所以有

$$T_w = \frac{W_r}{W_i} = 1 - |R|^2 = \frac{4\rho_1 c_1 \rho_2 c_2 \cos\theta_i \cos\theta_t}{(\rho_2 c_2 \cos\theta_i + \rho_1 c_1 \cos\theta_t)^2} \qquad (2-80)$$

图 2-11 为油-水界面功率透射系数 T_w 随入射角 θ_i 变化的曲线。不难看出,两介质的密度与波速相差不大时,反射甚弱,这时垂直透射功率占入射声功率的 98.6%,并且在斜入射时 T_w 随入射角变化很慢,只当入射角接近全内反射临界角时,透射功率系数急剧下降,而反射系数迅速增大,当 θ_i 大于 θ_c 时,全部声能被反射,$T_w \approx 0$。实际使用时,在换能器的振子与透声外壳中,往往充以蓖麻油或有机硅油。需要适当选择外壳材料和结构,才能达到良好的透声效果。

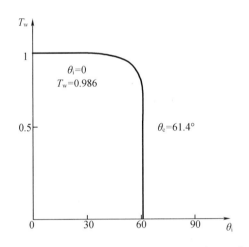

(油取 $\rho_1 = 900\ \text{kg/m}^3$,$c_1 = 1\ 300\ \text{m/s}$,$z_1 = 1.17 \times 10^6\ \text{kg/(m}^2 \cdot \text{s)}$)

图 2-11　油-水界面功率透射系数 T_w 随入射角 θ_i 变化的曲线

2.5　声压级和声强级

现在讨论声压和声强的度量问题。因为声振动的能量范围极其广阔,人们通常讲话的声功率约为 10^{-5} W,而强力火箭的噪声声功率可高达 10^9 W,两者相差十几个数量级。显然,一方面对如此大范围的能量如使用对数标度要比绝对标度方便些;另一方面从声音的接收来讲,人的耳朵有一个很"奇怪"的特点,当耳朵接收到声振动以后,主观上产生的"响度感觉"并不是正比于强度的绝对值,而是更近于与强度的对数成正比。基于这两方面的原因,在声学中普遍使用对数标度来度量声压和声强,称为声压级和声强级,其单位常用 dB

表示。

2.5.1 声压级

声压级用符号 SPL 表示,其定义为

$$SPL = 20\lg\frac{p_e}{p_{ref}}(\text{dB}) \tag{2-81}$$

式中,p_e 为待测声压的有效值;p_{ref} 为参考声压。

在空气中,参考声压 p_{ref} 国际上取为 2×10^{-5} Pa。这个数值是正常人耳对 1 kHz 声音刚刚能觉察其存在的声压值,也就是 1 kHz 声音的可听阈声压。一般来讲,低于这一声压值,人耳就再也不能觉察出声音的存在了。显然该可听阈声压的声压级即为零分贝。在水中,声压级的参考声压 p_{ref} 一般取 1×10^{-6} Pa。

2.5.2 声强级

声强级用符号 SIL 表示,其定义为

$$SIL = 10\lg\frac{I}{I_{ref}}(\text{dB}) \tag{2-82}$$

式中,I 为待测声强;I_{ref} 为参考声强。

在空气中,参考声强 I_{ref} 国际上取 10^{-12} W/m²。这一数值是与参考声压 2×10^{-5} Pa 相对应的声强(计算时取空气中的特性阻抗为 400 N·s/m),这也是 1 kHz 声音的可听阈声强。在水中,参考声强 I_{ref} 取 6.7×10^{-17} W/m²,这一数值是与参考声压 1×10^{-6} Pa 相对应的声强(计算时取水中的特性阻抗为 1.5×10^6 N·s/m)。

声压级与声强级在数值上近于相等,由式(2-35)知

$$SIL = 10\lg\frac{I}{I_{ref}} = 10\lg\left(\frac{p_e^2}{\rho_0 c_0} \cdot \frac{400}{p_{ref}^2}\right) = SPL + 10\lg\frac{400}{\rho_0 c_0}$$

如果在测量时条件恰好是 $\rho_0 c_0 = 400$,则 $SIL = SPL$。对一般情况,声强级与声压级将相差一个修正项 $10\lg\dfrac{400}{\rho_0 c_0}$,它通常是比较小的。

为了使读者对声压级的大小有一个粗略数量概念,举一些典型例子:人耳对频率为 1 kHz 声音的可听阈为 0 dB,微风轻轻吹动树叶的声音约为 14 dB,在房间中高声谈话声(相距 1 m 处)为 68~74 dB,交响乐队演奏声(相距 5 m 处)约为 84 dB,飞机强力发动机的声音(相距 5 m 处)约为 140 dB。一声音比另一声音声压大一倍时大 6 dB,人耳对声音强弱的分辨能力约为 0.5 dB。

2.6 声波的干涉

前面主要讨论了典型声波——平面波在无限均匀介质中的传播。实际问题中常遇到存在多个声源或者波在有边界限制的介质中传播,如海洋波导中的声传播,此时空间中的声波叠加是普遍的,声波与声波之间会存在相互作用,遂产生声的干涉现象。声干涉导致

声场分布发生改变,比如声能量的增强与相消效应,其传播有许多特点。本节就平面波为例,介绍声波叠加时声场的物理实质和基本特性。

2.6.1　声波叠加原理

描述小振幅声波传播规律的波动方程(2-17)从数学上讲是线性方程,这就反映了小振幅声波满足叠加原理,这是很容易证明的。

这里先以两列波的叠加为例,然后再推广到多列波的情况。设有两列声波,它们的声压分别为 p_1 和 p_2,其合成声场的声压设为 p。因为导出声波方程时只是应用了介质的基本特性,所以现在的合成声场 p 一定也满足波动方程,即

$$\nabla^2 p = \frac{1}{c_0^2}\frac{\partial^2 p}{\partial t^2} \tag{2-83}$$

另一方面,声压 p_1 和 p_2 自然应满足声波方程,即

$$\nabla^2 p_1 = \frac{1}{c_0^2}\frac{\partial^2 p_1}{\partial t^2}$$

$$\nabla^2 p_2 = \frac{1}{c_0^2}\frac{\partial^2 p_2}{\partial t^2}$$

将上面两式相加,由于每个方程都是线性的,所以得到

$$\nabla^2 (p_1+p_2) = \frac{1}{c_0^2}\frac{\partial^2 (p_1+p_2)}{\partial t^2} \tag{2-84}$$

比较式(2-83)及式(2-84),并考虑到声学边界条件也是线性的,所以得到

$$p = p_1 + p_2 \tag{2-85}$$

这就是说两列声波合成声场的声压等于每列声波的声压之和,此即声波的叠加原理。显然此结论可以推广到多列声波同时存在的情况。

2.6.2　驻波

先讨论一个特殊情况,即由两列相同频率但以相反方向行进的平面波叠加的合成声场。已知两列沿相反方向行进的平面波可分别表示为

$$p_i = p_{ia}e^{j(\omega t - kx)}$$

$$p_r = p_{ra}e^{j(\omega t + kx)}$$

根据叠加原理,合成声场的声压为

$$p = p_i + p_r = 2p_{ra}\cos kx\, e^{j\omega t} + (p_{ia}-p_{ra})e^{j(\omega t - kx)} \tag{2-86}$$

可见合成声场由两部分组成,式(2-86)最右边第一项代表一种驻波场,各位置的质点都做同相位振动,但振幅大小却随位置而异,当 $kx = n\pi$,即 $x = n\dfrac{\lambda}{2}(n=1,2,\cdots)$ 时,声压振幅最大,称为声压波腹;而当 $kx = (2n-1)\dfrac{\pi}{2}$,即 $x = (2n-1)\dfrac{\lambda}{4}(n=1,2,\cdots)$ 时,声压振幅为零,称为声压波节。最右边第二项代表 x 方向行进的平面行波,其振幅为原先两列波的振幅之差。

从上面简单的分析可以得出一个重要的规律,如果存在沿相反方向行进的波的叠加,

如在房间中入射波与由墙壁产生的反射波相叠加,则空间中合成声压的振幅将随位置出现极大和极小的变化,这样就破坏了平面自由声场的性质;如果反射波愈强,p_{ra}愈大,则式(2-86)最右边第一项比最右边第二项的作用更大,即自由声场的条件愈不成立。特别是如果反射波的振幅等于入射波的振幅(全反射),$p_{ra} = p_{ia}$,则式(2-86)的第二项为零,只剩下第一项,这时的合成声场就是一个纯粹的"驻波",亦称定波。

2.6.3　声波的相干性

现在讨论两列具有相同频率、固定相位差的声波的叠加,这时会发生干涉现象。著名的克拉尼图形就是利用了声波的干涉实现了声音的可视化。如图2-12所示,在一块金属薄板上撒上沙子,用弓弦在金属的一侧拉动,引起薄板振动,使沙子形成不同的图案。简单来说,克拉尼图形的出现是由于薄板振动形成驻波,沙子聚集在波节线上形成规则且对称的二维驻波图案。

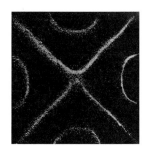

图 2-12　克尼拉图形

设到达空间某位置的两列声波分别为 $p_1 = p_{1a}\cos(\omega t - \varphi_1)$,$p_2 = p_{2a}\cos(\omega t - \varphi_2)$。并设两列声波到达该位置时的相位差 $\psi = \varphi_2 - \varphi_1$ 不随时间变化,也就是说两列声波始终以一定的相位差到达该处。当然,ψ 可能随位置而不同。

由叠加原理,合成声场的声压为

$$p = p_1 + p_2 = p_{1a}\cos(\omega t - \varphi_1) + p_{2a}\cos(\omega t - \varphi_2) = p_a\cos(\omega t - \varphi) \tag{2-87}$$

$$\begin{cases} p_a^2 = p_{1a}^2 + p_{2a}^2 + 2p_{1a}p_{2a}\cos(\varphi_2 - \varphi_1) \\ \varphi = \arctan \dfrac{p_{1a}\sin\varphi_1 + p_{2a}\sin\varphi_2}{p_{1a}\cos\varphi_1 + p_{2a}\cos\varphi_2} \end{cases} \tag{2-88}$$

式(2-87)及式(2-88)说明,该位置上合成声压仍然是一个相同频率的声振动,但合成声压的振幅并不等于两列声波声压的振幅之和,而是与两列声波的相位差 ψ 有关。

已知声压振幅的平方反映了声场中平均声能量密度的大小,而它们的关系可由式(2-49)描述,因此将式(2-88)对时间取平均值可得合成声波的平均声能量密度为

$$\overline{E} = \overline{E}_1 + \overline{E}_2 + \frac{p_{1a}p_{2a}}{\rho_0 c_0^2}\cos\psi \tag{2-89}$$

式中,$\overline{E}_1$ 及 $\overline{E}_2$ 分别为 p_1 和 p_2 的平均能量密度。式(2-89)说明声场中各位置的平均能量密度与两列声波到达该位置时的相位差 ψ 有关。

如果某些位置上有 $\psi = 0, \pm 2\pi, \pm 4\pi, \cdots$,这就意味着两列声波始终以相同的相位到达,则

$$\begin{cases} p_a = p_{1a} + p_{2a} \\ \overline{E} = \overline{E}_1 + \overline{E}_2 + \dfrac{p_{1a}p_{2a}}{\rho_0 c_0^2} \end{cases} \tag{2-90}$$

如果另外一些位置上有 $\psi = 0, \pm\pi, \pm 3\pi, \cdots$,这意味着两列声波始终以相反相位到达,则

$$\begin{cases} p_a = p_{1a} - p_{2a} \\ \overline{E} = \overline{E}_1 + \overline{E}_2 - \dfrac{p_{1a}p_{2a}}{\rho_0 c_0^2} \end{cases} \tag{2-91}$$

式(2-90)及式(2-91)说明,在两列同频率、具有固定相位差的声波叠加以后的合成声场中,任一位置上的平均声能量密度并不简单地等于两列声波的平均能量密度之和,而是与两列声波到达该位置时的相位差有关。特别在某些位置上,声波加强,合成声压幅值为两列声波幅值之和,平均声能量密度为两列声波平均声能量密度之和加上一个增量 $\dfrac{p_{1a}p_{2a}}{\rho_0 c_0^2}$。如果 $p_{1a} = p_{2a}$,那么在这些位置上,合成声压幅值为每列声压幅值的 2 倍,平均声能量密度为每列声波平均能量密度的 4 倍。在另外一些位置上,声波互相抵消,合成声压幅值为两列声波幅值之差,平均能量密度比两列声波平均能量密度之和要差一个数值 $\dfrac{p_{1a}p_{2a}}{\rho_0 c_0^2}$。如果 $p_{1a} = p_{2a}$,那么在这些位置上,合成声压幅值及平均声能量密度为零。这就是声波的干涉现象,这种具有相同频率且有固定相位差的声波称为相干波。

值得指出的是,如果两列声波的频率不同,那么即使具有固定的相位差,也不可能发生干涉现象。例如,设到达声场中某位置的两列声波分别为

$$p_1 = p_{1a}\cos(\omega_1 t - \varphi_1)$$
$$p_2 = p_{2a}\cos(\omega_2 t - \varphi_2) \tag{2-92}$$

从式(2-92)可得合成声场的平均声能密度为

$$\overline{E} = \overline{E}_1 + \overline{E}_2 + \dfrac{2p_{1a}p_{2a}}{\rho_0 c_0^2}\overline{\cos(\omega_1 t - \rho_1)\cos(\omega_2 t - \rho_2)} \tag{2-93}$$

式中,第三项横线代表对时间取平均,不难证明,对于足够长的时间,该项结果为零,所以上式变为

$$\overline{E} = \overline{E}_1 + \overline{E}_2 \tag{2-94}$$

可见具有不同频率的声波是不相干波。

而在实际问题中,具有相同频率且有无规则变化相位的声波也是不相干波。例如,在剧场里,演出前观众各自无关地讲话形成的噪声就属于这种情况,这时合成声场的平均声能量密度等于各列声波的平均声能量密度之和,或者用声压表示,即为

$$p_e^2 = p_{1e}^2 + p_{2e}^2 + \cdots + p_{ne}^2 \tag{2-95}$$

式中,p_e 为合成声场有效声压;$p_{je}(j = 1, 2, \cdots, n)$ 为各列声波有效声压。

例 2-2 设房间内有 5 个人在各自无关地朗读,每个人单独朗读时在某位置均产生 70 dB 声压级,求 5 个人同时朗读时在该位置上产生的纵声压级。

解 因为对每个人发出的声波,其有效声压与声压级的关系为 $L_j = 20\lg\dfrac{p_{je}}{p_{ref}}$,这里 L_j 代表第 j 列声波的声压级,由此可解得每个人产生的有效声压为

$$p_{je} = p_{ref}10^{\frac{L_j}{20}}$$

因为由各人发出的声波是互不相干的,所以由式(2-95)可得合成声场的有效声压为

$$p_e = \sqrt{\sum_{j=1}^{5} p_{ref}^2 10^{L_j/10}} = p_{ref} \sqrt{5 \times 10^{L_j/10}}$$

总声压级为

$$L = 20\lg \frac{p_e}{p_{ref}} = 20\lg(5 \times 10^{L_j/10})^{1/2} \approx 77 \text{ dB}$$

2.7 习　　题

1. 试分别在一维坐标里,导出质点速度 u 的波动方程。

2. 如果声波的波阵面按幂指数规律变化,即 $S = S_0(1 + a_n x)^n$,其中 S 为 $x = 0$ 处的面积,a_n 为常数,试导出这时声波方程的具体形式。

3. 试问夏天(温度高达 35 ℃)空气中声速比冬天(设温度为 0 ℃)时高出多少?

4. 已知两声压幅度之比为 2,5,10,100,求它们声压级之差。已知两声压级之差为 1 dB、3 dB、6 dB、10 dB,求声压幅值之比。

5. 已知流体 1 和流体 2 的特性阻抗分别为 3 000 Pa·s/m 及 5 000 Pa·s/m,试计算平面声波由流体 1 垂直入射到两种流体分界层面时的声压反射系数和透射系数。

6. 声波由空气以 $\theta_i = 30°$ 斜入射于水中,则折射角为多大? 分界面上反射波声压与入射波声压之比为多少?

参 考 文 献

[1] 何祚镛,赵玉芳. 声学理论基础[M]. 北京:国防工业出版社,1981.

[2] 杜功焕,朱哲民,龚秀芬. 声学基础[M]. 3 版. 南京:南京大学出版社,2012.

第3章 声波的辐射和接收

在第2章已经指出,物体在弹性介质中振动时会在周围介质中激发起声波,且已讨论声波在传播过程中的各种特性。至于声波与声源本身的振动状态有什么联系,基本上还没有涉及,本章主要讨论声源辐射声波及声波接收的基本原理与问题。

讨论声波的辐射主要涉及两个方面:一是研究当声源振动时,辐射声场的各种规律,例如声场中声压与声源的关系,声压随距离的变化以及声源的指向性等;二是研究由声源激发起来的声场对声源振动状态的影响,也就是由于辐射声波而附加于声源的辐射阻抗;三是研究声源辐射声波时受到其他声源或是周围物体相互作用的问题。如声基阵中阵元之间的互辐射阻抗,以及周围障板、外壳对声源的辐射阻抗、方向性的影响问题。本章仅介绍辐射理论方面基本的概念和分析方法。

声源的辐射在空间产生声场,要测量或者研究声场规律,就要依靠声接收器来接收声场中所要检测的声信号并将此信号显示出来,使人们对期望重现的辐射信号进行鉴别和观测。接收器是一种把声能转化为电能的电声器件,通常具有一个力学振动系统。由于声学研究和应用的广泛性,对接收器的声学要求也各不相同,因而目前出现的接收器的种类极为繁多。同时声接收器在声场中相当于一个散射体,在其表面将激起散射波,因此在研究声的接收原理时,还必须考虑接收器的散射对辐射声场的影响。本章主要研究声接收的基本原理,对声波接收的有关声学问题进行讨论,对于声场的散射规律的理论推导将在7.1节进一步说明。

以上声波的辐射和接收问题是声学系统设计的理论基础,同时对于系统的正确设计、合理的布放,以及对充分发挥整个声系统的性能都很重要,在水声工程应用中具有十分重要的意义。

3.1 各向均匀的球面波

假设球形声源上各点沿着径向做同振幅、同相位的均匀脉动,可以在声介质中产生各项均匀的球面声波。例如,用压电陶瓷做成的均匀球壳,当外加电压的频率不高时,便产生这种形式的声波辐射。这是一种理想的简单辐射情况,虽然在实际生活中很少遇到,但绝大多数低频发射器当其尺寸与介质中声波波长之比很小时,可等效于一个脉动球面发射器,辐射的声波都近似为均匀球面波,因此对球面声场的分析具有一定的启发意义。

3.1.1 球面声场

设有一半径为 r_0 的球体,其表面做均匀的微小涨缩振动,也就是它的半径在 r_0 附近以微量 $\xi = dr$ 做简谐的变化,从而在周围的媒质中辐射了声波。因为球面的振动过程具有各向均匀的脉动性质,因而它所产生的声波波阵面是球面,辐射的是均匀球面波。

取球坐标系如图 3-1 所示,坐标原点取在球心。因为波阵面是球面的,所以在距离 r 处的波阵面面积就是球面面积,即 $S=4\pi r^2$。在这种情况下波动方程式可写为

$$\frac{\partial^2 p}{\partial r^2}+\frac{2}{r}\frac{\partial p}{\partial r}=\frac{1}{c_0^2}\frac{\partial^2 p}{\partial t^2} \tag{3-1}$$

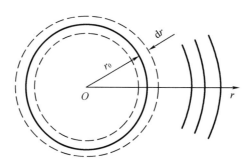

图 3-1 球面声场

做变量变换,令 $Y=pr$,则式(3-1)就可化为

$$\frac{\partial^2 Y}{\partial r^2}=\frac{1}{c_0^2}\frac{\partial^2 Y}{\partial t^2} \tag{3-2}$$

式(3-2)的一般解为

$$Y=A\mathrm{e}^{\mathrm{j}(\omega t-kr)}+B\mathrm{e}^{\mathrm{j}(\omega t+kr)} \tag{3-3}$$

式中,A 和 B 为两个待定常数。

解得 Y 就可求得式(3-1)的一般解为

$$p=\frac{A}{r}\mathrm{e}^{\mathrm{j}(\omega t-kr)}+\frac{B}{r}\mathrm{e}^{\mathrm{j}(\omega t+kr)} \tag{3-4}$$

根据前文可知,式(3-1)右边第一项代表向外辐射(发散)的球面波;第二项代表向球心反射(会聚)的球面波。现在讨论向无界空间辐射的自由行波,因而没有反射波,这里常数 $B=0$。这样式(3-4)就成为

$$p=\frac{A}{r}\mathrm{e}^{\mathrm{j}(\omega t-kr)} \tag{3-5}$$

其中,A 一般讲可能是复数,$\dfrac{A}{r}$ 的绝对值即为声压振幅。

按径向质点速度与声压的关系式,可以求得径向质点速度为

$$u_r=-\frac{1}{\mathrm{j}\omega\rho_0}\frac{\partial p}{\partial r}=\frac{A}{r\rho_0 c_0}\left(1+\frac{1}{\mathrm{j}kr}\right)\mathrm{e}^{\mathrm{j}(\omega t-kr)} \tag{3-6}$$

式(3-5)及式(3-6)就是脉动球源辐射声场的一般形式。

3.1.2 声辐射与球源大小关系

声场是由于球源振动而产生的,所以声场的特征自然也与球面的振动情况有关。以上求得的脉动球辐射一般解式(3-4)中包含有一个待定常数 A,它的大小取决于边界条件,即球面振动情况。设球源表面的振速为

$$u=u_a\mathrm{e}^{\mathrm{j}(\omega t-kr_0)}$$

式中，u_a 为振速幅值，指数中 $-kr_0$ 是为了运算方便而引入的初相位角，它不影响讨论的一般性。

在球源表面处的质点速度应等于球源表面的振速，即有如下边界条件：

$$(u_r)_{r=r_0} = u \tag{3-7}$$

将式(3-6)代入式(3-7)可得到

$$A = \frac{\rho_0 c_0 k r_0^2}{1+(kr_0)^2} u_a (kr_0 + j) = |A| e^{j\theta} \tag{3-8}$$

式中

$$|A| = \frac{\rho_0 c_0 k r_0^2 u_a}{\sqrt{1+(kr_0)^2}}$$

$$\theta = \arctan\left(\frac{1}{kr_0}\right)$$

把求得的 A 值代入式(3-5)就可求得脉动球源辐射声压为

$$p = p_a e^{j(\omega t - kr + \theta)} \tag{3-9}$$

式中，$p_a = \dfrac{|A|}{r}$。

将 A 值代入式(3-6)就得到脉动球辐射声场的质点速度为

$$u_r = u_{ra} e^{j(\omega t - kr + \theta + \theta')} \tag{3-10}$$

式中，$u_{ra} = p_a \dfrac{\sqrt{1+(kr)^2}}{\rho_0 c_0 kr}$，$\theta' = \arctan\left(\dfrac{-1}{kr}\right)$，这里 u_{ra} 为径向质点速度幅值。

由式(3-9)可知，在离脉动球源距离为 r 的地方，声压幅值的大小就取决于 $|A|$ 值，而由式(3-8)知，$|A|$ 值不仅与球源的振速 u_a 有关，而且还与辐射声波的频率(或波长)及球源的半径等有关。当球源半径比较小或者声波频率比较低，以至 $kr_0 \ll 1$ 时，满足这种条件的脉动球源称为点源，这里 $|A|_L \approx \rho_0 c_0 k r_0^2 u_a$；当球源半径比较大或声波频率比较高，以至 $kr_0 \gg 1$ 时，$|A|_H \approx \rho_0 c_0 r_0 u_a$。显然

$$|A|_L \ll |A|_H$$

这说明在以同样大小的速度 u_a 振动时，如果球源比较小或者频率比较低，则辐射声压较小；如果球源比较大或者频率比较高，则辐射声压较大。因此，当球源大小一定时，频率愈高则辐射声压愈大，频率愈低则辐射声压愈小。而对于一定的频率，球源半径愈大则辐射声压愈大，球源半径愈小则辐射声压愈小。

这种辐射声场与球源大小、声波频率的关系具有普遍意义。一般来说，只要振速一定，凡声源振动面大的，向空间辐射的声压也大，反之就小。例如，弦乐器如果没有助声膜或板，而仅有单根弦的振动，那么所发出的声音是很微弱的，因此弦乐器必须将单根弦的振动通过一定的耦合方式带动助声膜或板一起振动而发声(例如胡琴用蛇皮等做成助声膜，提琴则用优质的木料做成助声板)，而且一般讲来，振动面越大，低频声越丰富。又例如，小口径的扬声器辐射低频声比较困难，而大口径的扬声器就比较容易些，也是这个道理。

3.2　脉动球源的辐射

3.2.1　声场对辐射器的作用

当水中发射换能器外加电压后,振动面振动并辐射声波。振动面推动贴近它的介质使之产生形变,并把系统的部分机械能供给介质,形成声场中的声能。发射器辐射声波时,它也受到声场的作用,此作用表现在贴近振动面的介质对它施加的作用力。此力和振动面施加在介质上的力在数值上相等而方向相反。

振源产生的声场可用声压的空间分布函数表示。介质对振动面的作用力决定于贴近它表面上介质的声压。所以根据发射面上声压分布沿振动面的积分,可以计算出介质对振动面作用的力为

$$F_r = \iint_{S_0} p_a \mathrm{d}S \tag{3-11}$$

式中,p_a 为发射面上分布的声压。一般来说,它的分布不均匀,而且相位也不同。

声场中的声压和该处介质的质点振速 u_0 成正比,即 $p = u_0 Z_0$,Z_0 是该点介质的波阻抗。可以认为,贴近发射面介质质点法向振速和发射面的法向振速完全相同,于是发射面上声压分布表示为

$$p_a = u Z_a$$

式中,u 为发射面上法向振速;Z_a 为贴近发射面处的介质波阻抗。

将上式代入式(3-11)可得到声场对发射器的作用力为

$$F_r = - \iint_{S_0} p_a \mathrm{d}S = - \iint_{S_0} u Z_a \mathrm{d}S \tag{3-12}$$

式中,负号是表示力的作用方向和发射面的外法线方向相反,即声场作用力取作用于面上的压力方向为正。这样,F_r 便和振速反方向。

一般地,振动面的各点振速不相同。特殊情况振动面上法向振速等幅同相。于是式(3-12)中 u 可以提到积分号外,即

$$F_r = - u \iint_{S_0} Z_a \mathrm{d}S \tag{3-13}$$

如前面所了解,在平面波辐射情况下,$Z_0 = \rho_0 c_0$ 是一实数,因而得到辐射器所受声场单位面积的作用力为 $u\rho_0 c_0$,它是一个有功阻力。一般声场中波阻抗是空间坐标函数,而且是复数,$Z_a = R_a + jX_a$(R_a 为波阻,X_a 为波抗),于是式(3-13)改写成

$$F_r = - u \iint_{S_0} (R_a + jX_a) \mathrm{d}S = - u(R_r + jX_r) = - u Z_r \tag{3-14}$$

式中,Z_r 为辐射阻抗,是复数量,$Z_r = R_r + jX_r$(具体分析见下文)。

式(3-14)表明,声场对发射器的作用力以及发射器为了推动介质而激发声的作用力与振源表面的振速相位不同。为进一步研究 Z_r 的物理含义,假设声源振动面上各处声压相同,且振动面表面积为 S_0,则声源受到的声场的反作用力可以表示为

$$F_r = -S_0 p_{r=r_0} \tag{3-15}$$

式中，$p_{r=r_0}$ 为振动面上的声压；负号表示这个力的方向与声压的变化方向相反。例如，声源表面沿法线正方向运动，使表面附近介质压缩，声压为正，而这时声场对声源的反作用力则与法线方向相反。

将式(3-5)以及式(3-8)代入式(3-15)即可求得

$$F_r = \left(-\rho_0 c_0 \frac{k^2 r_0^2}{1+k^2 r_0^2} S_0 - j\rho_0 c_0 \frac{kr_0}{1+k^2 r_0^2} S_0 \right) u \tag{3-16}$$

比较式(3-14)和式(3-16)，可知

$$Z_r = \rho_0 c_0 \frac{k^2 r_0^2}{1+k^2 r_0^2} S_0 + j\rho_0 c_0 \frac{kr_0}{1+k^2 r_0^2} S_0 = R_r + jX_r \tag{3-17}$$

其中，R_r 及 X_r 分别称为辐射阻和辐射抗，表示为

$$\begin{cases} R_r = \rho_0 c_0 \dfrac{k^2 r_0^2}{1+k^2 r_0^2} S_0 \\[3mm] X_r = \rho_0 c_0 \dfrac{kr_0}{1+k^2 r_0^2} S_0 \end{cases} \tag{3-18}$$

可见，发射器放在介质中工作时，机械系统上所受外力，除振动力之外还应加上声场的作用力 F_r。因此，换能器的机械系统的运动方程中应加上 F_r。设球源振动表面的质量为 M_m，力学系统的弹性系数为 K_m，受到的摩擦力阻为 R_m，策动其振动的外力为 F，声场的反作用力已由上面求得为 F_r，因此振动表面的运动方程为

$$M_m \frac{du}{dt} = F + F_r - R_m u - K_m \int u dt$$

将式(3-14)代入上式，整理得

$$M_m \frac{du}{dt} + R_m u + K_m \int u dt + Z_r u = F \tag{3-19}$$

因为 u 是时间 t 的简谐函数，求解式(3-19)可得

$$u = \frac{F}{Z_m + Z_r} \tag{3-20}$$

其中

$$Z_m + Z_r = (R_m + R_r) + j\left(X_r + \omega M_m - \frac{K_m}{\omega} \right) \tag{3-21}$$

可见，辐射器在介质中工作时，声场的作用表现为在发射器的机械系统中增加了一个外作用力，此力可等效为一个附加的机械阻抗 Z_r，它作为声源声辐射的负载，所以称为辐射阻抗。由式(3-21)可知，声场对声源的反作用表现在两个方面：一是增加了系统的阻尼作用，除了原来的摩擦力阻 R_m 外还增加了辐射阻 R_r，辐射阻 R_r 像摩擦力阻 R_m 一样，也反映了力学系统存在着能量的耗损，不过它不是转化为热能，而是转化为声能，以声波的形式传输出去；二是在系统中增加了一项抗，因为 X_r 是正的，所以辐射抗表现为惯性抗，辐射抗和机械系统中的无功阻抗相似，在系统中并不消耗能量，它只在振动过程中起储能作用，表现场和力源之间发生能量交换。实际上，振动面推动介质时，机械系统的这一部分能量用来激起声源附近介质振动，它并不向远场传播，因此它只反映声源的近场效应。

如果把式(3-21)改写成

$$Z_m + Z_r = (R_m + R_r) + j\left[\omega\left(M_m + \frac{X_r}{\omega}\right) - \frac{K_m}{\omega}\right] \tag{3-22}$$

那么就可以清楚地看出辐射抗 X_r 对力学系统的影响相当于在声源本身的质量 M_m 上附加了一个辐射质量 $M_r = \dfrac{X_r}{\omega}$，由于这部分附加辐射质量的存在，好像声源加重了，似乎有质量为 M_r 的媒质层黏附在球源面上，随球源一起振动，因此这部分附加的辐射质量也称为同振质量。$M_m + M_r$ 称为有效质量。

辐射阻抗是个很重要的参量。例如，在电声器件的设计中，除了要知道电声器件振动系统本身的动力学参数如质量、弹性系数和力阻外，还必须知道由辐射声场对声源的反作用而产生的附加辐射阻抗和同振质量。

3.2.2 辐射声功率

应用辐射阻抗概念还可以方便地研究声源的辐射特性，机械能中转换为相应声能的功率，称为辐射声功率，简称为辐射功率。由强迫振动系统的平均损耗功率表达式(详见参考文献[1])，可以得到脉动球源平均辐射声功率为

$$\overline{W}_r = \frac{1}{2}R_r u_a^2 \tag{3-23}$$

由此可见，如果声源振速恒定，那么平均辐射声功率仅取决于辐射阻。

对于脉动球源，由式(3-18)可见，如果球源比较小或者频率比较低，以至于有 $kr_0 \ll 1$，即满足点源条件时，有

$$\begin{cases} R_r \approx \rho_0 c_0 (kr_0)^2 S_0 \\ X_r \approx \rho_0 c_0 kr_0 S_0 \end{cases} \tag{3-24}$$

因而平均辐射声功率与频率的平方成正比，而且因为 $kr_0 \ll 1$，所以总的平均辐射声功率是很小的。至于同振质量，显然有 $M_r \approx \rho_0 c_0 S_0 = 3\left(\dfrac{4}{3}\pi r_0^3 \rho_0\right) = 3M_0$，这相当于球源排开的同体积介质质量的 3 倍，所以为了使球源表面振动，尚需要克服这一部分附加惯性力而做功，但这部分能量不是向外辐射的声能，而是储藏在系统中。

当 $kr_0 \gg 1$ 时，有

$$\begin{cases} R_r \approx \rho_0 c_0 S_0 \\ X_r \approx 0 \end{cases} \tag{3-25}$$

这说明当球源半径较大或者频率比较高时，球源的辐射阻达到最大值，而辐射抗为零，即同振质量为零。

由以上讨论可见，声源平均辐射声功率的大小并不是取决于声源绝对尺寸的大小，而是取决于声源尺寸与声波波长的相对大小。脉动球源辐射阻抗随 kr_0 值的变化如图 3-2 所示。

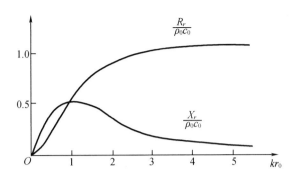

图 3-2 脉动球源辐射阻抗随 kr_0 值的变化

3.3 声偶极子的辐射

前面讲的脉动球是最简单声源,也称为单极子。下面将讨论一些常见的组合,如偶极子、同源小球等。偶极子声源是指两个相距很近的(相对波长而言)、振源强度相等、振动相位相反的点声源的组合。点源靠近水面辐射时,按照镜像法,可以近似地把水面用一个反相振动的虚源置代。因此,它的辐射声场具有偶极子声场的特征,表面力源作用产生的声场也具有偶极子场的特征。另外,刚硬球摆动时的辐射声场、纸盆扬声器及圆盘振动,在低频辐射时声场都有相似特征。因此,讨论偶极子声场,对了解这一类声辐射系统的工作特点是很有意义的。

3.3.1 偶极辐射声场

设有两个小脉动球源,相距为 l,它们振动的振幅相等而相位相反,如图 3-3 所示,现在来求解这种组合声源的辐射声场。由于每一小球源在空间产生的声压已知为式(3-5),故求声偶极子的辐射只要把这两个小球源在空间辐射的声压叠加起来就可以了,考虑到它们的相位相反,则有

$$p = \frac{A}{r_+} e^{j(\omega t - kr_+)} - \frac{A}{r_-} e^{j(\omega t - kr_-)} \tag{3-26}$$

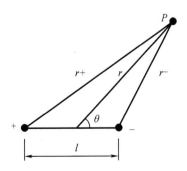

图 3-3 偶极声源辐射声场

如果仅考虑离声源较远处的声场,即假设 $r \gg 1$,则由两个小球源辐射的声波到达观察

点 P 时,振幅的差别甚小,因此可把式(3-26)中振幅部分的 r_+ 及 r_- 都近似地用 r 来代替,但它们的相位差异不能忽略。由图 3-3 可见有如下近似关系:

$$\begin{cases} r_+ \approx r + \dfrac{l}{2}\cos\theta \\ r_- \approx r - \dfrac{l}{2}\cos\theta \end{cases} \tag{3-27}$$

将此式(3-27)代入式(3-26)的相位部分就可得到

$$p \approx \frac{A}{r}e^{j(\omega t - kr)}\left(e^{-j\frac{kl\cos\theta}{2}} - e^{j\frac{kl\cos\theta}{2}}\right) = \frac{A}{r}e^{j(\omega t - kr)}\left(-2j\sin\frac{kl\cos\theta}{2}\right) \tag{3-28}$$

因为两个小球源相距很近,当频率不是很高时,可认为有 $kl<1$,则式(3-28)可简化为

$$p \approx -j\frac{kAl}{r}\cos\theta\, e^{j(\omega t - kr)} \tag{3-29}$$

由式(3-29)可知,偶极辐射声场在远场($kr\gg1$)的声压也随距离成反比地减小,但偶极声源辐射声场与脉动球源辐射声场有一个很重要的区别是,声压幅值与 θ 角有关,即在声场中同一距离、不同方向的位置上声压不一样。例如,在 $\theta=\pm90°$ 的方向上,从两个小球源来的声波恰好幅值相等,相位相反,因而全部抵消,合成声压为零;而在 $\theta=0°$,$180°$ 的方向上,从两个小球源来的声波幅值及相位都近于相等,因而叠加加强,合成声压最大。为了描述声源辐射随方向而异的这种特性,定义任意 θ 方向的声压幅值与 $\theta=0°$ 轴上的声压幅值之比为该声源的辐射指向特性,即

$$D(\theta) = \frac{(p_a)_\theta}{(p_a)_{\theta=0}} \tag{3-30}$$

对偶极声源,由式(3-29)可得其指向特性为

$$D(\theta) = |\cos\theta| \tag{3-31}$$

这在极坐标图上是 ∞ 字形,如图 3-4 所示。

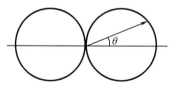

图 3-4 偶极声源指向特性

由式(3-29)求得径向质点速度为

$$u_r \approx j\frac{kAl}{\rho_0 c_0 r}\left(1 + \frac{1}{jkr}\right)\cos\theta\, e^{j(\omega t - kr)} \tag{3-32}$$

由式(3-29)与式(3-32)可求得偶极辐射声强为

$$I = \frac{1}{T}\int_0^T \mathrm{Re}(p)\,\mathrm{Re}(u_r)\,\mathrm{d}t = \frac{|A|^2 k^2 l^2}{2\rho_0 c_0 r^2}\cos^2\theta \tag{3-33}$$

通过以 r 为半径的球面的平均能量流即平均声功率为

$$\overline{W} = \iint_S I\mathrm{d}s = \iint I r^2 \sin\theta\mathrm{d}\theta\mathrm{d}\varphi = \frac{2\pi}{3\rho_0 c_0}|A|^2 k^2 l^2 \tag{3-34}$$

将式(3-8)代入式(3-34)便得

$$\overline{W} = \frac{2}{3}\pi\rho_0 c_0 k^4 r_0^4 l^2 u_a^2 \tag{3-35}$$

式(3-35)表明平均声功率与 r 无关,这也正是能量守恒定律所要求的。

3.3.2　等效辐射阻

偶极声源向空间辐射声波,声波对声源会产生反作用,这就在声源力学振动系统上附加了一项辐射阻抗。要直接确定偶极声源辐射阻抗比较困难,一般可将它比拟为一振动球源以后再来求得。这里采用另一简便的方法来求它们的等效辐射阻。

如果把偶极声源看作一个振速为 v_a,辐射阻为 R_r' 的等效动脉动球源,那么它的平均辐射声功率为

$$\overline{W} = \frac{1}{2}R_r'v_a^2 \tag{3-36}$$

而实际偶极声源的平均声功率已经求得为式(3-35),既然它们是等效的,它们的平均辐射声功率应相等,即

$$\frac{1}{2}R_r'v_a^2 = \frac{2}{3}\pi\rho_0 c_0 k^4 r_0^4 l^2 v_a^2 \tag{3-37}$$

由此求得偶极声源在 $kl<1$ 情况下的等效辐射阻为

$$R_r' = \frac{4}{3}\pi\rho_0 c_0 k^4 r_0^4 l^2 \tag{3-38}$$

由此可见,偶极声源辐射阻与 ω^4 成正比,而由式(3-24)知小脉动球源辐射阻与 ω^2 成正比。事实上,由式(3-24)及式(3-38)可求得 $\dfrac{R_r'}{R_r} = \dfrac{k^2 l^2}{3} \ll 1$,这也说明了在低频时,偶极声源的辐射本领比小脉动球源要差得多,其附近介质的环流是它发射效率低的重要物理原因。近场质点的流动可以用流线表示,流线的切线由场中各点质点振速的方向确定,它们是过声源的闭合曲线族,每条线都是从偶极子源的一极到另一极,如图3-5所示。因为组成偶极声源的两极振动相位相反,其中一极向外膨胀,周围介质呈压缩相时,另一极向内收缩,周围介质呈稀疏相,于是介质质点将沿线从这一极向另一极方向运动。反之,质点改变流向。当频率很低时,周期很长,这两个不同相位的区域又靠得很近,于是在声源工作时,质点就有可能从这一极沿流线到另一极去,这样压缩部的质点将向稀疏部填充,从而抵消了压缩和稀疏形变,这样总的声辐射就减弱了。纸盒扬声器、无幕单面辐射器、摆动球和摆动圆盘,辐射低声声波时,都有相似的质点包绕现象,这是这类辐射器辐射效率低的原因。

在现代高音质放声系统中,从改善低频辐射特性着眼,往往把扬声器放在助音箱中。助音箱一般为优质木料做成,有闭箱式或倒相箱式等,实际上就是为了在低频时能把扬声器前、后方辐射隔开或者造成两者同相位辐射,从而增加低频辐射声功率。根据上述道理,自然就可理解,在测试和评定扬声器单元性能时,为什么常常把扬声器安装在一个具有统一标准尺寸的大障板上进行,而且扬声器测试频率愈低,要求障板的尺寸就愈大。

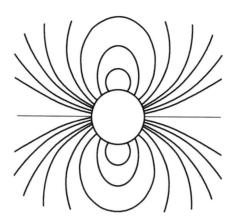

图 3-5　偶极子声场中质点运动轨迹

3.4　同源小球的辐射

前面讨论了由两个相距很近的(相对波长而言)、振源强度相等、振动相位相反的小脉动球的辐射,接下来开始讨论与之对应的两个同相小脉动球源的组合辐射,这是构成声柱和声阵辐射的最基本模型。

3.4.1　同相小球源的辐射声场

设有两个相距为 l 的小脉动球源,它们振动的频率、振幅及相位均相同(图 3-6)。由于每一小球源的辐射声压已知为式(3-5)所示,因此只要把两个小球源的辐射声压叠加起来,就可以得到合成声场的声压为

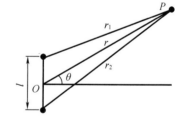

图 3-6　同向小球源辐射声场

$$p = \frac{A}{r_1}\mathrm{e}^{\mathrm{j}(\omega t - kr_1)} + \frac{A}{r_2}\mathrm{e}^{\mathrm{j}(\omega t - kr_2)} \qquad (3-39)$$

对 $r \gg l$ 的远场,像讨论偶极辐射一样,忽略两个小球源到达观察点的声波的振幅差别,而保留它们的相位差异。如果取两小球源连线的法线为 $\theta = 0°$,那么由图 3-6 可见有如下近似关系:

$$r_1 \approx r - \Delta$$
$$r_2 \approx r + \Delta$$

其中,$\Delta = \dfrac{l}{2}\sin\theta$ 为两个小球源到观察点的声程差的一半。将 r_1 及 r_2 代入式(3-39)则得到

$$p = \frac{A}{r}\mathrm{e}^{\mathrm{j}(\omega t - kr)}\left(\mathrm{e}^{-\mathrm{j}k\Delta} + \mathrm{e}^{\mathrm{j}k\Delta}\right) = \frac{A}{r}\mathrm{e}^{\mathrm{j}(\omega t - kr)} \cdot 2\cos k\Delta \qquad (3-40)$$

或改为

$$p = \frac{A}{r}\mathrm{e}^{\mathrm{j}(\omega t - kr)}\frac{\sin 2k\Delta}{\sin k\Delta} \qquad (3-41)$$

由式(3-41)可见,两个同相小球源组合辐射时,远场的声压也随距离反比衰减,但在相

同距离、不同 θ 的方向上声压幅值却不相同,也就是呈现出指向性。这是这种组合声源辐射声场的一个重要特征。

3.4.2　指向特性

由于

$$p_{(\theta=0)} = \frac{2A}{r} e^{j(\omega t - kr)}$$

因此这种组合声源的指向特性为

$$D(\theta) = \frac{(p_{\text{a}})_\theta}{(p_{\text{a}})_{\theta=0}} = \left| \frac{\sin 2k\Delta}{2\sin k\Delta} \right| \tag{3-42}$$

可见,指向特性同声程差与波长的比值有关。

1. $k\Delta = m\pi$

当 $k\Delta = m\pi$,即 $l\sin\theta = m\lambda (m=0,1,2,\cdots)$ 时,有

$$D(\theta) = 1$$

这就是说,在某些方向上,从两个小球源传来的声波,其声程差恰为波长的整数倍,因此在这些位置上振动为同相,合成声压的幅值为极大值。

由上述条件也可解得辐射出现极大值的方向为

$$\theta = \arcsin\frac{m\lambda}{l} (m=0,1,2,\cdots) \tag{3-43}$$

其中 $\theta=0°$ 方向的极大值称为主极大值,其余的称为副极大值。由式(3-43)知道,在 0 与 $\frac{\pi}{2}$ 之间出现的副极大值的个数恰好等于比值 $\frac{l}{\lambda}$ 的整数部分。例如,当 $\frac{l}{\lambda}=2.5$ 时,在 0 与 $\frac{\pi}{2}$ 之间出现两个副极大值。

由于副极大方向和主极大方向的声能量是相等的,这种能量的分散在实用中常常是不希望的。如果要使第一个副极大值不出现,那么就必须使振源间的距离小于声波波长。

2. $2k\Delta = m'\pi$

当 $2k\Delta = m'\pi$,即 $l\sin\theta = m'\frac{\lambda}{2}(m'=1,3,5,\cdots)$ 时,式(3-42)的分子为零,但分母不为零,因而 $D(\theta)=0$。这就是说,在某些方向上,从两个小球源传来的声波,其声程差恰为半波长的奇数倍,因此在这些位置上两声压反相位,互相抵消,结果合成声压为零。

由上述条件也可解得辐射出现零值的方向为

$$\theta = \arcsin\frac{m'\lambda}{2l} (m'=1,3,5,\cdots) \tag{3-44}$$

把第一次出现零辐射的角度定义为主声束角度宽度(张角)的一半,所以主声束的角宽度为

$$\bar{\theta} = 2\arcsin\frac{\lambda}{2l} \tag{3-45}$$

对一定的频率,l 愈大,$\bar{\theta}$ 愈小,主声束愈窄;反之 l 愈小,$\bar{\theta}$ 愈大。特别是当 $l < \frac{\lambda}{2}$ 时,θ 无

解,这时不出现辐射为零值的方向。

3. 当 $kl \ll 1$ 时

因为 $k\Delta = k \dfrac{l}{2} \sin \theta$,所以必然有

$$k\Delta \ll 1$$

因此由式(3-42)得

$$D(\theta) = 1$$

这说明当两个小球源靠得很近时,辐射无指向性。

事实上,在 $kl \ll 1$ 情况下由式(3-41)知合成声压为

$$p \approx \frac{2A}{r} \mathrm{e}^{\mathrm{j}(\omega t - kr)}$$

这表明当两个小球源靠得很近时,组合声源已经相当于一个幅值加倍的脉动球辐射了。既是脉动球,自然无辐射指向性。

通过以上讨论可见,抑制副极大与减小主声束角宽度是互相矛盾的,如 $l < \lambda$,固然可以不出现副极大,但主声束比较宽,不小于 $60°$;反之 l 愈大,主声束可以变窄,但可能出现副极大。

两个同相位小球源相距 $l = \dfrac{\lambda}{2}$、λ、$\dfrac{3}{2}\lambda$、2λ 时的指向性如图 3-7 所示。

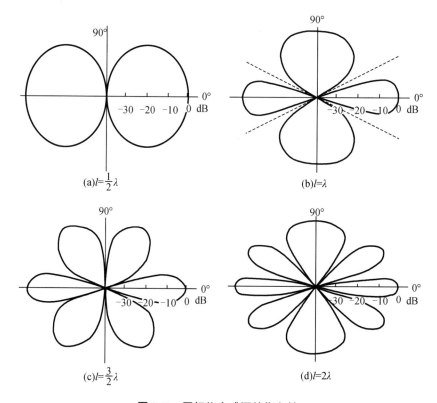

图 3-7　同相位小球源的指向性

3.4.3 自辐射阻抗和互辐射阻抗

已经知道,当两个同相小球源组合在一起辐射时,合成声场就是它们各自产生的声场的叠加,而两个小球源本身也处于这个合成声场之中,就每一个小球源而言,它的振动状态必然受到这个合成声场的影响。也就是说,它不仅受到自己产生的声场的反作用,还会受到另一个小球源产生的声场的影响。

以小球源 I 为例,设由它辐射的声场作用在它自身表面上的力为 F_{11},由小球源 II 辐射的声场作用在它表面上的力为 F_{12},于是合成声场作用在小球源 I 表面上的合力 F_1 为

$$F_1 = F_{11} + F_{12}$$

根据上文的讨论,计及声场对小球源 I 的作用力 F_1 就相当于在它的振动系统上附加了一项辐射阻抗,则

$$Z_1 = \frac{-F_1}{u_1} = Z_{11} + Z_{12} \tag{3-46}$$

式中,$Z_{11} = \dfrac{-F_{11}}{u_1}$ 为小球源 I 自身的辐射阻抗,故称为自辐射阻抗,简称自阻抗。这种阻抗在前文已经做了讨论了解,则

$$\begin{cases} Z_{11} = \dfrac{-F_{11}}{u_1} = R_{11} + \mathrm{j}X_{11} \\ R_{11} = \rho_0 c_0 S_1 (kr_{10})^2 \\ X_{11} = \rho_0 c_0 S_1 kr_{10} \end{cases} \tag{3-47}$$

式中,r_{10} 为小球源 I 的半径;S_1 为它的表面积。式(3-46)中的第二项 $Z_{12} = \dfrac{-F_{12}}{u_1}$ 为小球源 II 在小球 I 上产生的辐射阻抗,它反映了声源之间的相互作用,因此称为互辐射阻抗,简称为互阻抗。

现在就来计算 Z_{12},因为小球源线度都很小,对声波的散射作用很微弱,所以声源 I 放在声源 II 产生的声场中时,对声场的干扰可以忽略不计,近似地认为小球 I 表面所受的声压和该点的自由声场声压相等,因此由式(3-9),考虑到 $kr_{20} \ll 1$,可得到小球 II 的辐射声场在小球 I 表面处的声压为

$$p_{12} = \mathrm{j}\frac{k\rho_0 c_0 u_{2a}}{l} r_{20}^2 \mathrm{e}^{\mathrm{j}(\omega t - kl)} \tag{3-48}$$

式中,r_{20} 为小球 II 的半径;u_{2a} 为它的速度幅值。

因此小球 II 的辐射声场作用在小球 I 表面上的力为

$$F_{12} = -p_{12} S_1 = -\mathrm{j}\frac{k\rho_0 c_0 u_{2a} r_{20}^2}{l} S_1 \mathrm{e}^{\mathrm{j}(\omega t - kl)} \tag{3-49}$$

这里的负号表示力 F_{12} 的方向与声压 p_{12} 的符号相反。例如,p_{12} 为正时,F_{12} 的方向与小球 I 的法线方向相反。

由式(3-49)即可求得互阻抗 Z_{12} 为

$$Z_{12} = \frac{-F_{12}}{u_1} = \frac{k\rho_0 c_0 r_{20}^2 S_1}{l} \cdot \frac{u_{2a}}{u_{1a}} (\sin kl + \mathrm{j}\cos kl) \tag{3-50}$$

可见互阻抗与两个小球源的表面积、它们之间的距离以及它们振速的相对大小都有关系。对最简单的情况,两个小球源的振动完全相同,此时 $r_{12}=r_{20}=r_0$, $S_1=S_2=S_0$, $u_{1a}=u_{2a}=u_a$,则式(3-50)可简化为

$$\begin{cases} Z_{12}=R_{12}+jX_{12} \\ R_{12}=\rho_0 c_0 S_0 (kr_0)^2 \dfrac{\sin kl}{kl} \\ X_{12}=\rho_0 c_0 S_0 (kr_0)^2 \dfrac{\cos kl}{kl} \end{cases} \tag{3-51}$$

结合式(3-47)及式(3-51),即可求得小球源 I 的总辐射阻抗为

$$\begin{cases} Z_1=R_1+jX_1 \\ R_1=R_{11}\left(1+\dfrac{\sin kl}{kl}\right) \\ X_1=X_{11}\left(1+kr_0\dfrac{\cos kl}{kl}\right) \end{cases} \tag{3-52}$$

当然包括在 r_{11} 及 X_{11} 里的 r_{10} 和 S_1 均要用 r_0 和 S_0 代替。式(3-52)表明,由于两个小球源间的相互作用,使小球源 I 除了具有自阻抗 Z_{11} 外,还增加了一项互阻抗,这一增加的互阻抗随两个球源间距离的增大而起伏变化。

互阻抗的阻部分反映了小球源 I 辐射能量的变化。当正弦函数为正值时,互辐射阻为正,表示小球 II 对小球源 I 的影响表现为"阻力",这时小球源 I 除了要克服自身声场的"阻力"外,还要克服小球源 II 对它的"阻力",结果辐射阻增加,从而辐射声功率增加;当正弦函数为负值时,互辐射阻为负,这时小球源 I 振动需要克服的"阻力"减小,即辐射阻减小,从而辐射声功率减少。

互阻抗的抗部分反映了小球源 I 的同振质量的变化,当式(3-52)中余弦函数为正时,小球源 II 的声场对小球源 I 的影响表现为惯性的作用,这时小球源 I 的同振质量增加;当余弦函数为负值时,小球源 II 的声场对小球源 I 的影响表现为弹性力的作用,这时小球源 I 的同振质量将减小。

最后,来定量地讨论一下这种组合声源中每个小球源的辐射声功率。据式(3-52),小球源 I 的平均辐射声功率为

$$\overline{W}_1=\frac{1}{2}R_1 u_a^2=\frac{1}{2}\rho_0 c_0 S_0 (kr_0)^2\left(1+\frac{\sin kl}{kl}\right)u_a^2 \tag{3-53}$$

这时辐射声功率将随两小球间的距离与波长的比值而起伏变化(图3-8)。如果频率比较低或者两个小球靠的比较近,以至于满足 $kl\ll 1$,这时 $\dfrac{\sin kl}{kl}$ 的值趋近于1,所以

$$\overline{W}_1\approx\rho_0 c_0 S_0 (kr_0)^2 u_a^2 \tag{3-54}$$

可以看出,这等于小球源单独存在时以同样振速振动所辐射声功率的 2 倍。类似的讨论可知小球 II 的辐射功率也因为相互作用增加 1 倍,所以当两个小球源组合在一起辐射时,低频辐射功率为每个小球源单独存在时的 4 倍。不难验证这与前面导得的 $kl\ll 1$ 时合成声场 $p\approx\dfrac{2A}{r}e^{j(\omega t-kr)}$ 所具有的能量是相等的。

当两个小球间的距离比波长大,以至于 $kl \gg 1$,这时 $\dfrac{\sin kl}{kl}$ 值趋近于零,所以

$$\overline{W}_1 \approx \frac{1}{2}\rho_0 c_0 S_0 (kr_0)^2 u_{\mathrm{a}}^2 \qquad (3-55)$$

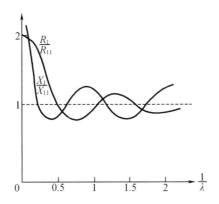

图 3-8　辐射声功率将随两小球间的距离与波长的比值的变化

这已相当于小球源单独存在时的辐射功率。也就是说,当两个小球间距离较远或者频率较高时,两个小球间的影响已经小得可以忽略。这时组合声源辐射功率等于两个小球单独存在时的辐射功率之和。

3.4.4　声柱

从前文的讨论可见,由两个同相小球源组成的组合声源,其指向特性有很大的局限性。例如,为了避免能量的分散,希望不出现副极大,这时就必须满足 $l < \lambda$,但在 $l < \lambda$ 的情况下,主声束仍比较宽,角宽度不小于 $60°$。所以对这种结构的组合声源,抑制副极大和主声束的宽度是互相矛盾的。为了得到所希望的指向特性,必须从结构上做进一步的改进,现代已经发展起来许多强指向性的声辐射源。例如,电声技术中广泛应用着的由许多小扬声器单元按直线或曲线排列而成的声柱就是一种例子。为了简单起见,这里主要讨论直线性声柱,并把其中每一个小扬声器单元都看作小脉动源。

设 n 个体积速度相等、相位相同的小脉动球源均匀分布在一直线上,小球源间距为 l,声柱总长度 $L = (n-1)l$(图 3-9)。由于每一球源在空间产生的声压可以用式(3-4)表示,因此合成声压只要把每个小球源的辐射声压叠加起来就可以了,即

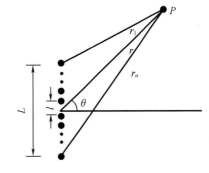

图 3-9　声柱

$$p = \sum_{i=1}^{n} \frac{A}{r_i} \mathrm{e}^{\mathrm{j}(\omega t - kr_i)} \qquad (3-56)$$

对于 $r \gg L$ 的远场,从各小球源传到观察点的声波,其振幅可以近似认为是相等的,即式(3-56)中振幅部分的 r_i 可近似用声柱中心到观察点的距离 r 来代替。至于相位部分,由图

3-9 可见，有 $r_2 = r_1 + l\sin\theta, r_3 = r_2 + l\sin\theta = r_1 + 2l\sin\theta, \cdots, r_n = r_1 + (n-1)l\sin\theta$。如果记 $\Delta = \frac{l}{2}\sin\theta$，则式（3-56）成为

$$
\begin{aligned}
p &= \frac{A}{r}\mathrm{e}^{\mathrm{j}(\omega t - kr_1)}\left[1 + \mathrm{e}^{-\mathrm{j}2k\Delta} + \cdots + \mathrm{e}^{-\mathrm{j}2k(n-1)\Delta}\right] \\
&= \frac{A}{r}\mathrm{e}^{\mathrm{j}(\omega t - kr_1)}\frac{\left(1 - \mathrm{e}^{-\mathrm{j}2nk\Delta}\right)}{1 - \mathrm{e}^{-\mathrm{j}2k\Delta}} \\
&= \frac{A}{r}\mathrm{e}^{\mathrm{j}\left[\omega t - kr_1 - k(n-1)\Delta\right]} \cdot \frac{\sin kn\Delta}{\sin k\Delta} \\
&= \frac{A}{r}\mathrm{e}^{\mathrm{j}(\omega t - kr)} \cdot \frac{\sin kn\Delta}{\sin k\Delta}
\end{aligned}
\tag{3-57}
$$

由此可见，由于从各个小球源辐射的声波到达观察点时，声程不一样，干涉的结果就使声场随方向而异，即出现指向性。因为

$$
(p)_{\theta=0} = n\frac{A}{r}\mathrm{e}^{\mathrm{j}(\omega t - kr)}
\tag{3-58}
$$

所以声柱的指向性为

$$
D(\theta) = \frac{(p_A)_\theta}{(p_A)_{\theta=0}} = \left|\frac{\sin kn\Delta}{n\sin k\Delta}\right|
\tag{3-59}
$$

由此可见，指向特性同声程差与波长的比值及小球源的个数有关。

1. $k\Delta = m\pi$

当 $k\Delta = m\pi$，即 $l\sin\theta = m\lambda (m=0,1,2,\cdots)$ 时，有

$$
D(\theta) = 1
$$

则在这些方向上声压幅值出现极大（对 $n=4$ 情形，如图 3-10 所示）。也可解得辐射出现极大值的方向为

$$
\theta = \arcsin\frac{m\lambda}{l} (m=0,1,2,\cdots)
\tag{3-60}
$$

其中 $\theta=0°$ 方向的极大值称为主极大值，其余的称为副极大值，为了使第一个副极大值不出现，必须满足 $l<\lambda$ 的条件。

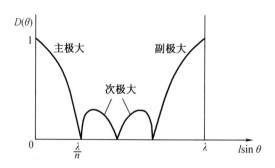

图 3-10　声柱指向特性

2. $nk\Delta = m'\pi$

当 $nk\Delta = m'\pi$，即 $l\sin\theta = \dfrac{m'}{n}\lambda$（$m'$ 为除 n 的整数倍以外的整数）时，式（3-59）的分子为零，但分母不为零，因而

$$D(\theta) = 0$$

则在这些方向上声压抵消为零（图 3-10）。也可解得辐射出现零值的方向为

$$\theta = \arcsin\frac{m'\lambda}{nl} \tag{3-61}$$

第一次出现零值的角度即主声束角宽度的一半，所以主声束的角宽度为

$$\overline{\theta} = 2\arcsin\frac{\lambda}{nl} \tag{3-62}$$

这说明增加小球源的个数 n，可以减小主声束的宽度，但 n 愈大，声柱的长度也会增加。这也是一个矛盾，实用中必须统筹兼顾。

3. $kn\Delta = (2m''+1)\dfrac{\pi}{2}$

当 $kn\Delta = (2m''+1)\dfrac{\pi}{2}$，即

$$l\sin\theta = \frac{(2m''+1)}{2n}\lambda \quad (m''=1,2,\cdots)$$

时，式（3-59）的分子数值为 1。在这些方向上声压也出现极大值，但它们的数值比主极大值小，故称为次极大（图 3-10）。

靠近主极大的第一个次极大是次极大值中的最大者，它的位置由下式决定：

$$l\sin\theta = \frac{3\lambda}{2n} \tag{3-63}$$

第一次极大与主极大的比值为

$$D_1 = \frac{1}{\left|n\sin\dfrac{3\pi}{2n}\right|} \tag{3-64}$$

实用中自然希望这一比值尽可能地小。由式（3-64）可见这就需要尽量增加小球源的个数 n。当 n 较大时，式（3-64）可近似为

$$D_1 \approx \frac{2}{3\pi} \tag{3-65}$$

这就是说，对直线声柱，主极大值和次极大值最多相差 13.5 dB。

对于 $n=4$，$L=\dfrac{\lambda}{2}$、λ、$\dfrac{3}{2}\lambda$、2λ 等情况，$D(\theta)$ 的极坐标图示于图 3-11 中。由图可见，由于都满足 $l<\lambda$，故都不出现副极大，仅出现次极大。

总之，增加声柱总长度 L 可以减小主声束的宽度，但必须同时增加小球源的个数，以保证不出现副极大；而当总长度 L 一定时，增加小球源的个数 n，既可以减小主声束的宽度，还可以减小次极大数值。

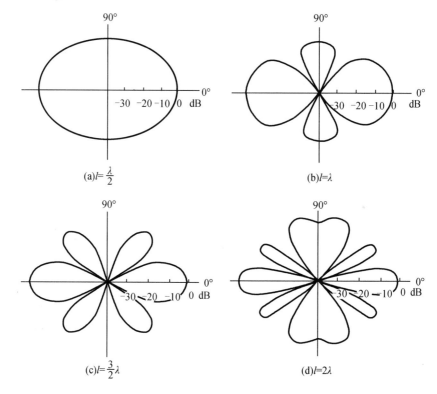

图 3-11　声柱指向特性

最后讨论一下声柱的能量关系。如果记 $p_a = \dfrac{A}{r}$ 为每个小球源在观察点产生的声压幅值,那么式(3-57)可以改写为

$$p = n p_a \mathrm{e}^{\mathrm{j}(\omega t - kr)} \cdot D(\theta) \qquad (3-66)$$

也可求得满足 $r \gg L$ 的远声场中质点速度为

$$u = \frac{n p_a}{\rho_0 c_0} \mathrm{e}^{\mathrm{j}(\omega t - kr)} \cdot D(\theta) \qquad (3-67)$$

因此,声强为

$$I = \frac{n^2 p_a^2}{2\rho_0 c_0} \left[D(\theta) \right]^2 \qquad (3-68)$$

$\theta = 0$ 方向的最大声强为

$$I = \frac{n^2 p_a^2}{2\rho_0 c_0} \qquad (3-69)$$

可以看出,声柱的辐射声场主要具有两个特点:

(1) n 个小球源组成声柱以后,在 $\theta = 0$ 方向的声强比 n 个小球源未作为声柱而是分散使用时的声强提高 n 倍$\left(\text{因为后者只是简单的能量相加,} I_0 = \dfrac{n p_0^2}{2\rho_0 c_0}\right)$。这就是说,由于声柱中各小球源产生的声波的干涉效应,使能量聚集在 $\theta = 0°$ 的方向上。正因为声柱具有这种指向特性,所以目前在厅堂、剧院扩声系统中得到非常广泛的应用:将主声束射到观众座位上,既节省声能量的消耗,又使观众座位上直达声比例增加,提高听音清晰度;调节主声束

射向后排座位,补偿这些位置上由于声强随 r^2 下降造成的直达声级过低,从而可使全场直达声级大致均匀;还可以有效防止声波直接进入舞台上的传声器,再经过电放大器、扬声器又传到传声器,这样多次循环放大,引起在灵敏频率上发生啸叫等声反馈现象的发生。同时声柱使声能量集中,可以大大提高传送效率,因此在主动声呐探测中也是很有用的。

(2) 当频率较低时,$D(\theta) \approx 1$,声柱为无指向性。由式(3-68)可见,这时声柱辐射功率相当于 n 个小球源单独辐射时总功率的 n 倍,这就是说,使用声柱可使低频辐射功率增加。对于这一特点,在计及声源之间的相互作用以后是不难理解的。可以采用与3.4.3节相似的讨论,求得 n 个相同的小球源同时辐射时的每个小球源的辐射阻抗,这里就不再重复了,而直接由式(3-52)推广得到小球 I 的辐射阻抗为

$$Z_1 = R_{11}\left(1 + \sum_{i=2}^{n} \frac{\sin kl_{1i}}{kl_{1i}}\right) + jX_{11}\left(1 + \sum_{i=2}^{n} kr_0 \frac{\cos kl_{1i}}{kl_{1i}}\right) \tag{3-70}$$

式中,l_{1i} 为第 i 个小球与小球源 I 之间的距离。

当频率较低时,则有

$$R_1 \approx nR_{11} \tag{3-71}$$

即由于相互作用,每个小球源的辐射功率增加为单独存在时功率的 n 倍。

由于声柱可以提高电声系统的辐射声功率,还可以使辐射的声波具有较强的指向性,因此声柱得到广泛的发展与应用。人们充分利用声柱的指向性实现向特定区域辐射声波,并展宽垂直方向的中高频覆盖角,从研究声柱主瓣不偏转情况下的全指向性、固定覆盖角的恒指向性,进展到研究可调可控指向性,并推出了丰富多样的产品。声柱是线阵列扬声器系统发展的初级阶段,在水声探测中,可以提高传送效率,适用于远距离传播。

3.5 点 声 源

点声源是指半径 r_0 比声波波长小很多,即满足 $kr_0 \ll 1$ 条件的脉动球源。其辐射本领及辐射声场的特征在之前已基本讨论过了,本节研究点声源主要是准备用点源的组合来处理较复杂声源的辐射。在实际中声源通常都是向三维半空间中辐射声波,如地面上振动结构在空气中和水面舰艇及潜艇在水下的声辐射问题。对非常坚硬地面上振动结构在空气中和水面舰艇及潜艇在水下的声辐射问题,相应的地面和水面边界通常可近似地视为刚性表面(表面法向速度为零)和自由表面(表面声压为零)边界处理。所以研究半空间内振动结构的声辐射具有重要的实用价值。

3.1 节已经求得了脉动球源在空间所辐射的声压,当 $kr_0 \ll 1$ 时,$\theta \approx \frac{\pi}{2}$,则式(3-9)成为

$$p \approx j\frac{k\rho_0 c_0}{4\pi r}Q_0 e^{j(\omega t - kr)} \tag{3-72}$$

式中,$Q_0 = 4\pi r_0^2 u_a$ 为小脉动球的体积速度幅值,通常称为点源强度。

如果是向半空间辐射,例如球源被嵌在无限大障板上(图3-12),则仅有半个圆球的振动对半空间声场有贡献,这时点源强度为 $Q_0 = 2\pi r_0^2 u_a$,而式(3-72)可改写为

$$p \approx \mathrm{j}\,\frac{k\rho_0 c_0}{2\pi r}Q_0\mathrm{e}^{\mathrm{j}(\omega t - kr)} \tag{3-73}$$

现在假设有一个任意形状的面声源,其表面各点振动的振幅和相位一般来说可能是各不相同的,可以设想把该声源表面 S 分成无限多个小面元 $\mathrm{d}S$,在每个面元 $\mathrm{d}S$ 上,各点的振动则可看成是均匀的,从而把这些面元 $\mathrm{d}S$ 都看成点声源。设位于 (x, y, z) 处点源的振动规律为

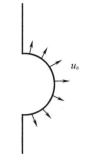

$$u = u_\mathrm{a}(x, y, z)\mathrm{e}^{\mathrm{j}[\omega t - \alpha(x, y, z)]}$$

这里 $u_\mathrm{a}(x, y, z)$ 为该面元的振速幅值,$\alpha(x, y, z)$ 为该面元的初相位,一般地讲,它们都是位置的函数。该点源的强度为 $\mathrm{d}Q_0 = u_\mathrm{a}(x, y, z)\mathrm{d}S$,于是该面元振动时在半空间产生的声压据式(3-72)为

图 3-12 半空间辐射

$$\mathrm{d}p \approx \mathrm{j}\,\frac{k\rho_0 c_0}{2\pi h(x, y, z)}\mathrm{d}Q_0\mathrm{e}^{\mathrm{j}[\omega t - kh(x, y, z) - \alpha(x, y, z)]} \tag{3-74}$$

式中,$h(x, y, z)$ 为该面元到观察点的距离。

因为 S 面上各面元对半空间声场都有贡献,所以将它们的贡献叠加起来即可得到总声压

$$p = \iint\limits_S \mathrm{j}\,\frac{k\rho_0 c_0}{2\pi h(x, y, z)}\mathrm{d}Q_0\mathrm{e}^{\mathrm{j}[\omega t - kh(x, y, z) - \alpha(x, y, z)]}\mathrm{d}Q_0 \tag{3-75}$$

所以式(3-75)是处理一般面声源向半空间辐射声场的基础。这里限于讨论向半空间辐射声场,实际上是对理论做了简化的限定。因为如果在平面声源边缘不加一个大的障板,那么因为声波会产生衍射效应,其会绕过声源的边缘向背后辐射出去,这在数学上处理起来就会很困难和麻烦;而加上这无限大障板,将声源前后隔开,将声辐射限于半空间内,这样既简化了数学处理,又不失去对辐射声场的主要特性的描述。当然式(3-75)可以适用于任意形状的面声源,如圆形、矩形等。

3.5.1 格林函数

脉动球辐射可用另一形式表示,式(3-72)可改写为任一点发射,另一点接收的形式。令 $\boldsymbol{r}_0(x_0, y_0, z_0)$ 为声源点,$\boldsymbol{r}(x, y, z)$ 为接收点,脉动球源辐射声压可写作

$$p(\boldsymbol{r}|\boldsymbol{r}_0) = \frac{\mathrm{j}k\rho_0 c_0 Q}{4\pi(\boldsymbol{r} - \boldsymbol{r}_0)}\exp(-\mathrm{j}k|\boldsymbol{r} - \boldsymbol{r}_0|) \tag{3-76}$$

或

$$p(\boldsymbol{r}|\boldsymbol{r}_0) = \mathrm{j}k\rho_0 c_0 Q \cdot g_\omega(\boldsymbol{r}|\boldsymbol{r}_0) \tag{3-77}$$

式中

$$g_\omega(\boldsymbol{r}|\boldsymbol{r}_0) = \frac{1}{4\pi r}\exp(-\mathrm{j}kr)$$

$$r^2 = |\boldsymbol{r} - \boldsymbol{r}_0|^2 = |x - x_0|^2 + |y - y_0|^2 + |z - z_0|^2 \tag{3-78}$$

g_ω 为格林(Green)函数,满足格林方程

$$\nabla^2 g_\omega(\boldsymbol{r}|\boldsymbol{r}_0) + k^2 g_\omega(\boldsymbol{r}|\boldsymbol{r}_0) = -\delta(\boldsymbol{r} - \boldsymbol{r}_0) \tag{3-79}$$

式中

$$\delta(\boldsymbol{r}-\boldsymbol{r}_0)=\delta(x-x_0)\delta(y-y_0)\delta(z-z_0) \tag{3-80}$$

δ 是狄拉克函数，在 $\boldsymbol{r}$ 与 $\boldsymbol{r}_0$ 不全等的时候为零，在 $\boldsymbol{r}\equiv\boldsymbol{r}_0$ 时 δ 的体格积分为 1。格林方程适用于正弦式点声源，等于声源项为 1 的亥姆霍兹方程。它使用更广泛且使用方便。但如只用于解波动方程，则只是表示方法不同，用格林方程或用波动方程无甚差异。

3.6　声波的接收

前几节讨论了声源的辐射问题，但要测量或者研究声场规律，就需要声接收器来接收声波。例如，在船上的声呐系统，人们希望设备能判断出接收的信号是属于水下噪声还是目标的回声，甚至目标舰是什么样的舰型和舰级，更希望设备能可靠地判断方位和距离等。显然，这些问题不仅和发送、接收系统，显示及信号处理设备等有关，还和水中的干扰源有关。由于应用场景的不同，对接收器声学要求也各不相同，因此接收器的种类繁多。本书主要是讨论声接收器的基本原理，而不研究传感器的具体的结构。

接收器置于声源-发射器的声场中时受到声场的作用。声波作用使接收面产生振动，这种机械系统的振动可以通过其他形式显示出来。例如，电声换能器是通过机电耦合将机械振动转换为电的振荡形式，即把机械系统的振动位移或振动速度转变为电路的电压输出。

接收器机械振动系统的振动决定于接收面上的压力变化，而这个压力在某种程度上是反映介质中该点的声振规律的。介质中声振的规律是随发射器的振动规律而变化的，因此接收器的机械振动系统通过介质的耦合作用而重复振源的振动，这就是声波接收的简略过程。

接收器置于声场中，接收器的置入就会对声场产生干扰，使得自由声场发射畸变，即接收器接收到的已是畸变了的声场。为了方便分析，本节先假设接收器对声场没有产生干扰，讨论此情况下声压接收原理，然后再简要介绍接收器对声场有影响情况下的声接收问题。

3.6.1　声压接收原理

一般常见的声接收器，主要是接收声场中的声压，本节主要介绍的接收原理有三种，即压强原理、压差原理和多声道干涉原理。

1. 压强原理

利用对声场中压强发生响应原理做成的接收器称为压强式接收器，它通常是将一受声振膜固定在一封闭腔上，如图 3-13 所示。在腔壁上有一小泄漏孔，使腔内平均压强与周围大气压强 P_0 保持平衡。将此装置置于空间中，当声场不存在时腔内外压强相同，作用在振膜上的合力等于零。当声波入射时，振膜在腔外的一面受到声压 p 的作用，设振膜面积为 S，在振膜上就产生一合力 $F=[(P_0+p)-P_0]S=pS$。在此力作用下，振膜产生运

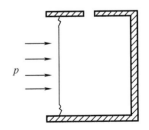

图 3-13　压强式接收器

动，利用一种力电换能方式，将此振动转换成交流电压输出，测量这一输出电压也就确定了声场中对应的声压。这就是压强式传声器的声学作用原理。

再来看更为普遍的情况。如果声波的入射方向与传声器振膜的法线方向成一交角,而且振膜的线度并不很小,那么声波从声源传到振膜各部分位置的距离不相同,因此作用在振膜各部分的声压振幅和相位也不相同。此时振膜所受到的合力就不能像前面那样,简单地写成声压 p 乘上振膜的面积 S,而应该采用积分的表示

$$F = \int_S p \mathrm{d}S \tag{3-81}$$

式中,p 为作用在振膜某一位置上的声压;$\mathrm{d}S$ 为该位置的面元。假设振膜呈圆形,半径为 a,入射波来自较远的点声源,声压可以表示为

$$p = p_a \mathrm{e}^{\mathrm{j}(\omega t - kr)} \tag{3-82}$$

式中,$p_a = \dfrac{A}{r}$。设声波的入射方向与振膜法线成交角 θ,如图 3-14(a)所示。因为传声器处于声源的远场,在振膜上作用的声压振幅认为近似均匀,由此可以写出振膜某一位置上的声压表示式为

$$p = p_a \mathrm{e}^{\mathrm{j}\omega t} \mathrm{e}^{-\mathrm{j}k(r-\rho\sin\theta)} = p_a \mathrm{e}^{\mathrm{j}(\omega t - kr)} \mathrm{e}^{\mathrm{j}k\rho\sin\theta} \tag{3-83}$$

式中,ρ 表示在振膜表面以圆心为原点的径向距离。图 3-14(b)表示振膜的受声表面,把振膜的受声表面分为许多矩形面元,在一面元中作用声压近似均匀,面元的面积可近似表示成 $\mathrm{d}S = 2\sqrt{a^2 - \rho^2}\,\mathrm{d}\rho$。由于 $\rho = a\cos\varphi$,所以 $\mathrm{d}S = a^2(1 - \cos^2\varphi)\mathrm{d}(-\varphi)$,将式(3-83)与 $\mathrm{d}S$ 表示式代入式(3-81),考虑到 $\cos(-\varphi) = \cos\varphi$,可得

$$F = 2\int_0^\pi p_a a^2 \mathrm{e}^{\mathrm{j}(\omega t - kr)} (1 - \cos^2\varphi) \mathrm{e}^{\mathrm{j}ka\sin\theta\cos\varphi} \mathrm{d}\varphi \tag{3-84}$$

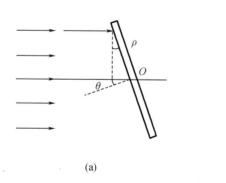
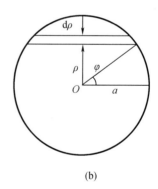

(a)　　　　　　　　　　　　　　　(b)

图 3-14　声波斜入射到传声器振膜

据三角函数的关系 $\cos^2\varphi = \dfrac{1+\cos 2\varphi}{2}$,再利用柱贝塞尔函数的积分关系,可得

$$F = (p_a S)\mathrm{e}^{\mathrm{j}(\omega t - kr)} \left[\mathrm{J}_2(ka\sin\theta) + \mathrm{J}_0(ka\sin\theta) \right] = (p_a S)\mathrm{e}^{\mathrm{j}(\omega t - kr)} \left[\frac{2\mathrm{J}_1(ka\sin\theta)}{ka\sin\theta} \right] \tag{3-85}$$

这里 $S = \pi a^2$ 为振膜面积。由此可见,传声器受到的合力与声波的入射方向有关,即传声器具有指向特性。当 $ka = \dfrac{2\pi a}{\lambda} < 1$ 时,式(3-85)可取近似为

$$F = p_a S \mathrm{e}^{\mathrm{j}(\omega t - kr)} \tag{3-86}$$

这时传声器成为无指向性的了,因此利用压强原理做成的传声器一般常称为无指向性

传声器。其实,这指的仅是对频率较低或振膜线度较小的情况。例如,有一压强式传声器,其振膜半径 $a = 0.02$ m,它满足无指向性的条件为 $ka < 1$,与此对应的频率为 $f < \dfrac{c_0}{2\pi a} = 2\ 700$ Hz 时可以近似是无指向性的,而当高于此频率时传声器将开始呈现指向性。

2. 压差原理

利用对声场中相邻两点的压强差发生响应的原理做成的接收器称为压差式传声器。这一类传声器通常有两个入声口,它的振膜两面都在声场中,其结构原理如图 3-15 所示。设振膜前后相隔的等效距离为 Δ,若将其置于声场中,声波传到振膜两面的距离不相同,因而振膜两面存在压差。假设振膜半径 a 较小,满足 $ka < 1$ 条件,那么在振膜表面上作用的声压近似认为均匀。设振膜前后的声压分别为 p_1 与 p_2,振膜面积为 S,于是作用在振膜上的合力为 $F \approx (p_1 - p_2)S$。振膜在此力作用下产生振动,振动位移大小与振膜两面的压差有关,这就是压差式传声器的作用原理。为了普遍起见,假设声波的入射方向与振膜成一交角,如图 3-16 所示。设声波沿 r 方向传播,声压为 p,声压梯度为 $\dfrac{\partial p}{\partial r}$。振膜的法线与 z 轴一致,所以振膜两面的声压梯度在 z 方向的投影为 $\dfrac{\partial p}{\partial r}\cos\theta$。假设振膜前后相隔距离 $\Delta \ll \lambda$,那么作用在振膜上的合力可表示为

$$F = -S\frac{\partial p}{\partial r}\Delta\cos\theta \tag{3-87}$$

式中,负号表示负的压差将使振膜产生正 z 方向的力。假设声波来自一点源,声压可用式(3-82)表示,将其代入式(3-87)可得

$$F = \frac{A(1+\mathrm{j}kr)}{r^2}S(\Delta\cos\theta)\mathrm{e}^{\mathrm{j}(\omega t - kr)} \tag{3-88}$$

力的幅度可表示为

$$F_\mathrm{a} = |p_\mathrm{a}|kS\Delta\cos\theta\,\frac{\sqrt{1+k^2r^2}}{kr} \tag{3-89}$$

式中,$|p_\mathrm{a}| = \dfrac{|A|}{r}$ 为入射波的声压振幅。由式(3-89)可以看到,利用压差原理做成的传声器,即使满足 $ka < 1$ 的条件也存在指向特性,并且它与声偶极子的辐射指向性一样呈 ∞ 字形。声波垂直入射,当 $\theta = 0°$ 时振膜受到的作用力最大,当 $\theta = 90°$ 时,振膜受到的作用力为零。

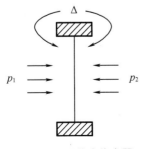

图 3-15 压差式传声器

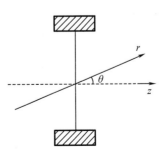

图 3-16 压差式传声器原理图

下面再分近、远声场两种情形进行分析。

（1）设传声器置于电源的较近处，满足 $kr \ll 1$ 的条件，于是式（3-89）可取近似为

$$(F_a)_N \approx \frac{|p_a|_N}{r_N} S \Delta \cos \theta \qquad (3-90)$$

式中，$|p_a|_N = \dfrac{|A|}{r_N}$ 为近声场的声压振幅；r_N 表示近场的距离。由此可以看到，如果保持声压振幅 $|p_a|_N$ 不变，那么愈靠近声源，振膜受到的力愈大。

（2）设传声器置于电源的较远处，满足 $kr \gg 1$ 的条件，于是式（3-89）可取近似为

$$(F_a)_F \approx |p_a|_F k S \Delta \cos \theta \qquad (3-91)$$

这里 $|p_a|_F = \dfrac{|A|}{r_F}$，$r_F$ 表示远场的距离。如果保持声压振幅 $|p_a|_F$ 不变，那么振膜受到的作用力与距离无关而与频率成正比。

综合以上分析可以归纳两点：

（1）利用压差原理做成的传声器不论放在近场还是远场，都具有 ∞ 字形指向特性。

（2）将式（3-90）除以式（3-91）可得比值

$$\frac{(F_a)_N}{(F_a)_F} = \frac{c_0}{\omega r_N} \frac{|p_a|_N}{|p_a|_F}$$

上式表明，假设作用在传声器上的声压振幅保持不变，即 $|p_a|_N = |p_a|_F$，那么传声器振膜在近场受到的力要比远场大 $\dfrac{c_0}{\omega r_N}$ 倍，即频率愈低或者靠声源愈近，近场比远场受的力愈大。例如，$f = 1\,000$ Hz，$r_N = 0.01$ m，则 $|F_a|_N = 5.4|F_a|_F$，这时传声器的近场接收灵敏度要比远场大 5.4 倍。如果频率再低一半或者离声源距离再靠近一半，那么近场灵敏度还可比远场提高一倍。

这两个特点是压强式传声器所没有的，由于这两个特点，压差式传声器就可以提高抗干扰能力，在军用通信及高噪声环境中有较高的使用价值。因为传声器具有 ∞ 字形指向特性，如果把传声器振膜对着声源的正前方，那么声源发出的声音与传声器振膜的法线方向成 0°角，传声器灵敏度最大；而一般环境噪声来源于各个无规方向，灵敏度相对减弱，这样就可以提高信噪比。再则，由于低频时传声器的近场灵敏度比远场高，而不少的强噪声环境常常是低频噪声成分居多（例如潮汐、海洋湍流，船舶航行等产生的声音），这时如果把传声器振膜紧靠声源，那么由于声源的声音来自近场，而环境噪声来自远场，声源声音的低频灵敏度就比环境噪声高，这样也相对地抑制了噪声灵敏度，而提高了传声器的抗噪声能力。压差式传声器的这一种抗噪声效果常称为"近讲效应"。

最后要指出，压差式传声器的灵敏度通常要比压强式传声器低很多，可以求得这两种传声器远场作用力的比值为 $\beta = k \Delta \cos \theta$，例如，当 $\theta = 0°$，$f = 1\,000$ Hz，$\Delta = 2 \times 10^{-2}$ 时，计算可得 $\beta = 0.37$，$20\lg \beta = -8.6$ dB。

3. 多声道干涉原理

如果把传声器做成有许多入声口，那么由于从这许多入声口传到振膜的距离不同，声波之间就要产生干涉，这样在振膜上的总声压将与入声口的分布有关。图 3-17 是一种这类的传声器工作的简单原理图，传声器呈长管状，振膜放在管子的末端 $x = l$ 处，在管子长度

为 b 的距离上开了 N 个入声口,将坐标原点 $x=0$ 取在离振膜最远的一个入声口。设有一球面波从远处传来,其人射方向与传声器成 θ 角,入射波声压用式(3-82)表示。

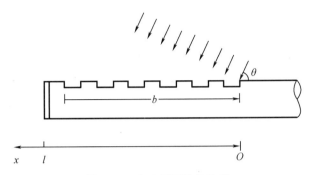

图 3-17 多声道干涉传声器

假设传声器的每一入声口的面积都一样,并等于 $\Delta S_N = a\Delta x$,这里 a 为入声口的宽度,Δx 为入声口的长度。如果选择 $x=0$ 处的入声口为参考点,r 表示声源到该入声口的径向距离,那么在第 N 个入声口处的声压可表示成

$$p_N = p_a \mathrm{e}^{\mathrm{j}(\omega t - kr)}\, \mathrm{e}^{\mathrm{j}kx_N\cos\theta} \tag{3-92}$$

在振膜处产生声压为

$$p'_N = p_N \frac{\Delta S_N}{S}\mathrm{e}^{-\mathrm{j}k(l-x_N)} = p_a \frac{\Delta S_N}{S}\mathrm{e}^{\mathrm{j}(\omega t - kr)}\,\mathrm{e}^{-\mathrm{j}k[(l-x_N)+x_N\cos\theta]} \tag{3-93}$$

在振膜处的总声压应将各 p'_N 加起来,即

$$p_D = \sum_N p'_N \tag{3-94}$$

经推导得

$$p_D = \frac{p_a(ab)}{S}\mathrm{e}^{\mathrm{j}[\omega t - k(r+l)]}\,\mathrm{e}^{\mathrm{j}\frac{k}{2}(1-\cos\theta)b}\left[\frac{\sin\dfrac{k}{2}(1-\cos\theta)b}{\dfrac{k}{2}(1-\cos\theta)b}\right] \tag{3-95}$$

作用在振膜上的净力为 $F = p_D S$,其振幅为

$$F_a = |p_a|(ab)D \tag{3-96}$$

式中

$$D = \left|\frac{\sin\dfrac{\pi b}{\lambda}(1-\cos\theta)}{\dfrac{\pi b}{\lambda}(1-\cos\theta)}\right| \tag{3-97}$$

式(3-97)表明,作用在振膜上的力与声波的入射方向呈复杂关系。D 可表示传声器的指向特性。当 $\theta = 0°$ 时,$D=1$,对于不同的 θ,D 值还取决于 $\dfrac{\pi b}{\lambda}$ 值。当 $\dfrac{\pi b}{\lambda}<1$ 时,$D \approx 1$,这时作用在传声器振膜上的力与 θ 无关,即指向性接近均匀。随着频率升高,λ 变小,传声器的指向性愈来愈显著。

如图 3-18 所示,从 $b=\lambda$ 开始传声器的指向性已经呈单向,λ 变小,指向性更尖锐。因此,利用这种多声道干涉原理做成的传声器具有强指向特性,常称强指向性传声器。例如,$\lambda = b = 0.34$ m,对应的频率 $f = 1\,000$ Hz。这就是说对于这种尺寸的传声器频率从 1 000 Hz 开始已呈现明显的指向特性。当然 b 愈大,产生强指向特性的频率愈低,但是较大的 b 就要求较长的管身,而过长的管身在使用上会带来不便。因此,利用这种原理做成的传声器低频指向性能要受到限制,通常需要通过其他途径来补偿。强指向性传声器具有更强的抗噪声能力,特别适用于在噪声环境中提取远距离的声信号。

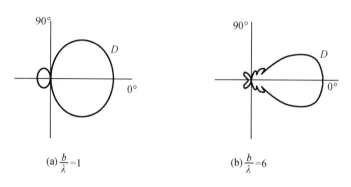

(a) $\dfrac{b}{\lambda} = 1$ (b) $\dfrac{b}{\lambda} = 6$

图 3-18　多通道干涉传声器指向性图

3.6.2　声场中接收器表面的声压

接收器放入声场中,接收面受到声场的作用力,而声场对接收面作用的压力在数值上就等于接收面上的声压,但它并不等于自由声场中的声压值。因为接收器在声场中相当于一个散射体,在其表面将激起散射波,因此这时声场中任意一点的声压为入射波和散射波声压之和。所以,在物体表面上任意一点的压强在数值上就等于入射波声压和它本身激起的散射波声压之和。接收面作为一个整体,其运动决定于面上所受的合力,或决定于面上的平均压力作用。当有接收器存在时,声场中压强不等于自由场压强,称之为"声场畸变"。有物体时的声压 p_1 与自由场声压 p_0 之比称为声场的畸变系数,即

$$\nu = \frac{p_1}{p_0} \quad (p_1 = p_0 + p_s) \tag{3-98}$$

接收面面积为 s 的接收器接收的总压力在数值上等于

$$F_1 = \iint_s p_1 \mathrm{d}s$$

其方向是当声压 p_1 为正时,作用力对接收面作用是正压力,当 $p_1 < 0$ 时,作用力是负压力(拉力)。接收面上平均压力为

$$\overline{p}_1 = \frac{F_1}{s} = \frac{\iint_s p_1 \mathrm{d}s}{s} \tag{3-99}$$

接收面接收压力的平均值 $\overline{p}_1$ 与自由声压 p_0 之比,称为接收压力系数($\overline{\nu}$)。

$$\begin{cases} \overline{\nu} = \dfrac{F_1}{p_0 s} = \dfrac{\overline{p}_1}{p_0} \\[2mm] F_1 = \overline{\nu} p_0 s = \overline{\nu} F_0 \quad (F_0 = p_0 s) \end{cases} \tag{3-100}$$

应当指出,接收力系数定义为作用于接收器的接收面上的压力 F_1 与 $p_0 s$ 相除,这样定义的系数,不仅与接收器的外形、障板的衍射场有关,而且和接收面的大小以及它在障板上相对入射波方向的不同位置有关。显然,一个接收器的接收面并不一定是整个外表面,更不包括整个障板,而对接收灵敏度起作用的只是接收面上的那一部分受衍射作用产生畸变的声场作用力。所以,为了描述自由声场受物体衍射作用的影响,定义"畸变系数"是合适的,为描述衍射作用对接收机械系统作用的影响,以定义"接收力系数"更为合适。

以上各式中的 $\bar{p}_1$、p_1 都是设接收面不动时受的压力,然而考虑到接收面在声波作用时产生振动,因而产生二次辐射现象,这时将产生介质的反作用。二次辐射时介质反作用力 F_2 和接收面的实际振速 u_2 方向相反,它和辐射声源的形式有关。设振速均匀,则可以写成

$$F_2 = -u_2 Z_{r2}$$

这里,Z_{r2} 为二次辐射的辐射阻抗。负号表示介质反作用力与振速 u_2 反方向。而 u_2 正方向取在入射声波作用力 F_1 的方向。

当接收系统以 u_2 进行振动时,在机械系统上产生一反抗力,该反抗力 F_M 与振速 u_2 成正比而方向则相反,即有

$$F_M = -u_2 Z_M$$

式中,Z_M 为接收系统的机械阻抗。

接收面不动时所受声场作用力 F_1,可以看作接收器的振动系统的推动力。根据动力学基本原理,F_1 必须和 F_2、F_M 相平衡,即

$$F_1 + F_2 + F_M = F_1 - u_2(Z_{r2} + Z_M) = 0 \tag{3-101}$$

或

$$F_1 = u_2(Z_{r2} + Z_M) \tag{3-102}$$

于是声场作用力引起接收器机械系统的振速为

$$u_2 = \frac{F_1}{Z_{r2} + Z_M} \tag{3-103}$$

或

$$u_2 = \frac{\bar{\nu} p_0 s}{Z_{r2} + Z_M} \tag{3-104}$$

其中

$$\bar{\nu} = \frac{\iint_s p_1 \mathrm{d}s}{p_0 s} \quad (p_1 = p_0 + p_s) \tag{3-105}$$

当机械阻抗很大时($Z_M \gg Z_{r2}$),$F_M \gg F_2$,于是有

$$F_1 \approx u_2 Z_M$$

即声场作用力全加之于接收器的机械系统上。

当机械阻抗不是十分大时,则作用在机械系统上的分力为

$$F_M = F_1 - u_2 Z_{r2} \tag{3-106}$$

因此,二次辐射阻抗可视为"声场的内阻抗"。

由于 Z_{r2} 和 Z_M 都是频率的函数,欲使接收器机械系统上的作用力等于声场作用力 F_1,

则必须使振动系统的机械阻抗在它工作的频率范围内满足 $Z_M \gg Z_{r2}$，此时有 $F_1 \approx u_2 Z_M$，即声场作用力全加之于接收器的机械系统上。下面给出圆形单面活塞式接收器上的声场作用力。

圆形单面活塞式接收器放在声场中，若它距声源很远，则接收面处可认为是平面波场。设声波垂直入射于接收面上，则活塞面上接收压力分布是不均匀的。

当计算总压力时，可把单面活塞式接收器简化为刚硬的圆盘，这时声压对接收面的作用力包括入射波压力(其大小为 $p_0 s$)和散射波总压力 F_s。

刚硬圆盘在声场中引起声散射时，声场中声压可用椭球坐标系中偏椭球函数进行计算。根据计算的近场声压分布曲线，可绘出圆盘上声压值的分布曲线，如图 3-19 所示。表面声压分布随 $ka = \dfrac{2\pi a}{\lambda}$ 而变。低频时表面分布比较均匀，高频时表面分布比较复杂。圆盘上各处声场畸变系数随频率而变，因此圆面接收器接收面的接受力和 $p_0 s$ 不等，随频率而变。

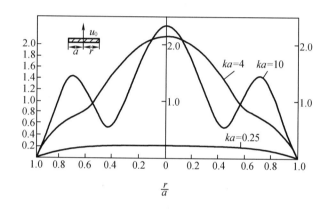

图 3-19　圆盘自由振动时表面声压分布曲线

还可把接收面上受的力看作入射波作用力和圆盘以虚设速度振动时介质的反作用力之和。圆盘受介质反作用力的大小为 $F_s = -\dfrac{1}{2} u_1 Z_{s1} = \dfrac{1}{2} u_0 Z_{s1}$，而方向则和 $\boldsymbol{u}_0$ 相同，如图 3-20(a) 所示。这里 Z_{s1} 是圆盘在自由介质中的辐射阻抗；因子 1/2 是因为单面接收时受力只是圆盘两面所受总力的一半。

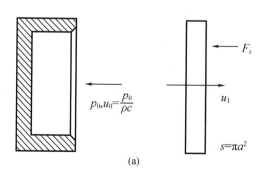

(a)

图 3-20　圆面活塞接收器接收力系数(平面波垂直入射)

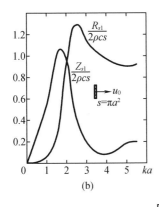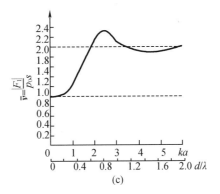

图 **3-20**（续）

于是接收的总压力

$$F_1 = F_0 + F_s = p_0 s + \frac{1}{2} u_0 Z_{s1} = p_0 s \left(1 + \frac{Z_{s1}}{2\rho cs} \right) \tag{3-107}$$

由于 $Z_{s1}/2\rho cs$ 是复数阻抗，所以取 F_1 绝对值得平均接收压力系数的绝对值

$$v = \frac{|F_1|}{p_0 s} = \left| 1 + \frac{Z_{s1}}{2\rho cs} \right|$$

因为 Z_{s1} 是 d/λ 的函数，如图 3-20（b）所示，故 $\bar{v}$ 也是 d/λ 的函数。对不同 d/λ 值 $|\bar{v}|$ 值计算结果如图 3-20（c）所示。

不难看出，当低频接收时（$a \ll \lambda$，$ka \ll 1$），则 $|Z_{r1}| \ll 2\rho cs$，因而 $\bar{v} \approx 1$。而当高频接收时（$a \gg \lambda$，$ka \gg 1$），$|Z_{r1}| \approx |2\rho cs|$，所以有 $|\bar{v}| \approx 2$。因此，低频时，活塞面上接收压强和入射波声压近似相等。在高频，接收面上压强要比入射波声压大一倍。这意味着低频散射波甚弱，声场畸变甚小。当高频时，活塞面（$a \gg \lambda$）对短波来说，如同平面波垂直入射在无限平面上一样，其反射系数为+1。

3.7　互　易　原　理

作为可以联系两种不同声场状态的基本原理，互易定理在许多实际问题中有着重要的应用，如发射阵特性测量、换能器声学性能测试及校准以及时间反转技术。

3.7.1　声场中的互易原理

设在无限介质中 A、B 两点有两个辐射声源 1 和 2，如图 3-21 所示，它们的表面为 s_1 和 s_2（s_1、s_2 是包围声源的封闭面积），面上的振速分布为 u_1 和 u_2。声源 1 和 2 辐射声场的声压为 p_1 和 p_2，它们分别满足亥姆霍兹方程（见 6.1.1 节），即

$$\nabla^2 p_1 + k^2 p_1 = 0 \tag{3-108}$$

$$\nabla^2 p_2 + k^2 p_2 = 0 \quad \left(k = \frac{\omega}{c} \right) \tag{3-109}$$

以上二式适用于 s_1、s_2 和 s_0 所限的体积 V,这里 s_0 是包含 s_1、s_2 的大封闭球面。

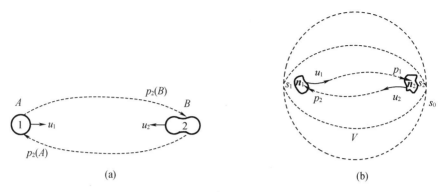

图 3-21 声互易原理图

用 p_2 乘式(3-108)、p_1 乘式(3-109),两者相减,并对整个有限体积 V 积分,则有

$$\iiint\limits_{V} (p_1 \, \nabla^2 p_1 - p_2 \, \nabla^2 p_2) \, \mathrm{d}V = 0$$

利用格林公式的向量表示为

$$\iiint\limits_{V} \nabla \cdot \boldsymbol{F} \mathrm{d}V = \iint\limits_{s} \boldsymbol{F} \cdot \boldsymbol{n} \mathrm{d}s = \iint\limits_{s} F_n \mathrm{d}s \tag{3-110}$$

其中 s 是包括 V 的封闭区线;$\boldsymbol{n}$ 是 s 面上的外法线的单位向量;取 $\boldsymbol{F} = p_1 \cdot \nabla p_2$,显然这里满足格林公式的条件。

最后经过化简得到

$$\iint\limits_{s_1+s_2+s_0} \left(p_1 \frac{\partial p_2}{\partial n} - p_2 \frac{\partial p_1}{\partial n} \right) \mathrm{d}s = 0 \tag{3-111}$$

由于面源 1 和 2 的辐射波都是扩散波,并且介质有吸收(即或微弱吸收),故声压和振速满足有限值条件与辐射条件。所以,当 s_0 的半径趋于无穷大时,左边积分中对 s_0 的积分值趋于零。对于声源 1 辐射只有 s_1 面上有振动,振速为 u_1。对于声源 2 辐射只在 s_2 面上有振动,振速为 u_2。于是,式(3-111)简化为

$$\iint\limits_{s_1} p_2(A) u_1 \mathrm{d}s = \iint\limits_{s_2} p_1(B) u_2 \mathrm{d}s \tag{3-112}$$

式(3-112)即为介质中存在两个面声源情况的互易原理的数学表达式,说明了在同样的传播条件下,声源在 A 点发射,B 点得到的声压,和以同样的声源强度在 B 点发射,A 点得到的声压是相等的。可以证明,这种互易关系在其他类型的声场中也存在,反映了在线性声学范围内,从发射到接收之间的声学系统是一个互易系统。

3.7.2 互易原理的应用

利用声场互易原理可以证明,收发系统的接收方向性函数与它的发射方向函数是相同的。表示接收系统方向特性的因子主要有两个:一是方向性函数,二是接收增益。

例如,一点源直线接收基阵,如图 3-22 所示。在垂直于阵的基线方向(即声轴方向),各点接收器面上声压分布完全相同(包括振幅和相位),而当偏离垂直于基线的方向时(即 θ

不同),各点接收器面上声振幅虽然近似相等,但相位则各不相同,也即接收总力不相等,因此形成接收系统的方向性。

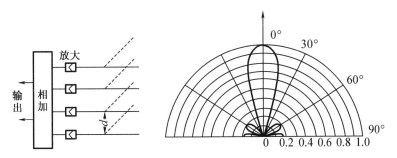

图 3-22 测量多元线阵接收方向性函数示意图

合成电压对应的接收力可利用等比级数关系求得

$$F(\theta,\varphi) = \sum_{n=0}^{N-1} p_0 s e^{jn\Delta\varphi} = p_0 s \frac{e^{jn\Delta\varphi}-1}{e^{j\Delta\varphi}-1} = p_0 s_0 \frac{\sin(N\Delta\varphi/2)}{\sin(\Delta\varphi/2)} e^{j(N-1)\Delta\varphi/2} \qquad (3-113)$$

式中,$\Delta\varphi = kd\sin\theta$。则

$$F(0,0) = Np_0 s$$

于是

$$D(\theta) = \left| \frac{F(\theta)}{F(0)} \right| = \frac{\sin\left(N\dfrac{\pi d\sin\theta}{\lambda}\right)}{N\sin\left(\dfrac{\pi d\sin\theta}{\lambda}\right)} \qquad (3-114)$$

式中,d 为点接收器阵元之间距离;$D(\theta)$ 是 θ 的函数。这与基阵作为发射系统时的方向特性一致。因为点接收阵改换为点源阵时,阵元辐射声波到达远场处的声程如同平行线,因此在远场点收到各元的声压在相位上的关系,如同在相应方向辐射声到达点接收器的声压相位关系。因此,相同分布结构的接收阵和辐射阵的指向性函数相同。可逆电声系统组成的声基阵,其辐射指向性与接收指向性相同。以上证明了同一换能器收、发方向特性的互易性。这一结论在实用上很有意义。实验中,有时测量系统的发射方向性会有某些困难,于是通过测量其接收方向性图,可知其发射方向特性。

3.8 习　　题

1. 对于脉动球源,在满足 $kr_0 \ll 1$ 的情况下,如使球源半径比原来增加一半,表面振速及频率仍保持不变,试问其辐射声压增加多少分贝? 如果在 $kr_0 \gg 1$ 的情况下使球源半径比原来增加一倍,振速不变,频率也不变,试问声压增加多少分贝?

2. 已知脉动球源半径为 0.01 m,向空气中辐射频率为 1 000 Hz 的声波,设表面振速幅值为 0.05 m/s,求距球心 60 m 处的声压及声压级为多少? 该处质点位移幅值、速度幅值为多少? 辐射声功率为多少?

3. 求两个频率相同、源强相等、相位差 $\dfrac{\pi}{2}$ 的点声源相距为 $2l$ 时的远场辐射声压。

4. 将频率为 100 Hz、辐射声功率 0.2 W 的点声源放在宽广的水面附近的空气中。试求：

（1）在离声源 2 km 远处水面附近的声压；

（2）离声源 2 km 垂直高处的声压。

5. 有一压强式电容传声器，振膜由镍做成，已知其半径为 $a = 0.5 \times 10^{-2}$ m，厚度 $h = 2 \times 10^{-5}$ m，振膜与背极间的距离 $D = 10^{-5}$ m，施加的极化电压为 200 V。假定有一频率为 200 Hz 有效声压为 2 Pa 的声波作用在振膜上，试问该传声器的开路输出有效电压为多少？

6. 有一点声源向空间辐射 300 Hz 的声波，现将一压差式传声器依次放在离声源 0.02 m 与 2 m 处进行测量，试问测得的开路输出电压将差多少分贝？

参 考 文 献

[1] 何祚镛,赵玉芳.声学理论基础[M].北京:国防工业出版社,1981.

[2] 杜功焕,朱哲民,龚秀芬.声学基础[M].3 版.南京:南京大学出版社,2012.

[3] 马大猷.现代声学理论基础[M].北京:科学出版社,2004.

[4] 沈勇.声柱的演变与发展[J].演艺科技,2022(3):18-22.

[5] 翁金辉.声纳接收阵技术发展综述[J].电子世界,2020(24):78-80.

[6] 杜召平,陈刚,王达.国外声呐技术发展综述[J].舰船科学技术,2019,41(1):145-151.

第4章 声呐方程

前三章给出了声波在介质中的产生、传播与接收问题，这些内容是研究水声学的理论基础。水声学属于水声物理研究范畴，主要研究声波在水下辐射、传播与接收问题，用以解决与水下目标探测和信息传输有关的各种声学问题。水声物理服务于水声工程，是水声工程应用的理论依据，为工程设计提供合适参数。为此，本书将围绕声呐系统，介绍影响声呐系统性能的参数，主要包括信道的影响和目标特性。

声呐是"sonar"词的译音，它由 sound（声）、navigation（导航）和 ranging（测距）三个英文字的字头构成，意思是声导航与测距。如今声呐的含义早已推广，凡是利用水下声波作为传播媒体，以达到某种目的的设备和方法都称之为声呐。声呐是现在进行水下观测、定位、识别和通信的主要设备。声呐系统一般由声源、海水信道和接收设备三个基本环节组成，每一个环节中用若干参数定量描述其特性，这些参数称为声呐参数。在实际运用中，需要对声呐执行任务的性能进行评判，而声呐方程就是用来评判声呐性能的重要工具，它从能量角度综合了影响声呐参数对声呐的影响，在水声工程中有十分重要的应用。

4.1 声呐系统概述

从声呐诞生至今，随着相关技术的发展，声呐系统也在更新迭代。迄今为止，国内外已经使用或正在研制的声呐不下百种。尽管不同种类的声呐的布置形式、器件有所不同，但是根据工作原理基本可以分为主动声呐和被动声呐两种。本节主要介绍声呐系统的发展简史，然后介绍主动声呐和被动声呐的工作流程，以便于后续更好地理解和学习声呐方程。

4.1.1 声呐系统的发展简史

自1490年意大利的艺术家、科学家达·芬奇发现声管，声呐技术至今已有500多年的发展历史。1490年至第一次世界大战前，因为对水声传播的理论不成熟，声呐技术处于漫长探索阶段，直到1827年，瑞典和法国的科学家才在日内瓦湖第一次测得水中声速。1912年，因为探测冰山手段落后，泰坦尼克号撞上冰山沉没，人们这才意识到研究用于探测和水下通信的水声器材的重要性。

第一次世界大战前至第二次世界大战后，声呐技术因为战争需求而得到蓬勃发展。潜艇的存在迫使参战国研究水声设备。第一次世界大战期间，法国科学家基于当时的电真空技术使用超声换能器，达到可以探测潜艇回波的水平。这期间人们利用人的双耳效应制成了噪声定向仪。到了战间期，人们对海水中声传播的理论也进行了较为深入的研究，例如认识了海水温度对声速的影响以及海水的声吸收与频率的依赖性等。回声定位仪已在美国成批生产，磁致伸缩换能器和压电换能器也已相继问世。

第二次世界大战期间，由于电子技术的发展，声呐设备已经不再是简单的收发装置，而逐渐成为复杂的电子和电声系统。水面舰艇的主动声呐、潜艇的被动声呐、扫描声呐、机械转动的换能器基阵以及具有音响制导的鱼雷和音响水雷等也在这一时期发展起来。在理论方面取得了一系列成就,例如对传播衰减、吸收、声散射、目标的反射特性、目标强度、尾流、舰艇噪声以及人耳的识别能力等都进行了深入的研究。

第二次世界大战结束至今已有70多年了。这70多年,随着科学技术的进步,声呐技术也得到了突飞猛进的发展。电子技术特别是微电子技术的发展、人们对海洋中声传播规律的掌握以及核潜艇的出现等,是推动声呐技术发展的主要因素。战后声呐技术发展的主要特点是采用低频、大功率、大尺寸基阵,并广泛采用信号处理技术。还有几项军用声呐技术方面值得一提的成就,它们反映了声呐技术的现状。下面简要叙述一下这些成就。

深海声道传播途径原理在声呐技术中得到应用,深海声道是存在于深海中的一种自然现象,在20世纪60年代才被人们发现并试图利用它来探测远程目标。20世纪80年代各国海军的远程声呐几乎都利用了深海声道传播途径(见6.5节)。当声波从海面附近以某种倾角向水中发射时,因为海洋环境的温度以及压力等因素,声波便在海面和海底之间形成多次折射的传播途径。第一折回点所在区域称为深海第一会聚区,第二折回点所在区域称为第二会聚区等。声波沿深海声道传播时,可将声能会聚到一个狭窄通道内,因而可传播很远的距离。舰艇主动式声呐使用此种深海声道传播途径,可探测到第一会聚区(30~35 n mile)的目标,而被动声呐可探测到第三会聚区(大于100 n mile),甚至更高次会聚区的目标。可见,使用深海声道效应可实现远程目标探测,在军事上具有极其重要的意义。现代声呐可以利用直达路径、海底海面反射和深海声道三种途径探测目标。

信号处理和数字技术在声呐技术中广泛应用。数字技术,特别是微处理器和新的超大规模集成数字信号处理器的出现,使得许多需要进行大量运算的信号处理方法的实现成为可能。水声信号处理技术从20世纪80年代进入快速发展阶段,按照更切合实际的畸变水声信道模型进行匹配处理,并探讨将匹配场技术用于水声定位,将神经网络理论用于目标识别,在时间处理中利用高阶矩信息等。信号处理系统逐渐从硬件为主过渡到软件为主,从分别实现的分系统发展为由计算机控制的综合系统。

被动声呐目标识别方法得到了升级。传统的被动目标识别方法是采用听觉,由有经验的声呐操作员来判别目标的性质。近年来国内外都十分重视被动识别技术的研究。这是因为潜艇为保持其隐蔽性,很少使用主动声呐,因而利用被动声呐根据接收的目标噪声识别目标的性质显得尤为重要。潜艇在对目标进行性质识别之前往往无法采取行动。目标识别的过程由特征分析、特征提取和目标分类鉴别三步构成。由于进行目标识别时必须有一个包含各种目标信息的数据库和一整套目标识别软件,因此目标识别系统实际上是一个复杂的计算机软件工程。目前国外有些海军的潜艇已经有了可供使用的识别系统。被动目标自动识别技术的使用,无疑是声呐技术发展的一项重要成就。

军用声呐技术的发展除了上述几点外,水声对抗技术、声呐终端显示、全球性反潜探测数据传输处理控制、新材料的应用等,均已进入一个新的阶段。军用声呐技术的发展,必然带动民用声呐的使用和发展。声呐已经广泛地应用于海洋资源的勘探和开发,可以预料,不久的将来,声呐系统必将在海洋事业和国民经济中发挥愈来愈大的作用。

4.1.2 声呐系统的分类

根据声呐装置的平台不同,声呐可分为岸用声呐、水面舰艇声呐、潜艇声呐、飞机用声呐等。而不同平台的声呐也可根据使用形式或者功能进行进一步细分,水面舰艇声呐可分为舰壳式声呐、拖曳声呐等。潜艇声呐可分为测距声呐、通信声呐、压制声呐等。飞机用声呐可分为空中拖曳声呐、空中吊放声呐、空投声呐浮标等。尽管声呐系统多种多样,但如果按声呐的工作原理来区分,声呐系统仅有两类,即主动声呐和被动声呐。

1. 主动声呐

主动声呐主要由信号源、发射机、发射阵、接收阵、处理器、显示器、判决器等组成,如图4-1所示,其中,信号源、发射机与发射阵组成发射系统。主动声呐工作时,发射系统向海水中发射带有特定信息的声信号,称为发射信号。当发射信号在海水中传播遇到障碍物时,如潜艇、水雷、鱼雷等声呐目标,由于声波在障碍物上的反射和散射,就会产生回声信号。回声信号遵循传播规律在海水中传播,其中在某一特定方向上的回声信号传播到接收阵处,并由它将声信号转换为相应的电信号,此电信号经处理器处理后传送到判决器,判决器依据预先确定的原则进行有无目标的判决,并在确认有目标的判决后,指示出目标的距离、方位、运动参数及某些物理属性,最后显示器显示判决结果。这就是主动声呐的工作流程。

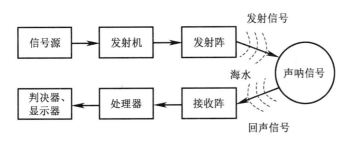

图4-1 主动声呐工作流程

2. 被动声呐

利用接收换能器基阵接收目标自身发出的噪声或信号来探测目标的声呐称为被动声呐。由于被动声呐本身不发射信号,所以目标将不会觉察声呐的存在及其意图。目标发出的声音及其特征,在声呐设计时并不为设计者所控制,对其了解也往往不全面。声呐设计者只能对某预定目标的声音进行设计,如目标为潜艇,那么目标自身发出的噪声包括螺旋桨转动噪声、艇体与水流摩擦产生的水动力噪声,以及各种发动机的机械振动引起的辐射噪声等。因此,被动声呐与主动声呐最根本的区别在于它是被动地接收远场目标发出的噪声。

由于被动声呐本身不发射信号,所以目标将不会觉察声呐的存在及其意图。图4-2是被动声呐的工作流程示意图。水下目标,如潜艇,在航行过程中会产生螺旋桨转动噪声、艇体与水流摩擦产生的水动力噪声,以及各种发动机的机械振动引起的辐射噪声。这些噪声会被被动声呐捕捉并通过处理器、判决器、显示器处理。因此,被动声呐是通过被动接收目标的噪声,来实现水下目标探测、确定目标状态和性质等目标的。

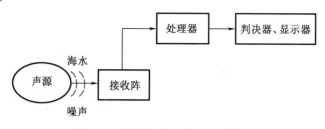

图 4-2　被动声呐工作流程示意图

由此可见,主、被动声呐的差异主要在工作流程上的差异,而在接收、处理、判决等步骤中,主、被动声呐差异并不大,基本是相同的,详见参考文献[6]。

4.2　声呐方程及运用

由主、被动声呐工作流程可知,声呐系统工作涉及三个基本环节:系统本身的特性(如发射信号的功率及波形,发射与接收的指向性)、目标的特性和信道对信号的影响。进一步分析表明,上述三个基本环节中的每一个,又都包含了若干个影响声呐设备工作的因素,工程上将这些因素进行量化处理,并将其称为声呐参数。再引入声呐方程,将信道影响、目标和设备的各项参数相互作用联结在一起,形成一个关系式,它对声呐设备的设计和性能评价以及作用距离的估计都非常有用。本节首先介绍声呐参数和声呐方程,然后介绍声呐方程的运用,并给出声呐方程应用的实例。

4.2.1　声呐参数

声呐参数是为了便于声呐系统的设计和使用归纳出来的简单且有用的参数,是声呐方程的基本组成要素。下面将给出各个声呐参数的定义,并简要说明其物理意义,然后将它们组合成声呐方程。

1. 指向性系数 DI

对于声呐的发射端,为了增强探测范围,通常会将发射器辐射的声能集中在一个很狭小的方向范围内,在其他方向仅有很少的声能量。对于声呐的接收端,为了减少非目标方向噪声干扰,也会增加在一个方向的声信号接收,而减少其他方向的声能量接收。发射端和接收端这种性质称为指向性。在声呐方程中,指向性系数被用来描述发射端和接收端的指向性,对于接收端,定义为由一个无指向性水听器输出的噪声功率级与实际水听器输出的噪声功率级的差。对于发射端,定义为测得指向性发射器辐射声场远场声轴上的声强级与同功率下的无指向发射器同点上的声强级的差。

一些几何形状较简单的接收阵列或发射阵列,可用阵的尺寸来表示指向性指数。表 4-1 列出了四种简单几何形状阵列的 DI 表达式。

表 4-1 简单几何形状阵列的 DI 表达式

布置形式	指向性系数 DI
长度为 $L \gg \lambda$ 的连续线阵	$\dfrac{2L}{\lambda}$
无限障板上直径为 $D \gg \lambda$ 的活塞	$\left(\dfrac{\pi D}{\lambda}\right)^2$
间距为 d 的 n 等间隔基元构成的线阵	$\dfrac{n}{1 + \dfrac{2}{n}\sum\limits_{\rho=1}^{n-1}\dfrac{(n-\rho)\sin(2\rho\pi d/\lambda)}{2\rho\pi d/\lambda}}$
双基元阵，间距为 d，$n=2$	$\dfrac{n}{1 + \left[\dfrac{\sin(2\pi d/\lambda)}{2\pi d/\lambda}\right]}$

2. 声源级 SL

因为主动声呐和被动声呐在原理上的不同，对于两种声呐的声源级定义也有所不同。对于主动声呐，其声源级用来描述它发射声信号的强弱，其定义为

$$SL = 10\lg(I_1/I_0) \tag{4-1}$$

式中，I_1 是发射阵声轴方向上，离声源声中心单位距离（通常为 1 m）处的声强；I_0 是参考声强。水声学中，将均方根声压为 1 μPa 的平面波的声强取作参考声强，它约等于 6.67×10^{-19} W/m²。

例 4-1 已知发射阵声功率为 P_a，求其声源级 SL，假设介质无声吸收，声源为点源。

解 离声源声中心单位距离（通常为 1 m）处的声强 I_1 为

$$I_1 = \frac{P_a}{4\pi}\ \text{W/m}^2$$

代入式（4-1），即可求得声源级 SL

$$SL = 10\lg P_a + 170.77$$

如果声源指向性系数为 DI，则其声源级 SL 可以表示为

$$SL = 10\lg P_a + 170.77 + DI$$

由 4.1.2 节可知，被动声呐本身并不辐射声信号，它是接收被测目标的辐射噪声来探测该目标的，因此目标的辐射噪声就是被动声呐的声源。工程上，也用声源级来描述目标辐射噪声的强弱，它被定义为水听器声轴方向上，离目标声中心单位距离处的目标辐射噪声强度 I_N 和参考声强 I_0 之比，其公式为

$$SL_1 = 10\lg(I_N/I_0) \tag{4-2}$$

关于被动声呐声源级 SL_1，需要注意以下两点：首先，目标辐射噪声强度的测量应在目标的远场进行，并修正至目标声中心 1 m 处。其次，式（4-2）中 I_N 指的是接收设备工作带宽 Δf 内的噪声强度。如带宽 Δf 内的噪声强度是均匀的，则定义量

$$SL_2 = 10\lg(I_N/I_0\Delta f) \tag{4-3}$$

式中，SL_2 称为辐射噪声谱级，也是一个广为采用的物理量。

3. 传播损失 TL

海水介质是一种不均匀的非理想介质,由于介质本身的吸收、声传播过程中波阵面的扩展及海水中各种不均匀性的散射等原因,声波在传播过程中,传播方向上的声强将会逐渐减弱,传播损失 TL 定量地描述了声波传播一定距离后声强的衰减变化,其定义为

$$TL = 10\lg(I_1/I_r) \tag{4-4}$$

式中,I_1 是离声源声中心单位距离(1 m)处的声强;I_r 是距声源 r 处的声强。式(4-4)定义的传播损失 TL 值总为正值。

在计算中,传播损失由几何扩展损失和介质吸收损失两者构成,因而有

$$TL = 10n\lg r + \alpha r \tag{4-5}$$

式中,n 是用来描述几何扩展类型的参数,如 $n=2$ 时为球面扩展,$n=1$ 时为柱面扩展。一般在深海情况为球面扩展,浅海则为柱面扩展。α 为海水吸收系数,与频率有关,α、n 详见第5章。

4. 目标强度 TS

主动声呐是利用目标回波来实现目标的探测的。水声技术中,用目标强度 TS 定量描述目标声反射能力的强弱,其定义为

$$TS = 10\lg(I_r/I_i) \tag{4-6}$$

式中,I_i 是目标处入射平面波的强度;I_r 为是在入射声波相反方向上、离目标等效声中心1 m 处的回声强度。目标强度是空间方位的函数。在空间的不同方位,目标的回声强度是不一样的,因而目标强度也是不一样的。本书约定,如无特别说明,回波所指为入射方向相反方向上的回声,称为目标反向回波。

5. 环境噪声级 NL

海水介质中,存在着大量的、各种各样的噪声源,海洋环境中存在风浪噪声、海流噪声和海洋生物噪声等自然噪声,也可能存在舰艇产生的螺旋桨噪声以及振动噪声等,它们各自发出的声波构成了海洋环境噪声。这种环境噪声对声呐设备的工作无疑是一种干扰。环境噪声级 NL 就是用来度量环境噪声强弱的一个量,其定义为

$$NL = 10\lg(I_N/I_0) \tag{4-7}$$

式中,I_0 是参考声强;I_N 是测量带宽内的噪声强度。如测量带宽为 1 Hz,则 NL 称为环境噪声谱级,它是工程上的一个常用量。

在实际工程运用时,常常对噪声进行近似处理,认定为平稳的、各向同性的,并具有高斯分布的随机过程。如果接收阵的带宽为 Δf Hz,带宽内的噪声谱是均匀的,环境噪声级也可以表示为

$$NL = NL_0 + 10\lg \Delta f \tag{4-8}$$

式中,NL_0 是环境噪声在声呐工作中心频率处的谱级。

6. 等效平面波混响级 RL

对于主动声呐,除了环境噪声是背景干扰外,混响也是一种背景干扰。混响是海洋中随机非均匀分布的散射体的散射波在接收机输入端的响应。混响不同于环境噪声,它不是平稳的,也不是各向同性的。为了定量描述混响的强弱,引入参数"等效平面波混响级"RL。假设有强度为 I 的平面波,轴向入射到水听器上,水听器输出某一电压值;如将此水听器移置于混响场中,使它的声轴指向目标,在混响声的作用下,水听器也输出一个电压。如果这

两种情况下水听器的输出恰好相等,那么,就用该平面波的声强级 I 来度量混响场的强弱,定义混响级 RL 为

$$RL = 10\lg(I/I_0) \tag{4-9}$$

式中,I_0 为参考声强。

同时,混响级也可以表示为

$$RL = SL - 2TL + TS_r \tag{4-10}$$

式中,TS_r 是形成混响的散射体散射强度的和。对于界面混响,它取决于散射面积,对于体积混响,则取决于混响体积,详见参考文献[1]。

7. 检测阈 DT

声呐设备的接收端工作在噪声环境中,既接收声呐信号,也接收背景噪声,相应地,其输出也由这两部分组成。实践表明,这两部分的比值对设备的工作有重大影响,即如果接收带宽内的信号功率与工作带宽内的噪声功率的比值较高,则设备就能正常工作,它的"判决"的可信度就高;反之,上述的比值比较低时,设备就不能正常工作,它的"判决"的可信度就低。工程上,将工作带宽内接收信号功率与工作带宽的噪声功率的比值称为接收信号信噪比,其定义为

$$S/N = 10\lg(P_S/P_N) \tag{4-11}$$

式中,P_S 为信号功率;P_N 为噪声功率。而检测阈 DT 可理解为刚好完成某种职能时接收机输入端需要的信噪比阈值。

对于检测阈,如果设置的过高,会导致检测到信号的概率降低,如果设置的过低有可能当信号加噪声超过检测阈时,实际上并没有信号存在,这就产生了错误判断,称为虚警,即会导致虚警概率增大。因为减少虚警概率也会减少探测概率,所以在确定检测阈时需要引入参数检测指数 d,其公式如下:

$$d = \frac{(M_{sn} - M_n)^2}{\sigma_n^2} \tag{4-12}$$

式中,M_{sn} 是信号和噪声的之和的概率密度函数的均值;M_n 是噪声的概率密度函数的均值;σ_n^2 是噪声的概率密度函数的方差。检测指数表征了在噪声探测信号的难易程度。

根据检测指数和工作特性曲线(图4-3)可以确定某种检测概率下虚警概率的值,从而便于确定检测阈。

4.2.2　声呐方程

1. 基本原则

以上介绍的声呐参数,从能量的角度定量地描述了海水介质、声呐目标和声呐设备所具有的特性与效应。而声呐方程从声呐信息流程出发,按照某种原则将声呐参数组合在一起,得到一个将介质、目标和设备的作用综合在一起的关系式。它综合考虑了水中声传播特性、目标的声学特性、声信号发射及接收处理性能在声呐设备的设计与应用中的作用和互相影响,是声呐设计和声呐性能预报的理论依据。

由于声呐总是工作在存在背景干扰的环境中,因此声呐工作时,既会接收有用的声信号,也会接收背景干扰信号。当然,并非全部背景干扰都对设备的工作起干扰作用,只有设备工作带宽内的那部分背景噪声才起干扰作用。如果接收信号级与背景干扰级之差刚好

等于设备的检测阈,即

$$信号级-背景干扰级=检测阈 \qquad (4\text{-}13)$$

则根据检测阈的定义可知,此时设备刚好能完成预定的职能。若式(4-13)的左端小于右端时,设备就不能正常工作。考虑到检测阈的定义,通常式(4-13)作为组成声呐方程的基本原则。

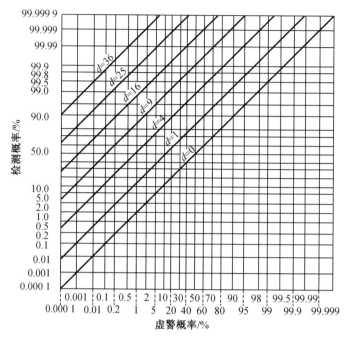

图4-3 工作特性曲线

2. 主动声呐方程

根据主动声呐信息流程及基本原则,可以写出主动声呐方程。

从发射基阵发射声信号到水下目标,由于传播损失 TL,到达目标时,其声级为 SL-TL。因目标强度是 TS,在返回方向上声级为 SL-TL+TS,而在到达接收基阵时,再次有传播损失 TL,同时噪声级 NL 也作用于水听器,但它受到接收阵接收指向性指数 DI 的抑制,起干扰作用的噪声级仅是 NL-DI。因此,接收信号的信噪比表达式为 SL-2TL+TS-(NL-DI),根据基本原则式(4-13),就可得到表达式(4-14)。水声中,将式(4-14)称为主动声呐方程。

$$SL-2TL+TS-(NL-DI)=DT \qquad (4\text{-}14)$$

需要注意的是,式(4-14)适用于收发合置型声呐。对于收发分开的声呐,声信号往返的传播损失一般是不同的,所以不能简单地用 2TL 来表示往返的传播损失。而且式(4-14)仅适用于背景干扰为各向同性的环境噪声情况。但是,对于主动声呐,混响也是它的背景干扰,而混响是非各向同性的,因而,当混响成为主要背景干扰时,就应使用等效平面波混响级 RL 替代各向同性背景干扰(NL-DI),式(4-14)变为

$$SL-2TL+TS-RL=DT \qquad (4\text{-}15)$$

式(4-15)是以介质中的散射体的散射或混响为主要背景干扰的主动声呐方程。

3. 被动声呐方程

被动声呐的信息流程比主动声呐略为简单,主要表现于:首先,噪声源发出的噪声不需

要往返双程传播,而直接由噪声源传播至水听器;其次,噪声源发出的噪声不经目标反射,所以,目标强度级 TS 不再出现;最后,被动声呐的背景干扰一般总为环境噪声,不存在混响干扰。考虑到以上的差异,由被动声呐工作时的信息流程,可以得到被动声呐方程为

$$SL-TL-(NL-DI)=DT \tag{4-16}$$

式中,SL 是噪声源辐射噪声的声源级,其余各参数的定义同主动声呐方程。

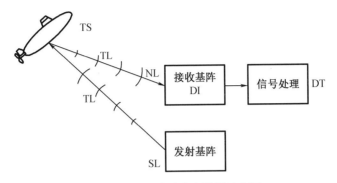

图 4-4 主动声呐方程推导示意图

被动声呐方程推导示意图如图 4-5 所示。

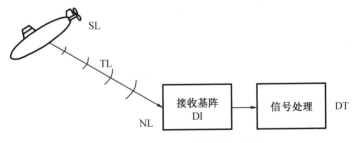

图 4-5 被动声呐方程推导示意图

4.组合声呐参数

在以上讨论中,定义了声呐参数,但在实际工作中,往往会遇到若干个声呐参数的组合项,这些组合项具有明确的物理意义,使用也比较方便,例如,可以通过测量某几个组合声呐参数来检验设备的工作状态。工程上,通常将几个声呐参数的组合项称为组合声呐参数。表 4-2 是常用组合声呐参数一览表。

表 4-2 常用组合声呐参数一览表

名称	表达式	物理意义
回声信号级	SL-2TL+TS	加到主动声呐接收换能器(阵)上的回声信号的声级
噪声掩蔽级	NL-DI+DT	工作在噪声干扰中的声呐设备正常工作所需的最低信号级
混响掩蔽级	RL+DT	工作在混响干扰中的主动声呐设备正常工作所需的最低信号级
回声余量	SL-2TL+TS-(NL-DI+DT)	主动声呐回声级超过噪声掩蔽级的量

表 4-2(续)

名称	表达式	物理意义
优质因数	SL-(NL-DI+DT)	在被动声呐中,等于可允许的最大单程传播损失;在主动声呐中,TS=0 dB 时,等于可允许的最大双程传播损失
品质因数	SL-(NL-DI)	输出端测得的声源级和噪声级之差

利用这些组合声呐参数,可对声呐的某些特性进行研究。

利用噪声掩蔽级和混响掩蔽级可对主动声呐的背景干扰进行确定。对于主动声呐来说。虽然从原则上讲,混响和环境噪声总是同时存在,但它们对声呐设备工作的影响,则视具体场合而有所不同。在某些使用条件下,可以视为某种噪声主导,另一种噪声可以忽略。需要根据声呐使用环境下的回声信号级、混响掩蔽级和噪声掩蔽级随距离变化的曲线进行判断,如图 4-6 所示。

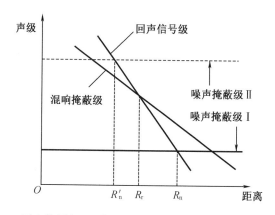

图 4-6 回声信号级、混响掩蔽级、噪声掩蔽级随距离变化的曲线

图 4-6 中,混响确定的距离是 R_r,当距离 $r>R_r$ 时,声呐设备受混响限制而不能正常工作。对噪声掩蔽级 I 来说,它允许的最大工作距离是 R_n。因为 $R_r<R_n$,所以声呐作用距离受混响限制,混响是声呐工作的主要干扰背景。如果由于某种原因,噪声掩蔽级由 I 变为 II,则噪声限制距离将由 R_n 变为 R_n',且小于 R_r,所以,作用距离就变为受噪声限制,环境噪声成为声呐工作的主要干扰背景。针对以上两种情况,应该选用不同背景干扰下的主动声呐方程。

一般来说,利用声呐方程的一个重要的目的之一就是求出声呐的作用距离,也就是由声呐方程确定 r。为此,定义系统的优质因数(FOM)。由 FOM=TL 或 2TL 便可以计算出最远的作用距离。FOM 越大,声呐作用距离越远。FOM 与声波传播条件和目标特性等因素无关。对于主动声呐,当目标强度为 0 dB 时,就是声呐系统检测到目标时,所允许的最大双程传播损失;而对于被动声呐,则是允许的最大单程传播损失。

例 4-2 已知某主动声呐的优质因数为 60 dB,求此声呐的最大作用距离。传播损失以球面波计算,不考虑声吸收。

解 对于主动声呐方程,优质因数为

$$FOM=2TL$$

由题目可知优质系数为 60 dB,由 TL = 20lg r 可以算出,最大传播距离为 1 000 m。

需要注意的是,计算出声呐的优质因数 FOM 后,为了估计作用距离,必须知道各种不同水文条件下的传播损失 TL 值[①],才能做出正确的作用距离预报。图 4-7 是一簇传播衰减曲线,它描述了传播损失–距离–频率的关系。现在根据具体水文条件下的传播损失图来计算作用距离。由于计算的优质因素 FOM 是离声源 1 m 处的,所以首先要根据图 4-7 将其推算到 100 m。在近距离内,声压与距离成反比,则从 1 m 到 100 m 的传播损失为 20lg 100 = 40 dB。根据例 4-2 的结果,从 100 m 开始,还有 60-40 = 20 dB 的余量。若此时声呐声波频率是 2 kHz,则由图 4-7 可知作用距离大约也为 1 000 m。但如果声波频率是 5 kHz,则作用距离不到 1 000 m,也就是说此时声波在海洋中传播损失不止和扩展损失有关。

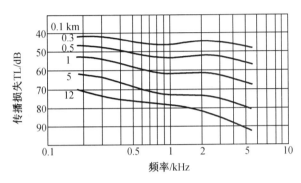

图 4-7　传播衰减曲线

4.2.3　声呐方程的应用

经典的声呐方程是建立在声呐信号平均能量的基础上的,且某些参数散布在很大的范围内,它在应用上会受到一定的限制。尽管如此,经典的声呐方程以简洁明了的形式,说明了影响声呐工作的诸因素的相互关系,物理意义十分清晰。所以,自第二次世界大战期间首次形成声呐方程以来,它在声呐设备的最佳设计和设备性能预报中得到了十分广泛的应用。

声呐方程的一个重要应用是对已有的或正在设计、研制中的声呐设备进行性能预报。这时设备的设计特点和若干参数是已知的或假设的,要求对另一些声呐参数进行估计,以检验声呐的某些重要性能。例如,在其余各参数都已知的条件下,通过声呐方程估算出所能允许的最大传播损失,当考虑到介质的声传播特性后,就能由传播损失得到声呐的最大作用距离。

例 4-3　扫雷舰拖曳宽带噪声源,其辐射噪声引爆音响水雷,达到扫雷的目的。设辐射噪声源谱级为 123 dB,被扫水雷上水声接收机工作带宽为 50~300 Hz,当噪声信号高出 4 级海况时的环境噪声 15 dB 时,水雷被引爆。已知 4 级海况下 50~300 Hz 频带内的环境噪声谱级约为 68 dB,求此扫雷舰在多远距离上能引爆水雷。

解　本例为被动声呐作用距离预报问题。被动声呐方程为

$$SL - TL - (NL - DI) = DT$$

---

① 对此需要由大量的实验统计数据。

在本例中,声源级 SL 为

$$SL = 123 + 10\lg(300-50) \approx 147 \text{ dB}$$

查表可知,4 级海况下 50~300 Hz 频带内的环境噪声谱级约为 68 dB,则 NL 为

$$NL = 68 + 10\lg(300-50) \approx 92 \text{ dB}$$

对于音响水雷,应能全方位接收,则 $DI = 0$,于是由题意得

$$TL \leq SL - (NL-DI) - 15 = 40 \text{ dB}$$

本例中,工作频率很低,作用距离也不远,海水吸收损失可忽略不计。当传播损失以球面波计算时,可由 $TL = 20\lg r$ 得扫雷距离最大为 100 m。

声呐方程的另一个应用是优化声呐设计。预先规定了所设计声呐的职能及相应的各项战术技术指标,在此条件下,应用声呐方程综合平衡各参数的影响,以实现参数的合理选取和设备的最佳设计。例如,声呐工作频率的选取,若单从接收指向性指数 DI 来考虑,则选取高的工作频率显然是合适的。但从传播损失 TL 来考虑,高的工作频率则是不利于声信号远距离传播的。可见,工作频率的变化会造成两种相反的效果。这时就需要应用声呐方程,对包括 DI 和 TL 在内的各参数进行综合平衡,反复计算,再辅以设计工作者的实践经验,选取合理的工作频率。声呐的其余参数也应做类似处理,以最终实现声呐的最佳设计。

例 4-4 应用主动声呐探测 1 000 m 处的目标。已知目标的声压反射系数是 0.7,声呐工作频率为 20 kHz,带宽为 100 Hz,工作海域环境噪声谱级为 50 dB,换能器接收指向性指数为 16 dB,当接收信号信噪比大于或等于 15 dB 时,声呐能正确检测到该目标,求此主动声呐所需的最低的声源级。

解 本例为主动声呐设计问题。已知噪声干扰下的主动声呐方程为

$$SL - 2TL + TS - (NL-DI) = DT$$

式中,传播损失 $TL = 20\lg r + ar$,查阅资料得 $a \approx 3$ dB/km,则 $TL \approx 63$ dB。目标强度 $TS = 20\lg 0.7 \approx -3$ dB;环境噪声级 $NL = 50 + 10\lg 100 = 70$ dB。于是由声呐方程得 $SL = 210$ dB。由此可见,要在 1 000 m 处探测到该目标,声呐的声源级应不小于 210 dB。

以上两个例子简单说明了声呐方程的实际应用。这里说明,以上例子具有一定的假设性,并不具有太多的现实意义。另外,工程上应用声呐方程来设计声呐,是一个复杂、烦琐的过程,需要反复多次,才能得到合适的参数,远非上述例子那样简单。

声呐方程的上述两种应用也称为"声呐作用距离分析和预报"。它把对于设计和研制与对于声学信道规律性研究紧密联系在一起,从这个意义上来说,它是沟通两者的桥梁。这一过程可以用图 4-8 来表达。

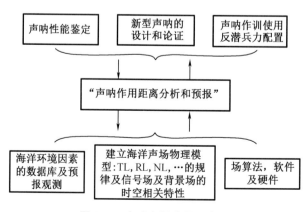

图 4-8 声呐方程应用示意图

4.3 习　题

1.什么是声呐？声呐可以完成哪些任务？

2.除了按照声呐系统分类，还有其他的分类方法吗？查阅资料回答。

3.声呐有哪两种工作方式？画出这两种方式的信息流程图。

4.为什么被动声呐中需要更多的信号处理措施？

5.主动声呐工作于开阔海域，如将其辐射声功率提高一倍，其余条件不变，此声呐作用距离如何变化(海水吸收不计，传播损失以球面扩展计)？

6.证明：在混响是声呐工作的主要干扰背景时，提高声源级并不能增加主动声呐作用距离。

参 考 文 献

[1]　乌立克 R J. 水声原理[M]. 3 版. 洪申，译. 哈尔滨：哈尔滨船舶工程学院出版社，1990.

[2]　刘伯胜，雷家煜. 水声学原理[M]. 2 版. 哈尔滨：哈尔滨工程大学出版社，2010.

[3]　伯迪克 W S. 水声系统分析[M]. 方良嗣，阎福旺，等译. 北京：海洋出版社，1992.

[4]　张竹彦. 近期声呐技术发展的几项成就[J]. 现代舰船，1994，2：26-28.

[5]　宫继祥. 国外潜艇平面 Flank 阵的发展状况[J]. 现代舰船，1994，4：32-35.

[6]　田坦. 声呐技术[M]. 2 版. 哈尔滨：哈尔滨工程大学出版社，2009.

[7]　MARAGE J P, MORI Y. Sonar and Underwater Acoustics[M]. Hoboken, NJ, USA: John Wiley & Sons, Inc. 2013.

[8]　KUPERMAN W, ROUX P. Underwater acoustics[J]. Springer Handbook of Acoustics, 2007：149-204.

[9]　汪德昭，尚尔昌. 水声学[M]. 2 版. 北京：科学出版社，2013.

[10]　李启虎. 声呐信号处理引论[M]. 北京：科学出版社，2012.

第5章 海洋的声学特性

在海洋信息领域中,声波是常见的各种能量传播载体中唯一能在海水中远距离传播的信息载体。研究声波在海洋中的传播,是理解和预测所有其他水声现象的基础,对于声呐系统设计和声呐性能预报来说非常重要。影响声波在海洋中传播的因素非常多,也是近代水声研究的基本内容。本章仅涉及声速、海面和海底的边界条件以及水体中声速的变化对声传播的影响,为理解海洋中声传播现象、规律、机理提供基础的理论依据。

5.1 海洋中的声速

声速是海洋中最重要的一个声学变量,它在海洋中的分布影响着所有其他的声学现象,决定了海洋中的声传播特性。流体介质声速的公式为 $c = 1/\sqrt{\rho\beta}$。式中,ρ 为流体密度,β 为绝热压缩系数。由于 ρ 及 β 是温度、盐度和静压力的函数,因此海水中的声速也是温度、盐度和静压力的函数,这也就是海水声速具有较明显的深度分布的基本原因。

5.1.1 海水声速经验公式

测量数据表明,海水中的声速近似等于 1 500 m/s。

海水中的声速,随温度、盐度和静压力而变,表现为声速 c(m/s)随温度 T(℃)、盐度 S(‰)、静压力 P(kg/m²)的增加而增加,其中以温度的影响最显著,温度增加,压缩系数 β 减小,但密度 ρ 变化不明显,因而声速随温度而增加。盐度增加,β 减小,ρ 增加,但 β 减小比较明显,因而声速也随盐度的增加而增加。静压力的增加也使 β 减小,声速也随静压力 P 的增加而增加。

海水中的声速对温度、盐度和静压力的依赖关系,难以用解析式表示,通常用经验公式来表示它们之间的关系。经验公式是大量海上声速测量数据的实验总结。实用上,通常测量海水中的 T、S 和 P,然后使用经验公式得到声速 c。一个比较准确的经验公式是 Wilson 公式:

$$c = 1\ 449.22 + \Delta c_T + \Delta c_S + \Delta c_P + \Delta c_{STP} \tag{5-1}$$

式中

$$\Delta c_T = 4.623\ 3T - 5.458\ 5 \times 10^{-2}T^2 + 2.822 \times 10^{-4}T^3 + 5.07 \times 10^{-7}T^4$$

$$\Delta c_P = 1.605\ 18 \times 10^{-1}P + 1.027\ 9 \times 10^{-5}P^2 + 3.451 \times 10^{-9}P^3 - 3.503 \times 10^{-12}P^4$$

$$\Delta c_S = 1.391(S-35) - 7.8 \times 10^{-2}(S-35)^2$$

$$\Delta c_{STP} = (S-35)(-1.197 \times 10^{-3}T + 2.61 \times 10^{-4}P - 1.96 \times 10^{-1}P^2 - 2.09 \times 10^{-6}PT) +$$
$$P(-2.796 \times 10^{-4}T + 1.330\ 2 \times 10^{-5}T^2 - 6.644 \times 10^{-8}T^3) +$$
$$P^2(-2.391 \times 10^{-1}T + 9.286 \times 10^{-10}T^2) - 1.745 \times 10^{-10}P^3T \tag{5-2}$$

式(5-1)适用的范围是:$-3\ ℃<T<30\ ℃$,$33\%<S<37\%$和 $1.013×10^5\ N/m^2$(标准大气压)$<P<980×10^5\ N/m^2$。

除了 Wilson 公式外,通过海上实测数据实验经验得到的经验公式,即乌德公式也经常被使用:

$$c=1\ 450+4.21T-0.037T^2+1.14(S-35)+0.175P \qquad (5-3)$$

式中,温度 T 的单位为℃;盐度 S 的单位为‰;压力 P 的单位为大气压。

例 5-1 用经验公式计算温度 20 ℃、盐度 20‰、水深 1 m 处与温度 15 ℃、盐度 30‰、水深 20 m 处的声速。

解 根据乌德公式有 $c=1\ 450+4.21T-0.037T^2+1.14(S-35)+0.175P$。温度 20 ℃、盐度 20‰、水深 1 m 处的声速为 1 502.5 m/s;温度 15 ℃、盐度 30‰、水深 20 m 处的声速为 1 499.7 m/s。

图 5-1 显示了一组典型的声速剖面图。在较温暖的季节[①],海表面附近的温度增加,因此声速向海面方向增加。在非极地地区,由于风和波浪的活动,靠近海面通常会产生一个几乎恒温的混合层。在这个等温层中,声速随着压力的增加而增加,这是表面声道区域。混合层下面是温跃层,在这里温度和声速随深度而降低。在温跃层以下,温度是恒定的,由于压力增加,声速增加。因此,在深等温区和混合层之间,存在最小声速时的深度,该深度被称为深声道的轴。然而,在极地地区,靠近海面的水是最冷的,所以在海面附近的声速最小。

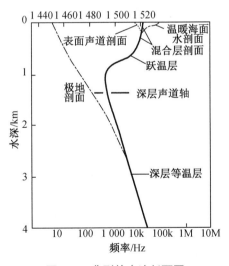

图 5-1 典型的声速剖面图

海水中声速 c 的变化,相对其本身一般是很小的,但由此可引起海水声传播特性发生较大的改变,导致海水中的声能分布、声传播距离、传播时间等量发生明显变化。因此,精确的声速值,在理论研究和工程中都具有十分重要的意义。

测量海洋中声速随深度的变化,常用的两种实用装置是温深仪(BT)和声速仪。抛弃式

---

① 或一天中较温暖的部分,有时被称为"下午效应"。

温深仪(XBT),实际上是测量温度(用热敏电阻)随深度(通过已知的下降速度)的变化。通常假设盐度是常数(或近似常数),然后就可以利用声速公式的算法进行声速计算。通常这种假设是合理的,因为在开阔水域,盐度的典型变化范围是很小的,所以从实用角度看,它对声速的影响是可以忽略不计的。但在沿岸水域以及靠近河流或有冰的区域,这一假设通常来说是不成立的。此时应使用声速仪,即用发射换能器发射一高频(MHz 量级)短促声脉冲,经过给定声程 L(数十厘米量级)内介质中的声传播时间后,由接收换能器接收该脉冲,并立刻触发发射电路,所以系统的脉冲重复频率可由下式给定:

$$f = \frac{c}{L} \tag{5-4}$$

对已知的声程 L,经过测频后给出当地声速值 $c = Lf$。目前此类声速仪的测量精度可达 0.05 m/s,如海卓同创产 SVP1500 系列声速仪。

图 5-2　海卓同创产 SVP1500 系列声速仪

5.1.2　海水中声速的变化

1.海水中声速的水平分层

图 5-3 中绘出了太平洋某海域海水温度随深度、测点位置的变化。

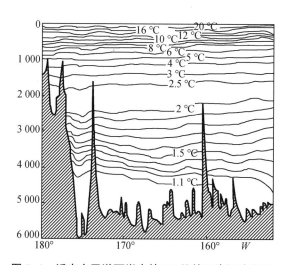

图 5-3　近南太平洋西岸南纬 28° 处的深海温度剖面

从图中明显可以看出,其等温线几乎是水平平行的。在同一深度上,T 值几乎不变,基本保持为常数。在不同深度上,T 值则随深度而变。另外,盐度 S、静压力 P 也具有水平分层性和随深度而变的特性。这就表明,影响声速变化的三个要素 T、S 和 P 都随深度而变,且都有水平分层特性。由此可以预见,受三个要素的影响,海水中的声速也将具有水平分层和随深度而变的特性。因此,可把海水中的声速随空间位置的变化写成单一变量 z 的函数:

$$c(x,y,z)=c(z) \tag{5-5}$$

式中,z 为垂直坐标;x、y 为水平坐标。一般来说,要得到函数 $c(z)$ 的解析表达式是很困难的。工程上,常将实测声速值进行水平分层,得到海水中的声速-深度关系。

2. 声速梯度的理论表示

声速梯度表示了声速随深度变化的快慢,理论上,将声速 c 对深度 z 求导,就得到声速梯度为

$$g_c=\frac{\mathrm{d}c}{\mathrm{d}z} \tag{5-6}$$

由于 $c=c(T,S,P)$,则 g_c 可表示为

$$g_c=\alpha_T g_T+\alpha_S g_S+\alpha_P g_P \tag{5-7}$$

式中,$g_c=\dfrac{\mathrm{d}T}{\mathrm{d}z}$,$g_S=\dfrac{\mathrm{d}S}{\mathrm{d}z}$,$g_P=\dfrac{\mathrm{d}P}{\mathrm{d}z}$ 分别为温度梯度、盐度梯度和压力梯度;$\alpha_T=\partial c/\partial T$,$\alpha_S=\partial c/\partial S$,$\alpha_P=\partial c/\partial P$ 分别为声速对温度、盐度和压力的变化率。

如果将经验公式(5-1)代入式(5-7),则分别求得

$$\alpha_T\approx 4.623-0.109T\left[\mathrm{m}/(\mathrm{s}\cdot℃)\right]$$
$$\alpha_S\approx 1.391\left[\mathrm{m}/(\mathrm{s}\cdot‰)\right]$$
$$\alpha_P\approx 0.160\left[\mathrm{m}/(\mathrm{s}\cdot\mathrm{atm})\right] \tag{5-8}$$

根据式(5-8),声速梯度等于

$$g_c=(4.623-0.109T)g_T+1.391g_S+0.016g_P \tag{5-9}$$

温度对声速的影响最为显著,在 $1\sim 10$ ℃、$10\sim 20$ ℃、$20\sim 30$ ℃ 范围内,温度每变化 1 ℃,相应的声速的变化分别为 $3.635\sim 4.446$ m/s、$2.734\sim 3.635$ m/s、$2.059\sim 2.734$ m/s。

3. 工程上的声速梯度

由于影响声速的三个因素 T、S、P 都随深度而变,因此可综合地将声速视为深度的一个变量函数。可是,理论上不易写出声速随深度变化的解析表达式,难以由式(5-5)得到声速梯度值。工程上,常利用水平分层模型来得到声速梯度值。设已测得声速随深度的变化曲线,如图 5-4 所示,应用声速的水平分层特性,沿深度 z 方向将声速分成很多水平层,使每层中声速随深度近似为线性变化。这样,就用一条折线来逼近实测声速随深度的变化曲线。

图 5-4 中,深度 z_i、z_{i-1} 处的声速分别为 c_i、c_{i-1},定义第 i 层的声速梯度 g_i 和相对声速梯度 a_i 如下。

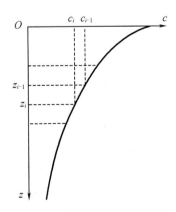

图 5-4 声速水平分层示意图

声速梯度：

$$g_i = \frac{c_i - c_{i-1}}{z_i - z_{i-1}} \quad (i = 1, 2, \cdots, n) \tag{5-10}$$

相对声速梯度：

$$a_i = \frac{c_i - c_{i-1}}{c_i(z_i - z_{i-1})} \quad (i = 1, 2, \cdots, n) \tag{5-11}$$

式(5-10)和式(5-11)定义的声速梯度 g_i 和相对声速梯度 a_i 可正可负。前者称正梯度分布，表示声速随深度增加；后者称负梯度分布，表示声速随深度减小。声速梯度给出了声速随深度变化的快慢和方向，明确表示了声传播条件的优劣，因此，它们是水声理论研究和水声工程中常用的重要物理量。

5.1.3 典型声速剖面

1. 温度分层的基本结构："三层结构"

海面附近的局部对流是一种重要的热交换。一方面由于阳光照射海面，被照暖的海水可深达 10 m 左右；另一方面，由于蒸发、降雨和辐射而变冷。冷水或含盐分大的水都因变重而下沉。这一过程，再加上风动海面造成的垂直方向的搅拌作用等，使得表面层形成一个等温层，这一表面等温层有时称为混合层。在较深部的海水则处于较为稳定的状态，由比较冷而均匀的水构成。在表面等温层与深部冷水之间，存在一个过渡层，这一层就是熟知的主跃层。

因此，海洋中的基本温度垂直结构是一个"三层结构"(图5-5)。这是一个内在稳定的结构，因为在这种结构中，密度(主要受温度控制)是随深度增加而增加的。"三层结构"的具体深度尺寸与纬度有关。在中纬(约在 30°N～40°N 或 S)有最厚的表面等温层和主跃层。而当高于 50°N 或 S 时，则几乎不存在表面层，整个水层都具有深部冷水温度。

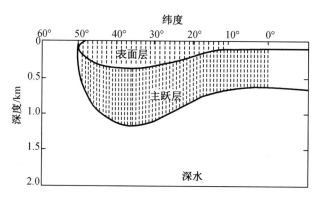

图 5-5 温度分层图

2. 常见海水声速分布

工程上，往往从宏观角度[①]来讨论海洋中声速 $c(z)$ 的垂直分布。图 5-6 示意性地给出了海水中常见的声速垂直分布曲线。

---

① 不计海水温度的起伏引起的声速变化。

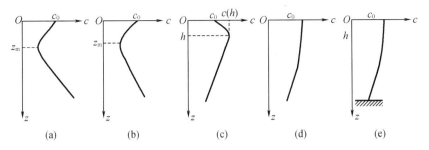

图 5-6 海水中常见的声速垂直分布曲线

(1)深海声道声速分布

图 5-6(a)(b)所示为典型的深海声道声速分布。由图可见,在某一深度 z_m 处,声速为最小值,此深度称为声道轴,这是深海声道所特有的。声道轴深度随纬度而变,在两极为最浅(就在海表面附近),在赤道则深于 1 000 m。

(2)表面声道声速分布

图 5-6(c)所示为表面声道声速分布。在秋冬季节,早晨往往水面温度较低,由于风浪搅拌,海表面层温度均匀分布,称为等温层(也称混合层),层中的声速随深度而增加,形成正声速梯度的声速垂直分布。在某一海深 h 处出现声速的极大值 $c(h)$,海深 h 以下为负梯度声速分布,海深 h 以上的海水层称为表面声道(也称混合层声道)。

(3)反声道声速分布

反声道声速分布中的声速随深度单调下降,如图 5-6(d)所示,这是由于海水温度随深度不断下降,相应地,声速也随深度不断变小。

(4)浅海常见的声速分布

如图 5-6(e)所示,情况与图 5-6(d)相似,形成原因也是海水中温度是负梯度,声速相应也是负梯度。图 5-6(e)特指浅海中的负梯度分布。

水声学中,人们经常把海水中的声速表示成确定性的声速垂直分布 $c=c(z)$ 与随机不均匀声速起伏 Δc 的线性组合,即 $c=c(z)+\Delta c$。

5.2 海洋中的声吸收

海水中的声吸收特性是水声信道的一个重要特性。因为作为信息载体的声波,在传播过程中,能量耗损的程度是信道有效性的一个非常重要的标志。就目前已知的能量辐射形成而言,声波在水下耗损为最小,光波和电磁波等均会受到严重的衰减,因而不能做远程探测工具。一般情况下,太阳光只能透入海面以下百米左右,在长波长光端主要受吸收衰减,在短波长光端主要受散射衰减,受海水中的浮游粒子影响较大,故近岸海水中透光度较差。而低频段的声波是目前在海水中做远程传输的唯一有效工具,数千克 TNT 炸药所产生的爆炸波,在特定声道中的数千千米外,仍能接收到清晰的信号。本节将讨论引起海水中声波强度逐渐衰减的因素,以及由此造成的声传播衰减规律。

5.2.1　声在海水中的传播损失

引起声强在介质中产生传播衰减的原因,可以归纳为以下三个方面。

(1)扩展损失。扩展损失指声波在传播过程中波阵面的不断扩展引起声强的衰减,又称为几何衰减。

(2)吸收损失。吸收损失通常指在不均匀介质中,由介质黏滞、热传导以及相关盐类的弛豫过程引起的声强衰减,又称为物理衰减。

(3)散射。在海洋介质中,存在大量泥沙、气泡、浮游生物等不均匀体,以及介质本身的不均匀性,引起声波散射而导致声强衰减。海水界面对声波的散射,也是引起这类声衰减的一个原因。由于散射损失相比于前两项是个较小的量,其作用常忽略不计,因此只将前两项之和作为总的传播衰减损失。

水声学中,度量声波传播衰减的物理量是传播损失 TL,它定义为

$$\mathrm{TL} = 10\lg \frac{I(1)}{I(r)} \tag{5-12}$$

式中,$I(1)$、$I(r)$分别是离声源等效声中心 1 m 和 r 处的声强。根据以上叙述可知,传播损失 TL 应由扩展损失和吸收损失两部分组成,即

$$传播损失\ \mathrm{TL} = 扩展损失\ \mathrm{TL}_1 + 吸收损失\ \mathrm{TL}_2 \tag{5-13}$$

5.2.2　声传播的扩展损失

1. 平面波的扩展损失

在理想介质中,沿 x 方向传播的简谐平面波声压可写成

$$p = p_0 \exp[\mathrm{j}(\omega t - kx)] \tag{5-14}$$

式中,p_0 为平面波声压幅值,它不随距离 x 而变。平面波声强与 p_0^2 成正比,且不随 x 变化,所以 $I(1) = I(x)$。这里,$I(1)$ 是离声源等效声中心 1 m 处的声强;$I(x)$ 是离声源等效声中心 x 处的声强。根据传播损失的定义,TL_1 表示为

$$\mathrm{TL}_1 = 10\lg \frac{I(1)}{I(x)} = 0\ \mathrm{dB} \tag{5-15}$$

这是由于平面波波阵面不随距离扩展,因而不存在波阵面扩展所引起的传播损失 TL_1。

2. 球面波的扩展损失

对于沿矢径 r 方向传播的简谐均匀球面波,其声压可表示为

$$p = \frac{p_0}{r} \exp[\mathrm{j}(\omega t - kr)] \tag{5-16}$$

式中,$\dfrac{p_0}{r}$ 为球面波声压幅值,因该幅值随距离 r 反比减小,所以,声强 $I(r)$ 与 r^2 成反比,由此得球面波的扩展损失等于

$$\mathrm{TL}_1 = 10\lg \frac{I(1)}{I(x)} = 20\lg r \tag{5-17}$$

3. 柱面波的扩展损失

柱面波的声强与传播距离成反比,其传播扩展损失表示为

$$TL_1 = 10\lg \frac{I(1)}{I(x)} = 10\lg r \qquad (5-18)$$

式中,r 为声波在柱的径向传播距离。

4.典型的声传播扩展损失

为方便计,习惯上把扩展引起的传播损失 TL_1 写成

$$TL_1 = n \cdot 10\lg r \qquad (5-19)$$

式中,r 是传播距离;n 是常数,在不同的传播条件下,它取不同的数值。通常:

$n=0$,适用平面波传播,无扩展损失,$TL_1 = 0$;

$n=1$,适用柱面波传播,波阵面按圆柱侧面规律扩大,$TL_1 = 10\lg r$,如全反射海底和全反射海面组成的理想浅海波导中的声传播;

$n=\dfrac{3}{2}$,计入海底声吸收情况下的浅海声传播,这时,$TL_1 = 15\lg r$,这是计入界面声吸收所引入的对柱面传播扩展损失的修正;

$n=2$,适用球面波传播,波阵面按球面扩展,$TL_1 = 20\lg r$;

$n=3$,适用于声波通过浅海负跃层后的声传播损失,$TL_1 = 30\lg r$;

$n=4$,计入平整海面的声反射干涉效应后,在远场区内的声传播损失,这时,$TL_1 = 40\lg r$,它是计入多途干涉后,对球面传播损失的修正,此规律也适用偶极子声源辐射声场远场的声强衰减。

5.2.3 声传播的吸收损失和吸收系数

1.声传播的吸收损失

在介质中,由海水吸收和不均匀性散射引起的声传播损失经常同时存在,实地进行传播损失测量时,很难将它们区分开来,因此将二者综合起来进行讨论,统称吸收。假设平面波(扩展损失等于零,声强衰减仅由海水吸收引起)传播距离微元 dx 后,由吸收引起的声强降低为 dI,它的值应与声强 I 和 dx 成正比,所以应有

$$dI = -2\beta I dx \qquad (5-20)$$

式中,β 是比例常数,并规定 $\beta > 0$,上式中负号表示声强随距离增加而下降($dI < 0$),完成上式积分得到

$$I(x) = I(1)\exp(-2\beta x) \qquad (5-21)$$

式中,$I(1)$ 是离声源等效声中心 1 m 处的声强。由式(5-21)看出,当计入介质吸收后,声强按指数规律衰减。对式(5-21)取以 10 为底的常用对数,根据声传播损失定义,由式(5-21)可得

$$TL_2 = 10\lg \frac{I(1)}{I(x)} = 20\beta x\lg e \qquad (5-22)$$

式中,TL_2 是由介质吸收引起的传播损失。定义吸收系数 α 为

$$\alpha = 20\beta \lg e = 8.68\beta \qquad (5-23)$$

于是就有

$$TL_2 = x\alpha \qquad (5-24)$$

可见,由海水吸收引起的传播损失等于吸收系数乘以传播距离。

若把 x 写作 r 并结合式(5-19),得总传播损失 TL,它等于扩展损失加吸收损失:

$$TL = n10\lg r + r\alpha \qquad (5-25)$$

式中,吸收系数 α 可由经验公式计算得到,也可查阅有关曲线、数值表得到。式(5-25)是计算传播损失的常用公式,在工程和理论上具有十分重要的应用。

例5-2 在 5 kHz($\alpha = 0.3$ dB/km)和 20 kHz($\alpha = 3$ dB/km)的情况下,若单向传播损失为 80 dB,且分别属于下列情况:(1)球面扩展加吸收损失;(2)柱面扩展加吸收损失。问各种情况下的探测距离分别是多少?

解 根据传播损失表达式可知

5 kHz 时:

球面扩展加吸收:$TL = 20\lg r + \alpha r = 20\lg r + 0.0003r = 80$ dB,距离为:7 672 m。

柱面扩展加吸收:$TL = 10\lg r + \alpha r = 10\lg r + 0.0003r = 80$ dB,距离为:100 km。

20 kHz 时:

球面扩展加吸收:$TL = 20\lg r + \alpha r = 20\lg r + 0.003r = 80$ dB,距离为:3 252 m。

柱面扩展加吸收:$TL = 10\lg r + \alpha r = 10\lg r + 0.003r = 80$ dB,距离为:12 958 m。

由上述例题可知,确定声波在海水中的扩展损失类型,对估计声波作用距离非常重要。

2. 弛豫吸收

海水作为非理想介质,将产生黏滞吸收与热传导吸收,从而将声能转化为热能。所谓经典吸收值,只考虑均匀介质中的黏滞吸收和热传导吸收,而实际上热传导吸收远小于黏滞吸收,常常可以忽略。经典的黏滞吸收 Rayleigh 早已在理论上研究过。但根据 Rayleigh 给出的计算公式算出的理论值和实际测量的纯水吸收小很多,约 1/3。后来发现,这种偏离来源于水分子的体积黏滞;在声波作用下,在压缩期间,水分子受到压缩作用产生相对位移,由于分子被彼此压得很紧,产生了分子中原子配置的变化,或称为结构压缩,引起分子间束缚的破坏,使之产生结构变化,而这一过程滞后于压力。这种由分子结构比较松散变到比较紧密的过程需要有一定的时间 τ,称为弛豫时间。

与纯水相比,在海水中,声吸收受温度和含盐量影响变化更大。在含盐量 35‰,5 ℃ 和一个大气压下,纯水中吸收系数与海水中吸收系数随频率变化的关系如图 5-7 所示。在 100 kHz 以下,海水中声吸收的主要原因是 $MgSO_4$ 的离子弛豫。Liebermann 从理论上证明,离子弛豫机构和黏滞性将会导致如下式所示的吸收系数的频率关系:

$$\alpha = a\frac{f_T f^2}{f_T + f^2} + bf^2 \qquad (5-26)$$

式中 a、b 为常数;f_T 为弛豫频率。

Schulkin 和 Marsh 根据频率 2~25 kHz、距离 22 km 以内的 30 000 次测量结果,总结出下述半经验公式:

$$\alpha = A\frac{Sf_r f^2}{f_r^2 + f^2} + B\frac{f^2}{f_r} \quad (dB/km) \qquad (5-27)$$

式中,$A = 2.03 \times 10^{-2}$;$B = 2.94 \times 10^{-2}$;S 为盐度(‰);f 为声波频率(kHz);f_r 为弛豫频率(kHz),它等于弛豫时间的倒数,且与温度有关,其关系为

$$f_r = 21.9 \times 10^{\left(6 - \frac{1520}{T+273}\right)} \qquad (5-28)$$

式中,T 为热力学温度(℃)。式(5-28)表明,$MgSO_4$ 弛豫频率力随温度升高而升高。当温度从 5 ℃变化到 30 ℃时,力约从 73 kHz 变化到 206 kHz。

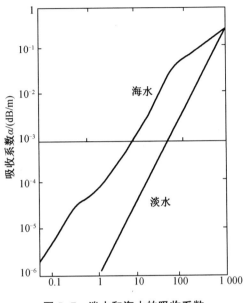

图 5-7　淡水和海水的吸收系数

从半经验公式(5-27)看出,在低频力($f \ll f_r$)和高频力($f \gg f_r$)时,α 近似与 f^2 成正比。

另外,海水中含有溶解度很高的 NaCl,它的存在使得海水的驰豫吸收反而下降。这是由 NaCl 溶质对水的分子结构变化产生影响所致。在高频下,NaCl 浓度越高,驰豫吸收越小。

3. 低频段的吸收系数

Thorp 给出了低频段吸收系数 α 的经验公式:

$$\alpha = \frac{0.109f^2}{1+f^2} + \frac{43.7f^2}{4\ 100+f^2} \ \text{dB/km} \tag{5-29}$$

式中,f 的单位是 kHz。该式适用的温度是 4 ℃左右。若计入纯水的黏滞吸收,则在低频条件下,吸收系数变为

$$\alpha = \frac{0.109f^2}{1+f^2} + \frac{43.7f^2}{4\ 100+f^2} + 3.01 \times 10^{-4} f^2 \ \text{dB/km} \tag{5-30}$$

4. 吸收系数 α 随压力的变化

研究发现,吸收系数 α 的数值还随压力而变,压力增加,α 变小,其关系为

$$\alpha_H = \alpha_0 (1 - 6.67 \times 10^{-5} H) \tag{5-31}$$

式中,H 是海深(m);α_H 是深度 x 处的吸收系数。由式(5-31)可见,深度每增加 1 000 m,吸收系数减小 6.67%。

以上给出了吸收系数与声波频率、深度的变化关系,使用时可根据这些参数,选用合适的经验公式,以获得合理的吸收系数值。

5.2.4　非均匀液体中的声衰减

海水中一般含有各种杂质,如气泡、微小硬粒子、浮游生物,还有湍流形成的温度不均

匀区域等。受这类杂质和不均匀性的影响,声传播损失将大于均匀海水介质的损失,尤其在含有气泡群的海水中,具有非常高的声吸收衰减。

海洋表面正下方的区域是多泡介质,图5-8是波浪破碎后1 s左右拍摄的羽状物中单个气泡的放大图。这些羽流中的空气空隙率只有百分之几,气泡的大小从小于50 μm到半径几毫米不等。在公海15~20 m/s的风中,在破碎的波浪下发现的气泡羽流具有相似的大小分布。

图5-8 羽状物中单个气泡放大图

事实上,由于可压缩性是体积的分数变化与入射压力的比值,因此通过气泡介质的声速随频率而变化。当声音在气泡介质中传播时,散射也会由于散射和吸收而引起衰减。截面 σ_e 是这种现象的一种度量,对于有气泡的介质(以及单尺寸气泡的简单情况),声波束会因吸收和散射而改变。对于强度为 I_0 的入射平面波,每个气泡吸收的功率为 $I_0\sigma_e$,因此当波束穿过每单位体积有 N 个气泡的气泡介质时,强度的变化率为

$$\frac{\mathrm{d}I}{\mathrm{d}x} = -I_0\sigma_e N \rightarrow I = I_0\exp(-\sigma_e Nx) \tag{5-32}$$

因此,气泡介质改变声速,吸收声波,并具有弥散性。

在海洋内部,气泡密度很小,与其他声吸收的因素相比较,一般可以忽略它对声吸收的影响。但是,在有风浪的海面附近,由于风浪的搅拌作用,会产生许多气泡,尤其在舰船航行形成的尾流中,存在大量大小不等的气泡,吸收系数值会变得非常大,例如,一艘以15节(用 kn 表示,1 kn = 0.514 m/s)航速航行的驱逐舰所产生的500 m长的尾流中,发现其吸收系数在频率8 kHz时为0.8 dB/m,频率40 kHz时则为1.8 dB/m,与正常值相比,大了很多,这种环境中的声传播衰减将会变得非常大。

5.3 海底及其声学特性

在海底的地壳上面,都覆盖着一层非凝固态的沉积层,它是覆盖于岩基之上的比较松软的物质层,实际处于液态和固态之间的海底沉积物,它是海洋声信道的一个界面。在水声学中,海底界面通常指的就是海水与沉积层的分界面。海底是海洋地质学和地球物理学的研究对象,研究的内容包括海底的结构、地形地貌和沉积层特性等。研究表明,海底结构、地形地貌和沉积层的声学特性,以及声波在海底表面的散射和反射,对声波传播和水声

设备的工作具有重要影响。因此研究海底声学特性,在工程上和理论研究中都具有重要意义。

沉积层的性质,一般随海区而异,但基本上可以分为三大典型类别:(1)大陆台地(包括大陆架及大陆坡);(2)深海平原;(3)深海丘陵。大陆架深度一般小于 200 m,只占海洋面积的7.6%。大陆架的宽度变化很大,如加利福尼亚海岸只有数海里(n mile),而西伯利亚极地则有 800 海里。大陆坡的深度为 200~3 000 m,占海洋面积的15.3%。大陆坡的典型陡坡度为 4°。而深度为 3 000~6 000 m 的深海占75.9%,6 000~11 000 m 的海沟只占1.2%(图5-9)。

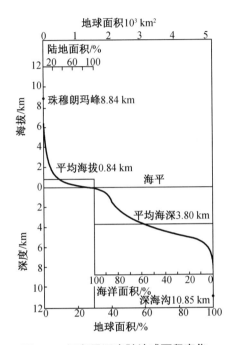

图 5-9 沉积层深度随地球面积变化

5.3.1 海底反射系数随海底地形而变

海底为海洋声信道的界面,当声波投射到海底时,就会产生反射波。这种反射波,是形成声传播的声道效应所必需的,有利于声波的传播。但反射波作为多途信号,又是不利于信号检测的。实验研究表明,反射系数与海底地形地貌有着明显的依赖关系。对于频率高于几千赫兹的声波,海底地形粗糙度对反射起主要作用。图 5-10 给出 9.6 kHz 频率的声波垂直入射时,不同海底的反射系数。由图 5-10 可以看出,当海底从非常粗糙区域过渡到深海平原时,反射系数便迅速变大。

5.3.2 深海平原的反向散射强度

海底是一个不平界面,声波投射到海底表面时,就会产生散射波。散射波分布于海底以上的整个半空间中,其中有一部分散射波传播返回声源,称为反向散射波,并用反向散射强度来描述海底的这一种声散射特性。反向散射强度表示为 $10\lg m_s$ 其中,m_s 定义为单位界面的反向散射功率与入射波强度之比。图 5-11 绘出不同频率下,深海平原的反向散射强度 $10\lg m_s$ 与入射角的关系,曲线右端数字是频率值(kHz)。当入射角 θ 小于 15° 时,反向散射强度随 θ 的减小而增加;当入射角 $\theta > 15°$ 时,$10\lg m_s$ 近似与 $\cos^2\theta$ 成正比,此外,由图 5-11 可看出,在小入射角条件下,反向散射强度一般与频率无关;在大入射角条件下,反向散射强度随频率而变大。

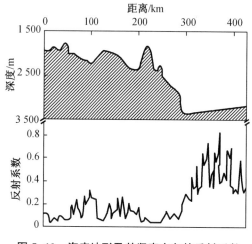

图 5-10　海底地形及其竖直方向的反射系数

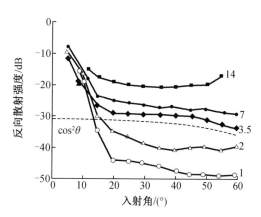

图 5-11　深海平原海底反向散射强度

5.3.3　粗糙海底的反向散射强度

图 5-11 表示了深海平原的反向散射强度 $10\lg m_s$ 与入射角的关系,与此不同,图 5-12 给出了非常粗糙海底上的反向散射强度随入射角的变化曲线,在这里,$10\lg m_s$ 几乎与入射角 θ 无关,也近似与频率无关。

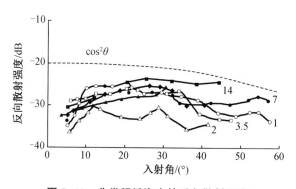

图 5-12　非常粗糙海底的反向散射强度

海底声反射和声散射是由多种因素决定的一个复杂过程,海底地形粗糙度只是其中的一个因素,因此,描述海底声反射和声散射现象,需考虑多种因素的综合效应。

5.3.4　海底沉积层

海底沉积层是指覆盖于岩基之上的一层非凝固态物质,在不同海域,其厚度差别很大,在几米、几十米到数千米的范围内变化。沉积层的物理性质对海中声传播的影响是水声物理的重要研究内容。在沉积层特性研究中,表征沉积层性质的量,有层的厚度、密度、孔隙率、纵波(声波)的速度以及沉积层对声波的衰减吸收量等。进一步分析时,还要考虑上述各量随层厚度的变化及沉积层中的横波速度等因素。

1. 海底沉积层的密度和孔隙率

(1)海底沉积层的密度

海底沉积层中含有水和沉积物,其密度 ρ(指饱和容积密度)可表示为

$$\rho = \eta \rho_w + (1-\eta)\rho_s \tag{5-33}$$

式中,η 为孔隙率;ρ_w 为孔隙水密度;ρ_s 为无机物固体密度。式(5-33)中的 ρ_w 被认为与海底的海水密度近似相等,可取 $\rho_w = 1.02 \times 10^3 \ \text{kg/m}^3$。

海底沉积层密度大致分成三类:第一类是近海岸区域和浅海,以粗糙陆源沉积物为主,密度 ρ 为 $(1.7 \sim 2.2) \times 10^3 \ \text{kg/m}^3$;第二类是深海丘陵和多山地形,沉积物主要是石灰质淤泥,密度 ρ 为 $(1.4 \sim 1.7) \times 10^3 \ \text{kg/m}^3$;第三类是深海平原,沉积物通常是细黏土和淤泥,密度 ρ 为 $(1.2 \sim 1.4) \times 10^3 \ \text{kg/m}^3$。

(2)海底沉积层的孔隙率

孔隙率是指沉积物体积中所含水分的体积分数,它由许多因素决定,如无机物颗粒的大小、形状和分布,沉积物构造和固体粒子间的紧密程度等。孔隙率 η 随上述诸因素的变化十分复杂,致使测量数据呈现很大的离散性。文献[6]给出了上述三种海底的孔隙率值:第一类海区,$29\% < \eta < 60\%$;第二类海区,$60\% < \eta < 77\%$;第三类海区,$77\% < \eta < 89\%$。

2. 海底沉积层中的声学参数

(1)海底沉积层中纵波和横波速度的理论表示

沉积层是指覆盖于岩基之上的一层非凝固态物质,因而沉积层中既存在纵波,也存在横波,它们的传播速度是不同的,设纵波和横波的传播速度为 c 和 c_s,它们的值由式(5-34)确定:

$$c^2 = \frac{E + \frac{4}{3}G}{\rho}$$
$$c_s^2 = \frac{G}{\rho} \tag{5-34}$$

式中,E 和 G 分别为沉积层的体积弹性模量和切变模量;ρ 为沉积层密度,其值由式(5-33)确定。

(2)沉积层中的声速、密度和孔隙率

沉积层中的声速和孔隙率 η 之间有着密切的关系,Hamilton 对三种不同类型的沉积物在温度 23 ℃ 和压力 l atm 条件下进行了声速、密度和孔隙率的实验测量,结果列于表5-1中。由于取样会使沉积层结构发生变化,切变速度和切变模量的测量值常常不可靠,所得结果仅具参考意义,表5-1所给出的 G 和 c_s 值是由计算得到的。

表 5-1　北太平洋沉积物的测量平均值和弹性常数计算值

沉积物类型	测量值			计算值			
	η	p	c	E	σ	G	c_s
大陆架							
粗粒的沙	38.6	2.03	1 836	6.685 9	0.491	0.128 9	250
细粒的沙	43.9	1.98	1 742	5.867 7	0.469	0.321 3	382
大陆架							
非常细的沙	47.4	1.91	1 711	5.118 2	0.453	0.503 5	503
泥沙	52.8	1.83	1 677	4.681 2	0.457	0.392 6	467
沙质淤泥	68.3	1.56	1 552	3.415 2	0.461	0.280 9	379
沙-泥-黏土	67.5	1.58	1 578	3.578 1	0.463	0.273 1	409
黏土质淤泥	75.0	1.43	1 535	3.172 0	0.478	0.142 7	364
淤泥黏土	76.0	1.42	1 519	3.147 6	0.480	0.132 3	287
深海平原							
黏土质淤泥	78.6	1.38	1 535	3.056 1	0.477	0.143 5	312
淤泥黏土	85.8	1.24	1 521	2.777 2	0.486	0.077 3	240
黏土	85.8	1.26	1 505	2.780 5	0.491	0.048 3	196
深海丘陵							
黏土质淤泥	76.4	1.41	1 531	3.121 3	0.478	0.140 8	312
淤泥黏土	79.4	1.37	1 507	3.031 6	0.487	0.079 5	232
黏土	77.5	1.42	1 491	3.078 1	0.491	0.054 4	195

注:测量条件为温度 23 ℃,压力为 1 atm;η 为孔隙率(%);ρ 为密度(10^3 kg/m^3);c 为纵波速(m/s);E 为弹性模量($\times 10^9$ Pa);σ 为泊松比,$\sigma=(3E-pc^2)/(3E+pc^2)$;$G$ 为切变模量,$G=\dfrac{3(\rho c^2-E)}{4}$($\times 10^{-9}$ Pa);c_s 为横波波速,$c_s=\sqrt{\dfrac{G}{\rho}}$(m/s)。

(3)沉积层中声速和孔隙率之间的关系

文献[2]给出了沉积层中的声速 c 和孔隙率 η 之间的关系:

$$c=2\ 475.5-21.764\eta+0.123\eta^2 \quad （大陆架）$$
$$c=1\ 509.3-0.043\eta \quad （深海丘陵） \tag{5-35}$$
$$c=1\ 602.5-0.937\eta \quad （深海平原）$$

这里指出,对浅海大陆架来说,海底声速高于其上面水中的声速,称为高声速海底,而大部分深海沉积层,海底声速低于其上面水中的声速 1%~2%,称为低声速海底。

3.沉积层中声波的衰减系数

根据大量测量数据的综合,沉积层中声波的衰减系数 α(dB/m)近似与频率的一次方成正比,可写为

$$\alpha=Kf^\beta \tag{5-36}$$

式中,K 为常数,其值与孔隙率有关,若 $\eta = 35\% \sim 60\%$,则 K 近似等于 0.5;f 为频率(kHz);β 为指数,就沙、淤泥和黏土而言,通常 $\beta \approx 1$。

5.3.5　海底反射损失

海底反射损失是表征海底沉积层声学特性的重要物理量,它是海洋声场分析和声呐作用距离估计所必需的重要环境参数。海底反射损失 BL 是指反射声压幅值 $|p_r|$ 相对于入射声压幅值 $|p_i|$ 小的分贝数,其定义为

$$\text{BL} = -20\lg\left|\frac{p_r}{p_i}\right| = -20\lg|V| \tag{5-37}$$

式中,V 是海底反射系数,其值 ≤ 1,所以 $\lg|V| \leq 0$。式(5-37)的前面引入负号后,海底反射损失 BL 便恒为正值,它的分贝数越大,海底反射损失也越大,表示越多的入射声能量透射进了海底,返回海水中的能量越少。

海底反射损失与入射声的掠射角有十分密切的关系,这种关系在沉积层中声速不同时表现出不同的形式,图 5-13 表示出了这种关系。

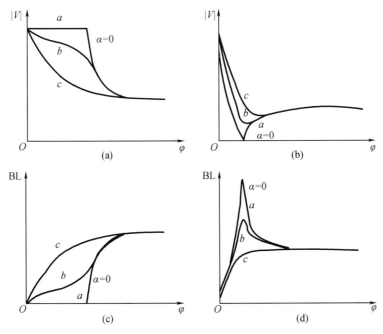

图 5-13　海底反射系数和反射损失

1. 高声速海底

设海底为液态,且沉积层中声速 c_2 大于层面上的海水声速 c_1,这时折射率 $n<1$,图 5-13(a)给出了这种条件下 BL 值随掠射角 φ 的变化曲线。曲线 a 对应层中吸收为零,曲线 b 是计入海底沉积物的声吸收后的海底反射损失。在图 5-13 中,也画出了相应的海底反射系数模 $|V|$ 随掠射角 φ 的变化曲线。

2. 低声速海底

对于低声速海底,沉积层中声速 c_2 小于海水声速 c_1,这时海底 BL 随掠射角 φ 的变化示

于图 5-13(b)中。

3. 海底反射系数和海底反射损失

海底反射系数及海底反射损失与沉积物类型、声波频率以及声波入射角有密切关系。声波垂直入射时,反射系数和海底反射损失分别等于

$$V = \frac{\rho_2 c_2 - \rho_1 c_1}{\rho_2 c_2 + \rho_1 c_1} \tag{5-38}$$

$$BL = -20 \lg |V| \tag{5-39}$$

式中,ρ_1、c_1 分别是海水密度和海水中的声速;ρ_2、c_2 分别是沉积层密度和沉积层中的声速。

图 5-14 则是根据深海实测到的海底反射损失的平均值绘制的,小掠射角的数据是由实验值外推得到的,图中曲线给出了不同频率声波在不同掠射角下的海底反射损失值,明显地,声波频率越高,海底反射损失值也就越大。

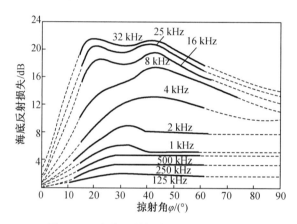

图 5-14 海底反射损失随掠射角的变化

表 5-2 给出了不同海底上的实测海底反射损失值。

表 5-2 不同海底上的实测海底反射损失值

泥	泥-沙	沙-泥	沙	石
16	10	6	4	4

正入射				
频率	沙	细沙	粗沙	中沙夹石	石夹沙
4 kHz	14	7	7	8	5
7.5 kHz	14	3	8	6	4
16 kHz	13	6	8	10	10

4. 海底声反射研究的理论模型

以上是从实验测量来研究海底声反射特性的,与此相对应,人们对海底声反射也进行了大量理论研究工作。注意到海底是具有分层结构的沉积层,含有一定比例的水分,表面比较松软,人们据此建立了多种海底的理论模型。最简单的模型是将海底视为流体或悬浮

粒流体,并考虑介质声吸收;也有的研究将海底看作流体层(或层系),声波在海底的反射就等同于介质层(层系)上的声反射;还有的研究将海底看作固体,声波在海底的反射等同于声波在流体-固体分界面上的反射。

5.4 海面及其声学特性

说到海面,人们必然联想到波浪。海面波浪既呈现周期性(或准周期性),又呈现随机起伏性。因而,人们一方面用周期、波长、波速和波高等参数来描述波浪的特征,另一方面,又使用在通信理论中发展起来的随机过程理论,如波浪的概率密度分布、方差、谱和相关函数等来描述波浪的特征。

5.4.1 波浪的基本特征

1.重力波

重力波,就是以重力作为恢复力的波动,波浪就属于重力波。理论上常把波浪作为周期性的波动过程来处理,引入波长、波高、周期和波速四个要素,用来描述波浪的特性。习惯上把水面最高凸出处(相对于水平面)称为波峰,最深凹处称为波谷,相邻波峰(或波谷)之间的距离称为波长 Λ,谷到峰之间的垂直距离称为波高,波传播经过一个波长距离所需要的时间称为周期 T,每秒波峰(或波谷)所移动的距离称为波速 c。因而可得波长 Λ 与周期 T、波速 c 之间的关系:

$$\Lambda = cT \tag{5-40}$$

若用波浪的波数 k 和角频率 ω 表示,则有 $k = 2\pi/\Lambda = \omega/c, \omega = 2\pi/T$。

考虑均匀水深 h 的海洋,若忽略黏滞性的影响,波以重力作为恢复力,则可求出波速 c 为

$$c^2 = \frac{g}{k}\tanh(kh) \tag{5-41}$$

式(5-41)给出了波速 c、波数 k 和水深 h 三者间的关系,g 是重力加速度。

2.表面张力波

小风速时,海水表面会形成面曲率半径只有几厘米的涟波,它的恢复力不再是重力,主要是表面张力,这种波又称为表面张力波。通常对于波长小于 5 cm 的波浪,必须计入表面张力 T_f。这时波速需修正为

$$c^2 = \left(\frac{g}{k} + \frac{T_f k}{\rho}\right)\tanh(kh) \tag{5-42}$$

式中,g 和 ρ 分别是重力加速度和海水密度。由式(5-42)可以看出,与重力波 $\left(\dfrac{g}{k}\right)$ 相反,若表面张力波的波长变长,则表面张力波波速 $\left(\dfrac{T_f k}{\rho}\right)$ 就减小,如图 5-15 中的曲线 a 所示。

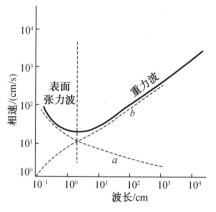

图 5-15　波浪波速(相速)与波长的关系

对于清洁水面,在 20 ℃ 时,波长为 1.7 cm、频率为 13.5 Hz 的表面波的相速等于 23 cm/s。通常认为波长大于 10 cm 的波,基本上已属于重力波,这时,波长越大,波速越大。因此,只有波长小时,才需计入表面张力波,此时,$\tanh(kh) \approx 1$,于是波速的平方简化成

$$c^2 = \left(\frac{g}{k} + \frac{T_f k}{\rho}\right)\tanh(kh) \tag{5-43}$$

以上讲的波速,都是指单一频率的波的传播速度,称为相速。由式(5-43)可以看出,波的传播速度与频率(或波长)有关,具有这种性质的波,称为频散波,波浪就是一种频散波。明显地,波浪不可能仅由单一频率的波组成,这时,波群(包络)的传播速度称为群速,它是能量的传播速度,其大小由 $U = \dfrac{\mathrm{d}\overline{\omega}}{\mathrm{d}k}$ 确定。

相速与波长的关系如图 5-15 所示。

3. 波浪的形成和等级

在风的作用下,海面会生成波浪,但是有关波浪成长的机理目前仍是海洋科学的研究课题。观察表明,风刮的时间长,波浪的高度就高。例如,12 kn 风速的风刮两个小时后,波浪就开始破碎。对于给定的风速值,当风持续了相当长时间和吹过较大的风区时,风给波浪的能量等于波浪破碎时损失的能量,两者达到动态平衡状态,这时的风浪就称为充分成长的风浪。强风形成充分成长风浪所需要的时间比弱风长。风区也是强风比弱风大。如果风区不够大,就可能在波浪刚要成为充分成长的风浪之前,就传播到波浪的生成区以外。对于充分成长的风浪,其波高、海况都与风速有关。在水声学中,有时就使用这些参量作为环境参数。

文献[2]研究了波高与风速间的关系,列出了三种类型的波高:平均波高、有效波高和平均最大波高。波峰到波谷垂直距离的平均值为平均波高$\langle H \rangle$,记录中 1/3 最大波高的平均值为有效波高区 $H_{1/3}$,记录中 1/10 最大波高的平均值为平均 1/10 最大波高 $H_{1/10}$,它们之间满足关系:

$$\frac{1}{\sqrt{2\pi}}\langle H \rangle = 0.25 H_{1/3} = 0.20 H_{1/10} \tag{5-44}$$

文献[9]还给出了平均波高与风速之间的关系:

$$\langle H \rangle = 0.18 \times 10^{-2} s^{2.5} \tag{5-45}$$

式中,风速(s)的单位是 m/s;平均波高$\langle H \rangle$的单位是 m。

5.4.2 波浪的统计特征

以上把波浪看成无限连续的正弦波,这与实际情况并不完全吻合。事实上,波浪形式多种多样,随时间的变化也很复杂。人们曾经假设,把海面的复杂波形认为是不同频率、不同振幅、不同相位的许多正弦波集合,并在此前提下分析波浪特性。实验中,在大体相同的波浪条件下,对所得到的各组波浪记录做分析,结果表明,波浪组成并非如此简单,而且表现出明显的随机性。所以,对个别波浪记录进行描述是没有意义的,应该把波浪看作随机过程,在此基础上研究波浪的统计性质。

1. 波浪的概率密度分布

令$\zeta(t)$为海面偏离平衡位置的位移,它是时间的随机函数。若把水面偏离分成很多具有随机相位的独立波分量之和,则根据中心极限定理,ζ的概率分布为高斯型,即

$$P(\zeta) = (2\pi\langle\zeta^2\rangle)^{-1/2}\exp\left(-\frac{\zeta^2}{2\langle\zeta^2\rangle}\right) \tag{5-46}$$

式中,$\langle\zeta^2\rangle$为ζ的均方值。大量测量结果表明,实际海面波高的概率密度分布与高斯分布稍有差别,它可以用正偏态的 Gram-Charlier 分布表示。但是,因实际海面波高的概率密度偏离高斯分布较小,为方便,水声学中经常把波高的概率密度分布看成高斯分布。

2. 充分成长的海浪谱

波浪是一个复杂的物理过程,它的形成与气象条件、地理条件、风浪与涌浪的重叠以及风速分布随时间和空间的变化都有关系,因而,波浪的波谱可以是多种多样的。如果考虑开阔海域上持续很长时间的均匀风,则可以预见,充分成长后形成的波浪的波谱,必与均匀风速有关。根据大量的观测资料,Pierson 和 Moskowitz 于 1964 年提出了充分成长的波浪的波谱表达式,表示为

$$\frac{S(\omega)g^3}{s^5} = 8.1\times10^{-3}\left(\frac{s\omega}{g}\right)^{-5}\exp\left[-0.74\left(\frac{s\omega}{g}\right)^{-4}\right] \tag{5-47}$$

这是一个无量纲波谱表达式,式中,s是风速(m/s);g是重力加速度(9.81 m/s^2),ω是波的角频率;$S(\omega)$是波的归一化谱。式(5-47)仅有风速一个变量,未考虑其他因素,这与实际情况不完全符合,因此它只反映了波浪谱的部分特性,仅是波浪谱的近似表达式。

水声学中,考虑到实际的海面波高是一个随机量,因此可用它的功率谱、相关函数来描述其特性。图 5-16(a)中绘出了波高随时间的变化,可以看出,它是一个准平稳随机过程。图 5-16(b)是与之相对应的归一化谱,可以看出,能量集中在很低的频率上。

5.4.3 海面对声传播影响

海面作为有效的声波反射和散射体,它产生的反射和散射声波,对声波的传播和声呐的工作会造成重要影响,这里做简略介绍。

1. 海面反射声对声传播的影响

海面作为有效的声波反射体,它产生的反射声和直达声在接收点处干涉叠加(图 5-17),使接收信号的幅度和波形发生畸变,这对信号检测十分不利。

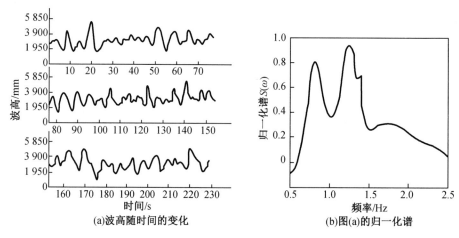

(a)波高随时间的变化　　　　　　(b)图(a)的归一化谱

图 5-16　波高的时间波形和颜谱

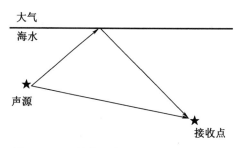

图 5-17　反射声和直达声在接收点处干涉叠加

同样是海面的反射作用,在有些情况下,它对声传播又是十分有利的。图 5-18(a)所示为表面声道中的声速随深度的变化,图 5-18(b)为表面声道中的声传播。可以看出,借助于海面反射和深度 z 处的翻转,不断重复以上过程,声波可实现远距离传播。

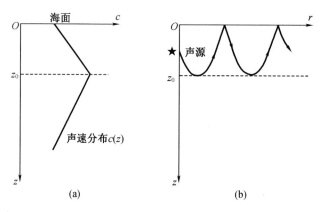

(a)　　　　　　　　　　(b)

图 5-18　表面声道的声速分布与声传播

又如图 5-19 所示的浅海声道中的声传播,海底和海面反射声的干涉叠加,在声道中形成简正波,这对声波的传播是有利的。

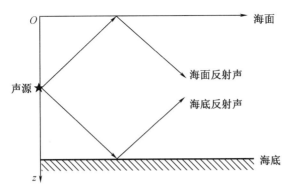

图 5-19 浅海声道中的声传播

2. 海面产生的风成噪声对声呐的工作是一种干扰

海面产生的风成噪声是海洋环境噪声的重要组成部分,它是一种背景干扰,对声呐的工作产生不利影响。

3. 海面产生的散射声形成海面混响

风浪海面总是起伏不平的,声波投射到其表面时,除了产生反射声外,还会产生散射声,其中特定方向上的散射声会传播到接收处,形成海面混响,它对接收声信号是一种干扰,尤其当声源和接收都位于海面附近时,这种干扰影响更为严重。

另外,海面散射声还是造成声传播起伏的成因之一。

5.5 海洋动力学特性

除海面和海底的边界条件以及水体中的声速的变化对声传播有重要的影响之外,由海流引起的水声场水平对流也是重要的。锋面、涡流和其他海洋动力学特性对声波的折射可使声信号的传播产生失真。根据特征时间尺度和特征空间尺度,可将海洋动力学特性进行分类。海洋动力学特性从空间尺度上分,可以划分为大尺度(>100 km)特征、中尺度(100 m~100 km)特征和小尺度(<100 m)特征。而时间尺度的划分更不确切,一般分为季度、月份、惰性期、潮汐期以及其他适合于海流、涡旋、波浪和湍流等特定的特征时间尺度。因此本小节将从空间尺度角度分别简单介绍海洋动力学特性对声传播的影响。

5.5.1 大尺度特征

海洋中大范围的环流可以分为风生环流和温盐环流两类。前者是由于风应力作用于海面所致,而后者是由温度和盐度变化引起的密度改变所造成的。

风生环流在本质上通常是水平的,而且主要限于海洋上部几百米的范围。近岸的上升流和下降流则是由于水域几何结构使得原来的水平流变为垂直流而形成的。而在开阔的海洋中,上升流和下降流则是由风生表层流的分叉与聚合形成的,这种海流通常称为埃克曼漂流。

温盐环流是由于靠近海面处的热通量和淡水(盐)通量的失衡而形成的。它开始时通常为垂直流,然后下沉,在与其密度一致的海水深度处最终变成水平流。

5.5.2 中尺度特征

对水声来说,重要的中尺度海洋特征包括锋面、涡旋(或涡环)和内波。

1.锋面和涡旋

海洋锋面特征通常与主要海流有关,在有上升流和下降流的区域也与垂直环流模式有关。不同水体通常被一个叫作海洋锋面的过渡区所分开。按照水团特性(温度和盐度,或者声速)变化的缓急程度,可以将锋面分为强锋面和弱锋面。海洋锋面在概念上和人们比较熟悉的气象学上隔离不同气团的大气锋面比较相似。

Cheney 总结了海洋锋面的分类和分布。就水声应用而言,他推荐的海洋锋面的定义如下:锋面是海洋中声传播模式和传播损失显著改变的任何突变面。因此,声道深度的急剧变化、声层深度(SLD)的差异以及温度的反转都表明了锋面的存在。在声学方面,Cheney 指出了锋面的重要影响如下:

(1)可使表面声速变化大到 30 m/s。虽然这是由温度和盐度变化共同引起的,但通常温度的变化是主导因素;

(2)在某些季节,锋面两边的声层深度(SLD)相差可达 300 m 左右;

(3)声层内和声层下梯度的改变通常都与表面声速和声层深度(SLD)的改变同时发生;

(4)当从一个水团跨到另一个水团时,声道轴深度的变化可达 750 m;

(5)沿着锋面常可发现更多的生物活动,这些生物活动会使得环境噪声级和混响级增大;

(6)沿着锋带,海-空交互作用增强,这可导致海况发生显著的变化,从而增强了环境噪声级和海面的粗糙度;

(7)声波束以倾斜角通过锋面时发生的折射能够导致声呐系统出现误差。

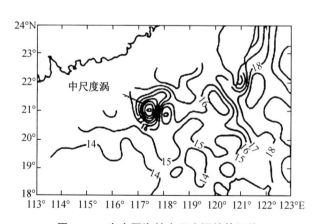

图 5-20　南中国海某中尺度涡的等温线

中尺度涡是海洋中的涡旋活动,我们可以称之为海洋中的"飓风",是十分重要的海洋中尺度现象之一,其动能可以达到海洋整体动能的 80% 甚至 90%。中尺度涡的空间尺度分布较广,由几十到几百千米,具有罗斯贝半径[①]的水平尺度;其最大垂直尺度可深达 5 km;不同于大洋环流的年际变化,中尺度涡时间尺度较短,一般在几天至几个月之间,是具有较高能量,且随时间变化的、闭合旋转的环流。

涡旋按照自转方向可分为两种类型:(1)按逆时针旋转的气旋式涡旋,为冷水团,其中心海水自下向上运动,涡旋内部水温比周围海水温度低,称为冷涡;(2)按顺时针旋转的反气旋式涡旋,为热水团,其中心海水自上向下运动,携带上层的暖水进入下层冷水中,涡旋内部水温比周围水温高,称为暖涡。

中尺度涡旋可显著改变海洋温度和盐度场结构,是引起实际海洋环境时空分布变化的主要因素之一,会导致影响海区的声传播时空特性。在深海中,海洋中尺度涡会对深海声传播尤其是汇聚区传播产生较大的影响。

2. 内波

内波是水下的波浪,它们沿着密度不同的液体层的分隔界面传播。内波也存在于有垂直密度梯度的液体层内。内波有很多产生机理,如表面波、风力、海底地震和海底滑坡、气压变化和海流切变力等。

在开阔海洋中,内波一般以行波的形式出现。而在局部封闭的水域中,常可以发现驻内波。在大陆架范围内,通常可以观测到内波。这些波的产生过程可能是:正压潮在大陆架边缘散射成斜压潮模式,然后沿大陆架向海岸方向传播,在大陆架倾斜海底上破碎而被吸收和反射。资料表明,这些内波在大陆架上的寿命可以有几天。大陆架之上的内波可能为孤波。内波振幅随深度的分布受垂直密度分布的影响。具体来说,密度界限减弱时,振幅就会变大。内波的振幅通常要比表面波大几倍。波峰至波谷的波高可达 10 m 左右,波长可以从几百米到几千米。内波谱中的大波长端就是内潮。

在声能的传播中,内波被认为是一个限制因素,特别是在 50 Hz ~ 20 kHz 的频率范围内。它的影响体现在振幅和相位的变化上。内波也能限制声传播路径的时间和空间的稳定性。在 50 Hz 以下,相对波长较长(大于 30 m)的声波不太可能受内波的影响。而在20 kHz 以上(声波长小于几厘米),小尺度特征的效应可能更为重要。

5.5.3　小尺度特征

小尺度海洋特征中有一类叫"温盐阶梯"。这种阶梯一般出现在主温跃层中。其表现是出现很多分层,每层具有相同的温度和盐度,厚度大约为 10 m,各层之间被一个只有几米厚的大梯度薄层所隔开(图 5-21)。在取自北大西洋的可用的高分辨率剖面图上,形成明显梯度的发生率被限制在低于 10%。阶梯结构往往与盐度垂直梯度的强烈扰动有关(由淡水和盐水水团的汇合形成)。这种特征结构已在南美东北部加勒比海外的热带大西洋中观测到,在地中海外的东大西洋中也曾观测到。在温盐阶梯的动力特性尚未搞清楚之前,这种特征有时被当作温盐记录传感器的故障而被忽视。

这种阶梯特性究竟对水声传播有什么影响,至今还未得出明确的结论。Chin-Bing 就温盐梯度对低频(50 Hz)声信号传播的影响进行了研究,其中利用了很多传播模型以计算随路径变化的传播衰减。这些从声波发射器到接收器的路径都是基于带有梯度特征的声

---

① 在研究海洋大气中大尺度大气运动时引入的物理量或常数,其表征的是一种水平运动特征尺度。

速剖面。发射器被放置在梯度特征结构的中央(深度上),接收器分别放置在梯度特征结构的上面、下面和中央。把得到的结果与基于对梯度特征结构进行有效平均后的剖面图的仿真结果进行比较。当发射器和接收器都被放置在特征结构的中央时,可以观测到最大的影响。这种影响可以归结于由阶梯特征引起的强度的再分配。Chin-Bing 还注意到,当温盐阶梯结构的阶跃间断与声波波长同一个数量级时,后向散射有可能发生。因此,在大于3 kHz 频率处,由温盐梯度产生的后向散射将会很明显。

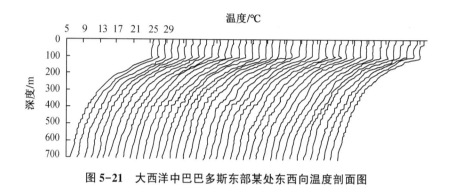

图 5-21　大西洋中巴巴多斯东部某处东西向温度剖面图

5.5.4　生物学

生物有机体能通过以下几个方面对水声产生影响:产生噪声、衰减和散射声信号、造成假目标以及污损声呐换能器。某些海洋生物(其中许多可以在大陆架范围内发现)产生的声音能增大背景噪声级。这些生物包括鼓虾、鲸、海豚以及各种鱼类,如石首鱼和黄花鱼等。能使声信号衰减的有机物有鱼群、密集的浮游生物以及漂浮的巨藻等。鲸、海豚或大的鱼群通常可以成为主动声呐的假目标。

海洋生物对主动声呐(特别是那些工作频率在 10 kHz 附近的声呐)最为显著的影响和深水散射层(DSL)有关。测量表明,体积散射强度会随着深度的增大而减小。这同海洋中生物体的一般分布情况是一致的。然而在某些深度上,散射强度往往明显地增大。体积散射增大的深度叫作深水散射层。

DSL 由海面以下深水中密集的海洋有机物组成。虽然浮游生物和自游生物也有散射性,但 DSL 的散射性很强,这主要归因于带鳔和气囊的鱼类与其他海洋生物。DSL 一般出现在温和的海区。它随昼夜上下迁移:夜间深度小,白天深度大。在日出和日落时分,DSL 的深度会发生快速变化。在中纬度,白天的 DSL 深度估计在 180~900 m,夜晚则会变小些。在北极区,DSL 正好在冰盖下面。

5.6　习　　题

1. 海水中的声速与哪些因素有关,它们是如何影响声速变化的?

2 引起声传播衰减的原因有哪三个?

3. 利用经验公式计算水深 10 m,温度 20 ℃,盐度 35‰时,海水对 50 kHz 声波的吸收系数,并与淡水情形比较。

4. 夏日某处海水中温度分布如图 5-22 所示,问在什么深度上声速梯度的绝对值最大?该处的声速梯度是多少?

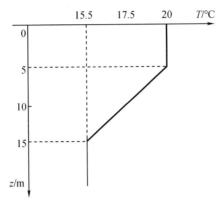

图 5-22　习题 4 图

5. 海底反射损失三参数模型中,三参数是指哪三个参数?

参 考 文 献

［1］　刘伯胜, 雷家煜. 水声学原理［M］. 2 版. 哈尔滨:哈尔滨工程大学出版社, 2010.

［2］　汪德昭, 尚尔昌. 水声学［M］. 2 版. 北京:科学出版社, 2013.

［3］　马大献, 沈山豪. 声学手册［M］北京:科学出版社, 1983.

［4］　RAYLEIGH L. The theory of sound［M］. New York:Dover Publication, 1945.

［5］　LIEBERMANN L W. The origin of sound absorbtion in water and in sea water［J］. JASA, 1948, 20:868.

［6］　布列霍夫斯基. 海洋声学［M］. 山东海洋学院海洋物理系,中国科学院声学研究所水声研究室,译. 北京:科学出版社, 1983.

［7］　KILLSLER L E, FREY A R. Fundamentals of Acoustics［M］. 3rd ed. NewYork:Wiley, 1982.

［8］　CLAY C S. MEDWIN H. Acoustical Oceanography Principles and Applications［M］. New York:Wiley, 1977.

［9］　马特维柯 В Н,塔拉休克 Ю Ф. 水声设备作用距离［M］.《水声设备作用距离》翻译组,译. 北京:国防工业出版社,1981.

［10］　URICK R J. Principles of Underwater Sound［M］. 3rd ed. Westport:Peninsula Publishing, 2013.

［11］　ETTER P C. Underwater acoustic modeling and simulation［M］. Baca Ration:CRC Press, 2018.

［12］　PICKARD G L . Descriptive physical oceanography:An introduction［M］. Oxford:Pergamon

Press, 1990.

[13] HAMILTON E L. Geophysic[J]. Journal of the Acoustical Society of America, 1976, 59: 528.

[14] 肖瑶. 中尺度涡旋下的声传播效应及其反演研究[D]. 北京: 中国科学院大学, 2019.

[15] CHENEY R E, WINFREY D E. Distribution and Classification of Ocean Fronts[R]. Naval oceanographic office washington DC, 1976.

[16] CHIN-BING S A, KING D B, BOYD J D. The effects of ocean environmental variability on underwater acoustic propagation forecasting[J]. Oceanography and acoustics: Prediction and propagation models, 1994(3): 7-49.

[17] MARSH H W. Reflection and scattering of sound by the sea bottom[J]. Journal of the Acoustical Society of America, 1964, 36 (10): 2003.

[18] PIERSON W J, MOSKOWITZ L. A proposed spectral form for fully developed wind seas based on the similarity theory of S. A. Kitaigorodsky[J]. Journal of Geophysical Research Atmospheres, 1964, 69(24): 20-22.

第6章 海洋中的声传播理论

水声学中,通常把求解海水介质中的声传播问题认为是声传播数学建模问题。传统上,声传播数学模型可分为射线模型和波动模型。但随着建模技术日益发展,这种简单的分类已经变得模糊不清了。现在为了利用这两种方法的优点,克服各自的缺点,常将这两种方法混合使用。有限元方法也被用于水声学,以解决高精度问题。本章主要介绍波动模型和射线模型的基本理论及方法,并以射线模型为基础介绍典型海洋传播条件下的声传播问题。

6.1 波动方程与定解条件

所有声传播数学模型的理论基础是波动方程。我们从波动方程出发,根据不同的定解条件给出具体物理问题的解。本节将介绍波动方程和几种常用的定解条件。

6.1.1 波动方程

在声学中,波动方程是指声压随空间位置的变化和随时间的变化两者之间的联系的数学表示。首先给出与时间有关的三维波动方程:

$$\nabla^2 p - \frac{1}{c^2}\frac{\partial^2 p}{\partial t^2} = 0 \tag{6-1}$$

其中∇^2为拉普拉斯算子$\left(\frac{\partial^2}{\partial x^2}+\frac{\partial^2}{\partial y^2}+\frac{\partial^2}{\partial z^2}\right)$。

若考虑简谐过程(时间因子$e^{-j\omega t}$略去不写),即$\frac{\partial^2}{\partial t^2}=-\omega^2$,则式(6-1)变为

$$\nabla^2 p + k^2 p = 0 \tag{6-2}$$

式中,波数$k=\dfrac{\omega}{c(x,y,z)}$。

在一般宏观非均匀介质中,ρ、c均是空间函数,此时可以引入波函数

$$\psi = \frac{1}{\sqrt{\rho}}p \tag{6-3}$$

将$p=\sqrt{\rho}\psi$代入式(6-1),可以得到关于ψ的亥姆霍兹方程

$$\nabla^2\psi + K^2(x,y,z)\psi = 0 \tag{6-4}$$

式中

$$K^2 = k^2 + \frac{1}{2\rho}\nabla^2\rho - \frac{3}{4}\left(\frac{1}{\rho}\nabla\rho\right)^2 \tag{6-5}$$

如果介质中另有外力作用,如存在有源,则式(6-4)的亥姆霍兹方程可以表示为

$$\nabla^2 \psi + K^2(x,y,z)\psi = \frac{\nabla \cdot F}{\sqrt{\rho}} \tag{6-6}$$

式中,F 为作用于介质单位体元上的外力。在海水中,密度 ρ 的空间变化小,与声速的空间变化相比较,可以把密度 ρ 近似当作常数,则 $K(x,y,z)=k=\dfrac{\omega}{c(x,y,z)}$,式(6-6)可以改写成

$$\nabla^2 p + k^2(x,y,z)p = \nabla \cdot F \tag{6-7}$$

这样便得到了确定声场的基本方程——亥姆霍兹方程(6-4)、方程(6-6)、方程(6-7)。

亥姆霍兹方程来自可分离变量的波动方程,如下面的波动方程,即

$$\left(-\frac{1}{c^2}\frac{\partial^2}{\partial t^2}+\nabla^2\right)\psi = 0 \tag{6-8}$$

波动方程中 $\psi(x,t)$ 可以写成只含空间变量的部分和只含时间变量的部分,即 $\psi(x,t)=A(x)B(t)$,于是,波动方程可以改写成

$$\frac{\nabla^2 A(x)}{A(x)} = \frac{1}{c^2 B(t)}\frac{\partial^2}{\partial t^2}B(t) \tag{6-9}$$

由式(6-9)可以看出,等号左边只取决于空间变量,等号右边只取决于时间变量,因此它们必然等于同一常数,可以写成 $-\kappa^2$,这样,波动方程可以写成

$$(\nabla^2+\kappa^2)A(x) = 0 \tag{6-10}$$

该式就是亥姆霍兹方程。

波动方程给出同一类物理现象的共性(指泛定方程),表明了它们的波动共性,如水声和空气声使用的是同一个波动方程。波动方程仅给出声波传播过程中遵循的普遍规律,它必须结合实际问题所满足的具体条件,才能给出方程的解。这种实际问题所满足的具体条件称为定解条件。

6.1.2 定解条件

水声学中的定解条件包括边界条件、辐射条件、点源条件和初始条件。

1. 边界条件

边界条件指所讨论的物理量在介质的边界上必须满足的条件。下面介绍水声学中常见的两种边界条件

(1)绝对软边界

绝对软边界也称自由边界,这时边界上的声压等于零,如果边界是 $z=0$ 的平面,则绝对软边界的边界条件写为

$$p(x,y,0,t) = 0 \tag{6-11}$$

其物理意义是界面上的任何点上,不管时间 t 如何取值,声压 p 总为零。

一般情况下,边界面方程为 $z=\eta(x,y,t)$。如该界面为自由表面,则其边界条件可写为

$$p(x,y,\eta,t) = 0 \tag{6-12}$$

当声波自水中射入到海水-空气分界面上时,其边界条件就可用式(6-12)表示,这时的海水-空气分界面近似为自由界面。

通常,称式(6-11)和式(6-12)为绝对软边界的边界条件,因它们的右端等于零,习惯上又称其为第一类齐次边界条件。在实际问题中,方程右端一般不为零,而是边界面上声

压必须满足一定的分布 p_s,则边界条件应写成

$$p(x,y,\eta,t)=p_s \tag{6-13}$$

式(6-13)称为第一类非齐次边界条件。

（2）绝对硬边界

对于绝对硬边界,声波不能进入该介质中,此时边界上介质质点的法向振速应为零。如果边界是 $z=0$ 的平面,z 轴为边界的法线方向,则边界条件写为

$$\left(\frac{\partial p}{\partial z}\right)_{z=0}=0 \tag{6-14}$$

若界面方程为 $z=\eta(x,y)$,如不平整的硬质海底就属于这种类型,这时质点法向振速等于零的硬边界条件写成

$$(\boldsymbol{n}\cdot\boldsymbol{u})_\eta=0 \tag{6-15}$$

式中,$\boldsymbol{u}$ 为质点振速;$\boldsymbol{n}$ 为界面的法向单位矢量,式(6-16)也称为第二类齐次边界条件。

如果已知边界面上法向振速分布 u_s,则边界条件为

$$(\boldsymbol{u}\cdot\boldsymbol{n})_\eta=u_s \tag{6-16}$$

式(6-16)称为第二类非齐次边界条件。

其他还有混合边界以及边界上发生密度 ρ 或声速 c 的有限间断的边界条件,可参见文献[2]。

2.辐射条件

边界条件保证了波动方程的解满足在边界面上的取值。但是,仅仅根据边界条件,不足以完全确定波动方程的解,还需要利用其他的定解条件,才能得到确定的波动方程解。

波动方程的解在无穷远处所必须满足的定解条件称为辐射条件。如果在无穷远处没有规定定解条件,波动方程的解将不是唯一的。当无穷远处没有声源存在时,声场在无穷远处应该具有扩散波的性质,声场应趋于零,这就给出了无穷远处的定解条件——辐射条件。

（1）平面波情况

已知平面波的达朗贝尔解可以写成

$$\psi_+=f\left(t-\frac{x}{c}\right) \text{和} \psi_-=f\left(t+\frac{x}{c}\right) \tag{6-17}$$

式中,ψ_+ 为沿 x 轴正向传播的波,称为正向波;ψ_- 为沿 x 轴负向传播的波,称为反向波,它们分别满足

$$\frac{\partial\psi_+}{\partial x}+\frac{1}{c}\frac{\partial\psi_+}{\partial t}=0 \text{ 和 } \frac{\partial\psi_-}{\partial x}-\frac{1}{c}\frac{\partial\psi_-}{\partial t}=0 \tag{6-18}$$

如果无穷远处只有正向波,则式(6-18)的第一式即为它的辐射条件,即对正向波而言,波动方程的解必须满足式(6-18)的第一式。反之,如果无穷远处存在声源,这时就有反向波,式(6-18)的第二式成为解的辐射条件。对于简谐振动,$\partial/\partial t=j\omega$,式(6-18)写作

$$\frac{\partial\psi_+}{\partial x}+jk\psi_+=0 \text{ 和 } \frac{\partial\psi_-}{\partial x}-jk\psi_-=0 \tag{6-19}$$

式(6-19)为简谐平面波的辐射条件。

（2）（圆）柱面波和球面波情况

同样可以证明，（圆）柱面波和球面波的辐射条件分别为

圆柱面波
$$\lim_{r \to \infty} \sqrt{r} \left(\frac{\partial \psi}{\partial r} \pm \mathrm{j}k\psi \right) = 0 \tag{6-20}$$

球面波
$$\lim_{r \to \infty} r \left(\frac{\partial \psi}{\partial r} \pm \mathrm{j}k\psi \right) = 0 \tag{6-21}$$

式（6-20）和式（6-21）中的"±"表示正反向传播的波，它们和式（6-23）一起称为索末菲尔德（Sommerfeld）条件。

以均匀球面波为例，证明辐射条件的正确性。设已知均匀球面波的一般解为 $\psi = \frac{A}{r} \mathrm{e}^{\mathrm{j}(\omega t - kr)} + \frac{B}{r} \mathrm{e}^{\mathrm{j}(\omega t + kr)}$，其中 A 和 B 是常数，且有 $A + B = \frac{1}{4\pi}$。当只讨论发散波时，令 $B = 0$，则 $A = \frac{1}{4\pi}$。若把发散波解 $\psi = \frac{A}{r} \mathrm{e}^{\mathrm{j}(\omega t - kr)}$ 代入球面波的辐射条件式（6-21）的括号中取正号，则有 $r \left(\frac{\partial \psi}{\partial r} + \mathrm{j}k\psi \right) = r \left(-\frac{\psi}{r^2} - \mathrm{j}k\psi + \mathrm{j}k\psi \right)$，当 $r \to \infty$ 时便可以得到 $\lim\limits_{r \to \infty} r \left(\frac{\partial \psi}{\partial r} + \mathrm{j}k\psi \right) = 0$。注意：如时间因子为 $\mathrm{e}^{-\omega t}$，发散波解为 $\psi = \frac{A}{r} \mathrm{e}^{\mathrm{j}(kr - \omega t)}$，则括号中应改取负号。以上讨论说明，式（6-21）是球面波解所必须满足的条件，同样也可证明式（6-20）是圆柱面波所必须满足的条件。

3. 点源条件

（1）点源满足的波动方程

均匀发散球面波的解 $p = \frac{A}{r} \mathrm{e}^{\mathrm{j}(\omega t - kr)}$，除了 $r = 0$ 这一点外，它满足齐次波动方程 $\nabla^2 p - \frac{1}{c^2} \frac{\partial^2 p}{\partial t^2} = 0$。当 $r \to 0$ 时，解 $p \to \infty$，这便是声源处球面波解构成的奇性。数学上，通常应用狄拉克 δ 函数来描述点声源的这种奇性，将波动方程改写为非齐次形式，于是波动方程变为

$$\nabla^2 p - \frac{1}{c^2} \frac{\partial^2 p}{\partial t^2} = -4\pi\delta(r) A \mathrm{e}^{\mathrm{j}\omega t} \tag{6-22}$$

式（6-26）包含了齐次方程 $\nabla^2 p - \frac{1}{c^2} \frac{\partial^2 p}{\partial t^2} = 0$ 所表示的内容，而且也包含了当 $r \to 0$ 时，$p \to \infty$ 的奇性定解条件。采用如式（6-22）所示的非齐次波动方程形式，可以使问题的求解得到简化。

（2）点源条件

水声学中，经常采用分层介质模型，此时适宜用柱坐标系，方程（6-22）改写为

$$\frac{1}{r} \frac{\partial}{\partial r} \left(r \frac{\partial p}{\partial r} \right) + \frac{\partial^2 p}{\partial z^2} + k^2 p = -4\pi\delta_2(r)\delta(z - z_0) \tag{6-23}$$

这里 $\delta_2(r)$ 是二维 δ 函数，满足以下条件

$$\int_0^\infty \int_0^{2\pi} \delta_2(r) r \mathrm{d}r \mathrm{d}\theta = 1 \quad 或 \quad \int_0^\infty \delta_2(r) r \mathrm{d}r = \frac{1}{2\pi}$$

引入 Fourier-Bessel 积分变换，进行变量分离，将声压 p 展开为

$$p(r,z) = \int_0^\infty z(z,\xi)\, J_0(\xi r)\, \xi\, d\xi$$

式中，ξ 是分离变量；$J_0(\xi r)$ 是零阶贝塞尔函数，将上式代入式（6-23），得到 $Z(r,\xi)$ 所满足的方程

$$\frac{d^2 Z}{dz^2} + (k^2 - \xi^2)Z = -2\delta(z - z_0) \tag{6-24}$$

在声源 z_0 处，声压应连续，因此有

$$Z\big|_{z=z_0^+} = Z\big|_{z=z_0^-} \tag{6-25}$$

但振速在声源平面上下方向相反，是不连续的。为得到振速 dZ/dz 满足的条件，将式（6-24）对 z 从 z^- 到 z^+ 进行积分，得到

$$\frac{dZ}{dz}\bigg|_{z=z_0^+} - \frac{dZ}{dz}\bigg|_{z=z_0^-} = -2 \tag{6-26}$$

式（6-26）明确表达了振速在声源平面上下的不连续性，它和式（6-25）合称为点源条件。

除了上述三种定解条件外，还有初始条件。但是，当只需要求远离初始时刻的稳态解时，可以不考虑初始时刻的状态，成为没有初始条件的定解问题。波动模型，就是严格求解满足定解条件的波动方程的解。原则上讲，波动模型可以精确地求解各种声场问题，但是，实际上并非如此，因难以得到严格、精确的定解条件表达式，所以往往只能求得一定近似条件下波动方程的形式解或数值解。

6.2　简　正　波　场

波动模型利用波动方程的简正波解阐释声波在海洋中的传播。该模型被认为是计算二维、三维非均匀波动问题最精确的方法，它的结果常被用作检验其他方法的标准解。本节将使用波动模型来讨论硬底均匀浅海声场的特性，介绍简正波场。为方便计算，水深和声速设为常数，这是理想化了的浅海模型，但可得到波动方程的解析解，从而大大简化浅海声传播的分析，由此还将得到一些有用的结论和了解浅海声传播的基本规律。

1. 波动方程

设有一声速 $c = c_0$，水深 $z = H$ 的均匀水层。$z = 0$ 为海表面，为一自由平整界面；$Z = H$ 为海底，是一完全硬质的平整界面。点声源位于 $r = 0, z = z_0$ 处，现考察层中的声传播特性（图 6-1）。

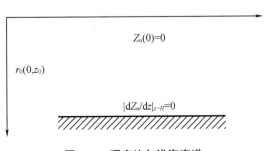

图 6-1　硬底均匀浅海声道

首先,层中声场应满足非齐次亥姆霍兹方程(6-22)。由于问题的圆柱对称性,选用圆柱坐标系,方程(6-22)可写成

$$\frac{1}{r}\frac{\partial}{\partial r}\left(r\frac{\partial p}{\partial r}\right)+\frac{\partial^2 p}{\partial z^2}+k_0^2 p=-4\pi A\delta(r-r_0) \tag{6-27}$$

式中,r_0 为点源的位置,$r_0=0\cdot r_1+z_0 z$,这里 r_1 和 z 为 r、z 方向的单位矢量;$k_0=\dfrac{\omega}{c_0}$ 为波数,$\delta(r-r_0)$ 为三维狄拉克函数,其定义为

$$\int_v \delta(r-r_0)\mathrm{d}V=\begin{cases}1 & r_0\ 在体积\ V\ 内\\ 0 & r_0\ 在体积\ V\ 外\end{cases}$$

在圆柱对称情况下,积分体元选成圆柱对称形式,选用 $\mathrm{d}V=2\pi r\mathrm{d}r\mathrm{d}z$,则

$$\int_V \delta(r-r_0)\cdot 2\pi r\mathrm{d}r\mathrm{d}z=\begin{cases}1 & r_0\ 在体积\ V\ 内\\ 0 & r_0\ 在体积\ V\ 外\end{cases}$$

为使上式成立,应把 $\delta(r-r_0)$ 选为如下形式

$$\delta(r-r_0)=\frac{1}{2\pi r}\delta(r)\cdot\delta(z-z_0)$$

式(6-27)中,A 为常数,不失一般性,令 $A=1$,于是式(6-27)可写成

$$\frac{\partial^2 p}{\partial r^2}+\frac{1}{r}\frac{\partial p}{\partial r}+\frac{\partial^2 p}{\partial z^2}+k_0^2 p=-\frac{2}{r}\delta(r)\delta(z-z_0) \tag{6-28}$$

本例中,可应用分离变量法求解方程(6-28),令 $p(r,z)=\sum\limits_n R_n(r)Z_n(z)$,代入式(6-28),经过分离变量后得

$$\sum_n\left[Z_n\left(\frac{\mathrm{d}^2 R_n}{\mathrm{d}r^2}+\frac{1}{r}\frac{\mathrm{d}R_n}{\mathrm{d}r}\right)+R_n\left(\frac{\mathrm{d}^2 Z_n}{\mathrm{d}z^2}+k_0^2 Z_n\right)\right]=-\frac{2}{r}\delta(r)\delta(z-z_0) \tag{6-29}$$

式中,$R_n(r)$ 描述声场 r 方向的特性;$Z_n(z)$ 则描述声场关于 z 坐标的特性,它满足某种形式的亥姆霍兹方程和正交归一化条件,是一个正交函数族。函数 $Z_n(z)$ 的性质可以表示为

$$\frac{\mathrm{d}^2 Z_n}{\mathrm{d}z^2}+(k_0^2-\xi_n^2)Z_n=0 \tag{6-30}$$

$$\int_0^H Z_n(z)Z_m(z)\mathrm{d}z=\begin{cases}1 & m=n\\ 0 & m\neq n\end{cases} \tag{6-31}$$

式中,ξ_n^2 是一个常数,称为分离常数。

在方程(6-29)两端乘以函数 $Z_m(z)$,对 z 从 $0\to H$ 积分,并利用式(6-30)和式(6-31),可得到

$$\frac{1}{r}\frac{\mathrm{d}}{\mathrm{d}r}\left(r\frac{\mathrm{d}R_n}{\mathrm{d}r}\right)+\xi_n^2 R_n=-\frac{2}{r}\delta(r)Z_n(z-z_0) \tag{6-32}$$

这是一个非齐次亥姆霍兹方程,它规定了声场随 r 的变化规律。

2.关于函数 $Z_n(z)$ 及其边界条件

由式(6-30)可知,函数 $Z_n(z)$ 满足齐次亥姆霍兹方程,其解为

$$Z_n(z)=A_n\sin(k_{zn}z)+B_n\cos(k_{zn}z),\quad 0\leqslant z\leqslant H \tag{6-33}$$

式中,$k_{zn}=\sqrt{k_0^2-\xi_n^2}$ 是常数,A_n 和 B_n 为待定常数,可由边界条件和正交归一化条件确定。

根据海面为自由界面和海底为硬质界面的边界条件,$Z_n(z)$应分别满足

自由界面边界条件

$$Z_n(0) = 0$$

硬质海底边界条件

$$\left(\frac{\mathrm{d}Z_n}{\mathrm{d}z}\right)_H = 0$$

由此得到

$$B_n = 0$$

$$k_{zn} = \left(n - \frac{1}{2}\right)\frac{\pi}{H} \quad n = 1, 2, \cdots \tag{6-34}$$

$$Z_n(z) = A_n \sin(k_{zn}z) \quad 0 \leqslant z \leqslant H$$

又,式(6-33)应满足正交归一化条件

$$\int_0^H Z_n(z)Z_m(z)\,\mathrm{d}z = \begin{cases} 1 & m = n \\ 0 & m \neq n \end{cases} \tag{6-35}$$

于是得常数 $A_n = \sqrt{\dfrac{2}{H}}$,解式(6-33)得

$$Z_n(z) = \sqrt{\frac{2}{H}}\sin(k_{zn}z) \tag{6-36}$$

水声学中,式(6-34)、式(6-36)中的 k_{zn} 和 $Z_n(z)$ 分别称为本征值和本征函数,式(6-30)称为本征方程。

因为 $k_{zn} = \sqrt{k_0^2 - \xi_n^2}$ 和 $k_{zn} = \left(n - \dfrac{1}{2}\right)\dfrac{\pi}{H}$,所以有

$$\xi_n = \sqrt{\left(\frac{\omega}{c_0}\right)^2 - \left[\left(n - \frac{1}{2}\right)\frac{\pi}{H}\right]^2} \tag{6-37}$$

从上面分析可看出,ξ_n 和 k_{zn} 分别为波数 k_0 的水平分量和垂直分量。

3. 关于函数 $R_n(r)$

已知函数 $R_n(r)$满足非齐次亥姆霍兹方程(6-32),其解为

$$R_n(r) = -\mathrm{j}\pi Z_n(z_0)\mathrm{H}_0^{(2)}(\xi_n r) = -\mathrm{j}\pi\sqrt{\frac{2}{H}}\sin(k_{zn}z_0)\mathrm{H}_0^{(2)}(\xi_n r) \tag{6-38}$$

以上讨论中,时间因子被默认为 $\mathrm{e}^{\mathrm{j}\omega t}$,为满足无穷远处辐射条件,解应为第二类零阶汉克尔函数 $\mathrm{H}_0^{(2)}(\xi_n r)$,$\mathrm{H}_0^{(2)} = \mathrm{J}_0 - \mathrm{j}\mathrm{N}_0$,$\mathrm{J}_0$ 和 N_0 分别为零阶贝塞尔函数和零阶诺依曼函数。

4. 声场解 $p(r, z)$

函数 $Z_n(z)$和函数 $R_n(r)$满足各自的微分方程,它们的乘积 $R_n(r)Z_n(z)$ 必满足微分方程(6-28)。根据线性叠加原理可知,级数 $\sum R_n(r)Z_n(z)$ 也应满足该方程,于是方程(6-28)的解写为

$$p(r, z) = -\mathrm{j}\frac{2}{H}\pi\sum_n \sin(k_{zn}z)\sin(k_{zn}z_0)\mathrm{H}_0^{(2)}(\xi_n r) \tag{6-39}$$

如观察点远离点源，$\xi_n r \gg 1$，则应用汉克尔函数的渐近表示式 $H_0^2(\xi_n r) \underset{\xi_n r \to \infty}{\approx} \sqrt{\dfrac{2}{\pi \xi_n r}} \mathrm{e}^{-\mathrm{j}\left(\xi_n r - \frac{\pi}{4}\right)}$

式后，得到均匀波导点源声场的远场解为

$$p(r,z) \approx -\mathrm{j}\frac{2}{H}\sum_n \sqrt{\frac{2\pi}{\xi_n r}}\sin(k_{zn}z)\sin(k_{zn}z_0)\,\mathrm{e}^{-\mathrm{j}\left(\xi_n r - \frac{\pi}{4}\right)} \tag{6-40}$$

5. 简正波

级数解式（6-39）或式（6-40）中的每一项（指每个 n 值）都满足波动方程和边界条件，这样的波称为"简正波"，n 为简正波的阶次，第 n 阶简正波写作

$$p_n(r,z) = -\mathrm{j}\frac{2}{H}\sqrt{\frac{2\pi}{\xi_n r}}\sin(k_{zn}z)\sin(k_{zn}z_0)\,\mathrm{e}^{-\mathrm{j}\left(\xi_n r - \frac{\pi}{4}\right)} \tag{6-41}$$

从解式（6-41）可以看出：（1）简正波在 r 方向由函数 $\mathrm{e}^{-\mathrm{j}\left(\xi_n r - \frac{\pi}{4}\right)}$ 确定，它表示了简正波沿水平方向为传播的行波，每一阶简正波有不同的波数 ξ_n；（2）每一阶简正波沿深度 z 方向由函数 $\sin(k_{zn}z)$ 确定，它表示了简正波在 z 方向做驻波分布，不同阶数的简正波，其驻波的分布形式是不同的，图 6-2 中画出了前四阶简正波沿深度的振幅分布；（3）由图 6-2 还可看出，不论阶次如何变化，海面上声压总为零，这是海面的自由界面边界条件所确定的。在海底，因取硬质边界条件，所以声压幅值总为极大值。

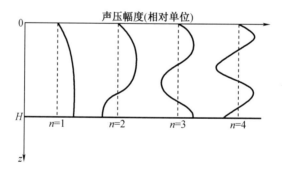

图 6-2　前四阶简正波振幅随深度的分布

以上分析表明，层中声场由式（6-40）所示的无穷级数和来表示。虽然该式在形式上是无穷级数求和，但是实际上，高阶项的贡献往往是很小的，可以将其忽略，因此级数无须取无穷项求和，级数求和项的数目与波传播的频率和层中参数有关。

6. 声道的截止频率

式（6-37）给出 $\xi_n = \sqrt{\left(\dfrac{\omega}{c_0}\right)^2 - \left[\left(n-\dfrac{1}{2}\right)\dfrac{\pi}{H}\right]^2}$，它是第 n 阶简正波波矢量的水平方向分量，即第 n 阶简正波的水平波数。可以看出，当声源频率 ω 确定后，ξ_n 随简正波的阶次 n 的增加而减小，简正波阶次 n 最大可取的正整数 N 由下式取整数给出

$$N = \left[\frac{H\omega}{\pi c_0} + \frac{1}{2}\right] \tag{6-42}$$

当阶次 $n>N$ 时，ξ_n 成为纯虚数，记作 $\xi_n = \pm\mathrm{j}|\xi_n|$。若取 $\xi_n = \mathrm{j}|\xi_n|$，则因子 $\mathrm{e}^{-\mathrm{j}\left(\xi_n r - \frac{\pi}{4}\right)} =$

$e^{j\frac{\pi}{4}}e^{|\xi|r}$，可见当距离 r 增加时，$p(r,z)$ 的幅值随 r 做指数增长，且随距离 r 的变大，其增长也愈来愈快，显然这是不可能的。因此只能取 $\xi_n = -j|\xi_n|$，这时因子 $e^{-j\left(\xi_n r-\frac{\pi}{4}\right)} = e^{j\frac{\pi}{4}}e^{-|\xi|r}$，这表示当距离 r 增加时，$p_n(r,z)$ 的幅值随 r 做指数衰减，且随距离 r 的变大，其衰减也越来越快。所以，对于那些 $n>N$ 的各项，它在层中指数衰减地传播，因此，只有在声源附近，才对解有贡献。

综上所述，在远场中，式(6-40)可以表示成有限项的级数和

$$p(r,z) \approx -j\frac{2}{H}\sum_{n}^{N}\sqrt{\frac{2\pi}{\xi_n r}}\sin(k_{zn}z)\sin(k_{zn}z_0)e^{-j\left(\xi_n r-\frac{\pi}{4}\right)} \tag{6-43}$$

由式(6-42)可以得到

$$\omega = \left(N-\frac{1}{2}\right)\frac{c_0\pi}{H} \tag{6-44}$$

式(6-44)表明，如果想要得到能正常传播的阶简正波，声源频率应大于或等于式(6-44)所确定的 ω 值。通常，将 ω 值称为 N 阶简正波的简正频率，并记作

$$\omega_N = \left(N-\frac{1}{2}\right)\frac{c_0\pi}{H}\text{或}f_N = \left(N-\frac{1}{2}\right)\frac{c_0}{2H} \tag{6-45}$$

每一阶简正波都有各自的简正频率，对于 n 阶简正波，其简正频率为

$$\omega_n = \left(n-\frac{1}{2}\right)\frac{c_0\pi}{H}\text{或}f_n = \left(n-\frac{1}{2}\right)\frac{c_0}{2H} \tag{6-46}$$

式(6-46)表明，只有声源激发频率 $f \geq f_n$ 时，层中才存在 n 阶及以下各阶简正波的传播。特殊地，当 $n=1$ 时，对应的简正频率为

$$f_1 = \frac{c_0}{4H} \tag{6-47}$$

它是能在层中正常传播的简正波的最低频率，称为声道的截止频率。当声源频率 $f<f_1$ 时，级数(6-43)中每项都做指数衰减，不可能远距离传播。因此，如果要得到良好传播效果，需激发多阶简正波，声源频率就应该适当高些，至少应高于 f_1。

7. 相速度(相速)和群速度

(1) n 阶简正波的相速度

相速度是指等相位面的传播速度。因第 n 阶简正波的水平波数是 ξ_n，故等相位面的传播速度 c_{pn} 应等于

$$c_{pn} = \frac{\omega}{\xi_n} = \frac{c_0}{\sqrt{1-(\omega_n/\omega)^2}} \tag{6-48}$$

可见相速度 c_{pn} 除了与频率 ω 有关外，还和简正波的阶次 n 有关，不同阶次的简正波，其传播速度也是不同的，因此如果接收点上是不同阶次简正波的叠加，则由于各阶简正波的相速度不同，到达接收点有先有后，各阶简正波信号叠加后接收波形就会产生畸变。这种不同阶次简正波相速度不等的现象称为频散(也称弥散)，这种介质则称为频散介质，浅海水层就属于频散介质。

(2)简正波的群速度

简正波的群速度 c_{gn} 由下式得到：

$$c_{gn} = \frac{d\omega}{d\xi_n}$$

已知 $\omega = c_{pn} \cdot \xi_n$，则群速度 c_{gn} 为

$$c_{gn} = c_{pn} + \frac{d\omega}{d\xi_n} \tag{6-49}$$

由式(6-48)可以看出，相速 c_{pn} 随频率的增大而减小，则 $dc_{pn}/d\xi_n < 0$。简正波群速度小于相速度，即 $c_{gn} < c_{pn}$。把式(6-37)代入 $c_{gn} = d\omega/d\xi_n$ 的表示式中，可以求得简正波的群速度为

$$c_{gn} = \frac{d\omega}{d\xi_n} = c_0\sqrt{1 - \left(\frac{\omega_n}{\omega}\right)^2} \tag{6-50}$$

由式(6-48)和式(6-50)可看出，(1) c_{gn} 随 ω 的增大而增大，c_{pn} 随 ω 的增大而减小；(2) $c_{pn} > c_0$，$c_{gn} < c_0$。当 $\omega \to \infty$ 时，c_{pn} 和 c_{gn} 都趋于自由空间的声速 c_0；(3) c_{pn} 和 c_{gn} 满足 $c_{pn}c_{gn} = c_0^2$。

图6-3中绘出了简正波相速度和群速度随频率的变化。

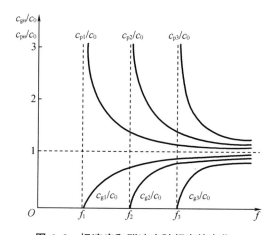

图6-3　相速度和群速度随频率的变化

（3）相速度和群速度的直观理解

相速度可以理解为简谐波在传播的过程中固定相位的点沿着波传播方向上的速度，例如，波峰的传播速度或波谷的传播速度，也就是波长除以周期。

群速度的理解相对来说比较抽象，它可以解释为等振幅值的变化的传播速度，因此对于简谐振动，如波形为正弦函数或余弦函数，可以理解为群速度不存在，因为它们的振幅并没有发生变化。早在一个世纪前，瑞利和斯托克斯就对群速度做过研究。湖上落石激起水波的传播现象，是说明相速度和群速度概念的最好例子。石块落入水中后激起一个水坑，它很快变成几个水圈向外扩展，形成一串波向外传播，这可称其波群以群速度向四面八方传播着。如果进一步仔细观察，可以发现波串传播过程中，波串中的水圈不断地从波串的内沿(最内圈)产生而又从波串的外沿不断地小，这表明波串中的水圈比波束本身跑得更快。水圈的传播速度相当于波串中子波的相速度。还可以举一个简谐波的组合波传播的例子，图6-4表示的是振幅周期变化的非简谐波的波形图，该波形由两个频率相差不大的简谐波合成。在图中，载波(填充波)以相速度移动。将图中的每个幅值点进行连线，得到波包

（包络）。将波包看作一个简谐波的波形，也可以看作波群的波形，故其传播速度为群速度。

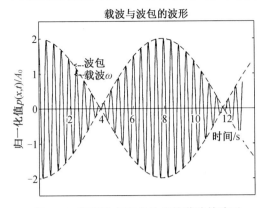

图 6-4　振幅均匀变化的非简谐波的波形

8. 波导中的传播损失。

海水中声速 c 为常数 c_0 时，波导中点源声场的简正波表达式为

$$p(r,z) = -\mathrm{j} \sum_n \sqrt{\frac{2\pi}{\xi_n r}} Z_n(z) Z_n(z_0) \mathrm{e}^{-\mathrm{j}\left(\xi_n r - \frac{\pi}{4}\right)} \qquad (r \gg 1) \qquad (6\text{-}51)$$

下面，将利用该表达式讨论波导中的声传播损失。为了方便，可以令声源等效声中心单位距离处声压幅值等于 1，则利用传播损失定义 $\mathrm{TL} = 10\lg \dfrac{I(1)}{I(r)}$，可得

$$\mathrm{TL} = -10\lg \left| \sum_{n=1}^{N} \sqrt{\frac{2\pi}{\xi_n r}} Z_n(z) Z_n(z_0) \mathrm{e}^{-\mathrm{j}\xi_n r} \right|^2 \qquad (6\text{-}52)$$

当 Z_n 和 ξ_n 都为实数时，上式等于

$$\mathrm{TL} = -10\lg \sum_{n=1}^{N} \frac{2\pi}{\xi_n r} Z_n^2(z) Z_n^2(z_0) - 10\lg \sum_{n}^{N} \sum_{m \neq n}^{N} 4 \frac{\pi}{r\sqrt{\xi_n \xi_m}} Z_n(z) Z_n(z_0) Z_m(z) Z_m(z_0) \mathrm{e}^{-\mathrm{j}(\xi_n + \xi_m) r}$$

$$(6\text{-}53)$$

式中，第一项为对自乘项求和，第二项为交叉相乘项求和。第二项求和贡献的大小依赖于各简正波相位之间的相关程度，一般来说，它随距离做起伏变化。第一求和项与各简正波相位之间的相关程度无关，它随 r 增加而单调增加。因而，由二者叠加得到的总声强 $I(r)$ 随距离增加做起伏地逐步下降，呈现干涉曲线，如图 6-5 实线所示。

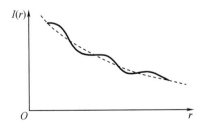

图 6-5　$I(r)$ 随 r 变化形成的干涉曲线

当层中声传播条件充分地不均匀（充分不规则）时，可认为各阶简正波之间相位完全无关，交叉乘积项的求和结果趋于零，则

$$TL = - 10\lg \sum_{n=1}^{N} \frac{2\pi}{\xi_n r} Z_n^2(z) Z_n^2(z_0) \tag{6-54}$$

由式(6-54)可以看出,TL 是声源和观察点坐标 z_0 和 z 的函数,对于本节讨论的硬质海底的均匀浅海声场,有

$$TL = - 10\lg \sum_{n=1}^{N} \frac{4}{H^2} \cdot \frac{2\pi}{\xi_n r} \sin^2 k_{zn} z \cdot \sin^2 k_{zn} z_0 \tag{6-55}$$

式(6-55)为各简正波相位满足无规则假设下的声传播损失。如果声源和接收器不位于海表面和海底附近,即 z_0 和 z 适当地离开海面和海底,则当 n 从 1 变化到 N 时,$\sin^2 k_{zn} z_0$ 和 $\sin^2 k_{zn} z$ 将随机地取 0 到 1 之间的值,在深度 z 方向取平均时,可近似认为等于 1/2,则式(6-55)可简化为

$$TL = - 10\lg \left(\frac{2\pi}{H^2 r} \sum_{n=1}^{N} \frac{1}{\xi_n} \right) \tag{6-56}$$

如果层中简正波数目较多,近似有 $N \approx \dfrac{H\omega}{c_0 \pi}$,则式(6-37)的 ξ_n 可近似取为

$$\xi_n = \frac{\omega}{c_0} \sqrt{1 - \left(\frac{n}{N} \right)^2}$$

令 $x = n/N$,把式(6-56)中对 n 的求和改写为求积分,即

$$\sum_{n=1}^{N} \frac{1}{\xi_n} = \frac{c_0}{\omega} \sum_{n=1}^{N} \frac{1}{\sqrt{1 - \left(\frac{n}{N} \right)^2}} = \frac{c_0}{\omega} \int_0^1 \frac{N\mathrm{d}x}{\sqrt{1 - x^2}}$$

最终可得

$$TL = -10\lg \frac{\pi}{Hr} = 10\lg r + 10\lg \frac{H}{\pi} \tag{6-57}$$

式(6-57)是对深度 z 取平均后,TL 随距离 r 的变化,它基本符合柱面扩展衰减规律,只是多了一个修正项 $10\lg(H/\pi)$。

6.3 射线声学理论

射线模型是在高频情况下,把声波在海水介质中的传播看成声线在介质中的传播,研究空间中声强的变化、声线的传播时间和传播距离。在水声学中,射线理论模型是最早的模型之一,早在 20 世纪 60 年代,大部分模型都是采用射线追踪理论建立的。从历史来看,早在射线理论得到数学表达之前,人们就已经开始了解声线传播的特性。射线理论最早是从光学引出来的,在光学中,甚至在知道麦克斯韦方程之前,就开始利用射线理论去理解光的传播规律,光的折射定律——Snell 定律可以追溯到 1626 年。

射线声学把声波的传播看作一束无数条垂直于等相位面的射线的传播,每一条射线与等相位面垂直,称之为声线。声线经过的距离代表声波传播的路程,声线生成所经历的时间为声波传播的时间,声线管所携带的能量代表声波传播的声能量。射线理论是一种常用的处理水声学问题的方法,该方法是在一定条件下的对波动方程的近似。下面介绍两个概念。

波阵面指空间中在同一时刻由相位相同的各点构成的轨迹曲面,波阵面垂直于波传播

的方向。平面波是波阵面为平面的波,球面波是波阵面为同心球面的波,而柱面波是波阵面为同轴柱面的波。

声线是自声源发出,代表声能传播方向的直线或曲线,声线处处与波阵面垂直。

为了简化讨论,在推导出射线声学的基本方程时,通常引入以下基本假定。

(1)声线的方向就是声传播的方向,声线总是垂直波阵面。

(2)声线携带能量,声场中某点上的声能是所有到达该点的声线所携带能量的叠加。

(3)声线管束中能量守恒,与管外无横向能量交换。

在均匀介质(声速为常数,波速为常数)中传播的平面波,声线束由无数条垂直于等相位平面的直线所组成,这些声线相互平行,互不相交,如图6-6(a)所示。在声线到达的各点,声波振幅处处相等,这是均匀介质中平面波传播的理想情况。实际上,声源总是有一定尺度的,若把有限大小的声源近似看成为点源,它发射的声波传播可以用点源沿外径方向放射的声线束来表示。在均匀介质中,点声源辐射声波的等相位面是以点声源为球心的同心球面,如图6-6(b)所示。

在非均匀介质中,波速 k 是空间位置的函数,声波传播方向因位置变化而改变,声线束由点源向外放射的曲线束组成,等相位面也不再是同心球面,如图6-6(c)所示。

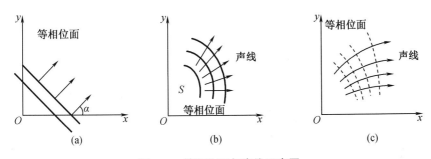

图6-6 等相位面与声线示意图

6.3.1 射线声学基本方程

前面介绍了射线和波阵面的基本概念,下面将给出射线声学的基本方程,考虑下列波动方程,即

$$\nabla^2 p - \frac{1}{c^2}\frac{\partial^2 p}{\partial t^2} = 0$$

式中,声速 $c = c(x,y,z)$。设上述方程具有如下形式解,即

$$p(x,y,z,t) = A(x,y,z)\mathrm{e}^{\mathrm{j}[\omega t - k(x,y,z)\varphi_1(x,y,z)]} \tag{6-58}$$

式中,A 为声压幅值,是空间位置的函数;k 是波数,其值为

$$k = \frac{\omega}{c_0}\frac{c_0}{c(x,y,z)} = k_0 n(x,y,z)$$

其中,c_0 为参考点的声速;$n(x,y,z)$ 为折射率。式(6-58)中 $\varphi_1(x,y,z)$ 具有长度量纲,称为程函;$k(x,y,z)\varphi_1(x,y,z)$ 是相位值;现引进函数 $\varphi(x,y,z)$,使 $k(x,y,z)\varphi_1(x,y,z) = k_0\varphi(x,y,z)$,则式(6-58)变为

$$p(x,y,z,t) = A(x,y,z)\mathrm{e}^{\mathrm{j}[\omega t - k_0\varphi(x,y,z)]} \tag{6-59}$$

由于 k_0 是常数,当在某些空间位置 (x,y,z) 上,$\varphi(x,y,z)$ 取同一数值时,这些点就组成了形式解 p 的等相位面。一般来说,$\varphi(x,y,z) =$ 常数的面是一空间曲面,在该曲面上相位值处处相等。程函 $\varphi(x,y,z)$ 的梯度 $\nabla\varphi(x,y,z)$ 表示声线方向,它处处与等相位面垂直。

把形式解式(6-59)代入波动方程,得到

$$\frac{\nabla^2 A}{A} - \left(\frac{\omega}{c_0}\right)^2 \nabla\varphi \cdot \nabla\varphi + \left(\frac{\omega}{c}\right)^2 - \mathrm{j}\frac{\omega}{c_0}\left(\frac{2\nabla A}{A} \cdot \nabla\varphi + \nabla^2\varphi\right) = 0 \tag{6-60}$$

于是,必有实部和虚部均等于零,即

$$\frac{\nabla^2 A}{A} - \left(\frac{\omega}{c_0}\right)^2 \nabla\varphi \cdot \nabla\varphi + k^2 = 0 \tag{6-61}$$

$$\nabla^2\varphi + \frac{2}{A}\nabla A \cdot \nabla\varphi = 0 \tag{6-62}$$

当 $\dfrac{\nabla^2 A}{A} \ll k^2$ 时,式(6-61)、式(6-62)分别变为

$$(\nabla\varphi)^2 = \left(\frac{c_0}{c}\right)^2 = n^2(x,y,z) \tag{6-63}$$

$$\nabla \cdot (A^2 \nabla\varphi) = 0 \tag{6-64}$$

射线声学中,式(6-63)、式(6-64)分别称为程函方程和强度方程,是射线声学的两个基本方程。

1. 程函方程

虽然梯度 $\nabla\varphi(x,y,z)$ 包含了声线的传播方向,但它没有声线的传播轨迹和传播时间等信息;而方程 $(\nabla\varphi)^2 = n^2$ 不仅给出声线方向,还可以导出声线的轨迹和传播时间,因而称其为程函方程。方程(6-63)不是程函方程的唯一形式,下面将导出程函方程的其他形式,这些形式都有其各自的用途。

根据程函方程(6-63),可得到

$$n = \sqrt{(\nabla\varphi)^2} = \sqrt{\left(\frac{\partial\varphi}{\partial x}\right)^2 + \left(\frac{\partial\varphi}{\partial y}\right)^2 + \left(\frac{\partial\varphi}{\partial z}\right)^2} \tag{6-65}$$

于是,得到声线的方向余弦为

$$\begin{cases} \cos\alpha = \dfrac{\dfrac{\partial\varphi}{\partial x}}{\sqrt{\left(\dfrac{\partial\varphi}{\partial x}\right)^2 + \left(\dfrac{\partial\varphi}{\partial y}\right)^2 + \left(\dfrac{\partial\varphi}{\partial z}\right)^2}} \\[4mm] \cos\beta = \dfrac{\dfrac{\partial\varphi}{\partial y}}{\sqrt{\left(\dfrac{\partial\varphi}{\partial x}\right)^2 + \left(\dfrac{\partial\varphi}{\partial y}\right)^2 + \left(\dfrac{\partial\varphi}{\partial z}\right)^2}} \\[4mm] \cos\gamma = \dfrac{\dfrac{\partial\varphi}{\partial z}}{\sqrt{\left(\dfrac{\partial\varphi}{\partial x}\right)^2 + \left(\dfrac{\partial\varphi}{\partial y}\right)^2 + \left(\dfrac{\partial\varphi}{\partial z}\right)^2}} \end{cases} \tag{6-66}$$

另外,由式(6-63)可得

$$\begin{cases} \dfrac{\partial \varphi}{\partial x} = n\cos \alpha \\[2mm] \dfrac{\partial \varphi}{\partial y} = n\cos \beta \\[2mm] \dfrac{\partial \varphi}{\partial z} = n\cos \gamma \end{cases} \quad (6\text{-}67)$$

式(6-66)或者式(6-67)被用来确定声线的方向。

另外,由图6-7可见,声线的方向余弦等于 $\cos \alpha = \dfrac{\mathrm{d}x}{\mathrm{d}s}$, $\cos \beta = \dfrac{\mathrm{d}y}{\mathrm{d}s}$, $\cos \gamma = \dfrac{\mathrm{d}z}{\mathrm{d}s}$,这里 $\mathrm{d}s = \sqrt{(\mathrm{d}x)^2 + (\mathrm{d}y)^2 + (\mathrm{d}z)^2}$ 是声线微元。再由式(6-67)对 s 求导可得

$$\frac{\mathrm{d}}{\mathrm{d}s}\left(\frac{\partial \varphi}{\partial x}\right) = \frac{\partial}{\partial x}\left(\frac{\partial \varphi}{\partial x}\frac{\partial x}{\partial s} + \frac{\partial \varphi}{\partial y}\frac{\partial y}{\partial s} + \frac{\partial \varphi}{\partial z}\frac{\partial z}{\partial s}\right) = \frac{\partial}{\partial x}(n\cos^2\alpha + n\cos^2\beta + n\cos^2\gamma) = \frac{\partial n}{\partial x} \quad (6\text{-}68)$$

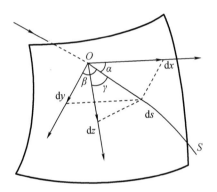

图6-7 声线方向余弦示意图

经过与上面类似的推导,得到下列方程组,即

$$\begin{cases} \dfrac{\mathrm{d}}{\mathrm{d}s}(n\cos \alpha) = \dfrac{\partial n}{\partial x} \\[2mm] \dfrac{\mathrm{d}}{\mathrm{d}s}(n\cos \beta) = \dfrac{\partial n}{\partial y} \\[2mm] \dfrac{\mathrm{d}}{\mathrm{d}s}(n\cos \gamma) = \dfrac{\partial n}{\partial z} \end{cases} \quad (6\text{-}69)$$

将式(6-69)写成矢量方程的形式,即

$$\frac{\mathrm{d}}{\mathrm{d}s}(\nabla \varphi) = \nabla n \quad (6\text{-}70)$$

式(6-67)、式(6-70)为程函方程(6-67)的另外两种表达形式。

例6-1 当介质中声速 c 等于常数时,该介质中声线的特点是什么?

解 首先讨论声速 c 等于常数的情况,$n = c_0/c = 1$,于是由式(6-69)得到

$$\begin{cases} \dfrac{\mathrm{d}}{\mathrm{d}s}(n\cos\ \alpha)=0 \\[2mm] \dfrac{\mathrm{d}}{\mathrm{d}s}(n\cos\ \beta)=0 \\[2mm] \dfrac{\mathrm{d}}{\mathrm{d}s}(n\cos\ \gamma)=0 \end{cases}$$

可见，$\cos\ \alpha$、$\cos\ \beta$、$\cos\ \gamma$ 等应为常量，其值与声线的初始状态有关，取为

$$\cos\ \alpha=\cos\ \alpha_0$$

$$\cos\ \beta=\cos\ \beta_0$$

$$\cos\ \gamma=\cos\ \gamma_0$$

式中，α_0、β_0、γ_0 为声线初始出方向角。可见，当 $c=$ 常数时，传播中的声线方向角永远等于初始值，此时声线成一条直线。

2. $c=c(z)$ 时的声线

讨论声速 c 只与坐标 z 有关，声线位于 xOz 平面内的情况，这时 $c=c(z)$，$n=n(z)$。由式 (6-69) 给出

$$\begin{cases} \dfrac{\mathrm{d}}{\mathrm{d}s}\left(\dfrac{c_0}{c}\cos\ \alpha\right)=0 \\[2mm] \dfrac{\mathrm{d}}{\mathrm{d}s}(n\cos\ \gamma)=\dfrac{\mathrm{d}n}{\mathrm{d}z} \end{cases} \tag{6-71}$$

从式 (6-71) 第一式得 $\cos\ \alpha/c(z)=$ 常数。当初始值 $c=c_0$，$\alpha=\alpha_0$ 给定后，比值 $\cos\ \alpha/c(z)$ 沿声线各点保持不变，即

$$\frac{\cos\ \alpha}{c(z)}=\frac{\cos\ \alpha_0}{c_0} \tag{6-72}$$

式 (6-72) 称为 Snell 定律，也称折射定律。折射定律明确规定了声线的"走"向，它是射线声学的基本定律，有广泛应用。

现考虑式 (6-71) 的第二式，等号左边为

$$\frac{\mathrm{d}}{\mathrm{d}s}(n\cos\ \gamma)=-n\sin\ \gamma\ \frac{\mathrm{d}\gamma}{\mathrm{d}s}+\cos^2\gamma\ \frac{\mathrm{d}n}{\mathrm{d}z}$$

代入式 (6-71)，则

$$\frac{\mathrm{d}\gamma}{\mathrm{d}s}=-\frac{\sin\ \gamma}{\mathrm{d}z}\ \frac{\mathrm{d}n}{\mathrm{d}z}=\frac{\sin\ \gamma}{c}\ \frac{\mathrm{d}c}{\mathrm{d}z} \tag{6-73}$$

如图 6-8 所示，$\mathrm{d}s$ 是声线微元，$\mathrm{d}\gamma$ 是 $\mathrm{d}s$ 所张角度微元，则 $\mathrm{d}\gamma/\mathrm{d}s$ 即为微元 $\mathrm{d}s$ 处的声线曲率。当 $\mathrm{d}c/\mathrm{d}z>0$ 时 (声速正梯度)，$\mathrm{d}\gamma>0$，则 $\gamma_2>\gamma_1$，声线 S 弯向图的上方。当 $\mathrm{d}c/\mathrm{d}z<0$ 时 (声速负梯度)，$\mathrm{d}\gamma<0$，声线 S 弯向图的下方。可见，声线总是弯向声速小的方向。

3. 程函 $\varphi(x,y,z)$

为了得到 $\varphi(x,y,z)$ 的显式，需求解程函方程。仍考虑 xOz 面内的平面问题，且有 $c=c(z)$，$n=n(z)$。并设程函 φ 可以由函数 $\varphi_1(x)$ 和 $\varphi_2(x)$ 的线性叠加得到，即 $\varphi(x,z)=\varphi_1(x)+\varphi_2(z)$，则由式 (6-67) 可得到

$$\begin{cases} \dfrac{\partial \varphi_1(x)}{\partial x} = n(z)\cos \alpha \\ \dfrac{\partial \varphi_2(x)}{\partial z} = n(z)\cos \gamma \end{cases} \qquad (6\text{-}74)$$

式中，$\varphi_1(x)$ 是 $\varphi(x,z)$ 随 x 坐标变化的部分；$\varphi_2(x)$ 是 $\varphi(x,z)$ 随 z 坐标变化的部分。根据 Snell 定律，由式（6-74）第一式得到 $n(z)\cos \alpha = \cos \alpha_0$，于是

$$\varphi_1(x) = x\cos \alpha_0 + C_1$$

式中，α_0 是声线方向角 α 的初始值，即声线的初始掠射角；C_1 为常数。另外，从 Snell 定律得到 $n(z)\sin \alpha = \sqrt{n^2 - \cos^2 \alpha_0}$，因 $\cos \gamma = \sin \alpha$，把它代入式（6-74）第二式，得

$$\varphi_2(x) = \int_0^z \sqrt{n^2 - \cos^2 \alpha_0}\, \mathrm{d}z + C$$

式中，C_2 是积分常数，于是程函变为

$$\varphi(x,z) = x\cos \alpha_0 + \int_0^z \sqrt{n^2 - \cos^2 \alpha_0}\, \mathrm{d}z + C \qquad (6\text{-}75)$$

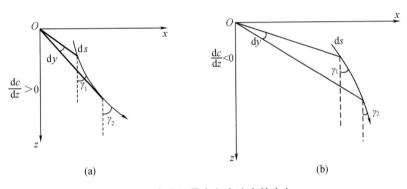

(a)　　　　　　　　　　　　　(b)

图 6-8　声线总是弯向声速小的方向

这里假定声线的起始点位于坐标原点，$C = C_1 + C_2$ 为常数。上式即为 $n = n(z)$ 条件下，平面问题的程函方程显式。把 $\varphi(x,z)$ 代入形式解（6-58）中，便得到高频近似下，平面问题的声压表示式，即

$$p(x,z,t) = A(x,z)\exp\left[\mathrm{j}\left(\omega t - xk_0 \cos \alpha_0 - k_0 \int_0^z \sqrt{n^2 - \cos^2 \alpha_0}\, \mathrm{d}z \right) \right] \qquad (6\text{-}76)$$

2. 声线强度方程

（1）强度方程的意义

声强 I 定义为通过垂直于声波传播方向上单位面积的平均声能。简谐波的声强，可写成一个周期 T 内声能的平均，即 $I = \dfrac{1}{T}\int_0^T \mathrm{Re}\, p\, \mathrm{Re}\, u\, \mathrm{d}t$。声能传递方向即为声波传播方向，因而声强可用指向声波传播方向的矢量 $\boldsymbol{I}$ 来表示。若采用声压的复数表示式，则声强表示为

$$\boldsymbol{I} = \frac{\mathrm{j}}{2\omega \rho}\, \frac{1}{T}\int_0^T p^* \cdot \nabla p\, \mathrm{d}t \qquad (6\text{-}77)$$

式中，p^* 为 p 的复共轭。为简单计，只考虑 $\boldsymbol{I}$ 在 x 方向上的分量 I_x，它正比于 $p^* \cdot \partial p / \partial x$。因声压表示为 $p = A\mathrm{e}^{-\mathrm{j}k_0\varphi}$，则

$$p^* \cdot \frac{\partial p}{\partial x} = A^2 \left(\frac{1}{A} \frac{\partial A}{\partial x} - \mathrm{j} k_0 \frac{\partial \varphi}{\partial x} \right)$$

在声压幅值随距离相对变化甚小或在高频条件时,上式中第一项与第二项相比是个小量,可忽略不计,于是 I_x 正比于 $A^2 \frac{\partial \varphi}{\partial x}$,同理,$I_y \propto A^2 \frac{\partial \varphi}{\partial y}$,$I_z \propto A^2 \frac{\partial \varphi}{\partial z}$,于是可得

$$\boldsymbol{I} \propto A^2 \, \nabla \varphi \tag{6-78}$$

可见声强与声压振幅 A 的平方和程函梯度 $\nabla \varphi$ 的乘积成正比,$\boldsymbol{I}$ 的方向与声线传播方向 $\nabla \varphi$ 相一致。

前面的讨论中,已得到了强度方程(6-64),由此可得

$$\nabla \cdot (A^2 \, \nabla \varphi) = 0$$

则由上式可知声强度矢量 $\boldsymbol{I}$ 的散度等于零,即

$$\nabla \cdot \boldsymbol{I} = 0 \tag{6-79}$$

上式说明射线声学中,声强度矢量为一管量场。下面,应用奥-高定理对式(6-79)作进一步的分析。奥-高定理表示为

$$\iiint_V \nabla \cdot \boldsymbol{I} \, \mathrm{d}V = \oiint_s \boldsymbol{I} \cdot \mathrm{d}S$$

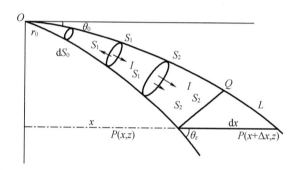

图6-9　声能沿射线管束的传播图

它将 $\nabla \cdot \boldsymbol{I}$ 的体积分转化为面积分。若把封闭面 S 选成沿着声线管束的侧面和管束两端的横截面 S_1 和 S_2,则由于声线管束侧面的法线方向处处与 $\boldsymbol{I}$ 方向相垂直,上式中沿声线管束侧面的面积分应等于零,于是就有

$$\iint_{S_1} \boldsymbol{I} \cdot \mathrm{d}S + \iint_{S_2} \boldsymbol{I} \cdot \mathrm{d}S = 0$$

进而可以看出

$$I_{S_1} S_1 = I_{S_2} S_2 = \cdots = \text{常数} \tag{6-80}$$

式中的常数由声源的辐射声功率来确定。式(6-80)说明,声能沿声线管束传播,端截面大,声能分散,声强值就小;端截面小,声能集中,声强值就大,即 I 与 S 成反比。另外,管束侧面上积分为零,表示管束内的声能不会通过侧面与管外有交流,因而总量保持不变,表明它是一个保守量。

(2)声强基本公式

式(6-80)表明了声强是个保守量,但没有给出声强的大小,下面讨论声强的计算公式。

令 W 代表单位立体角内的辐射声功率,若立体角微元 $\mathrm{d}\Omega$ 所张的截面积微元为 $\mathrm{d}S$,则声强等于

$$I(x,z) = \frac{W\mathrm{d}\Omega}{\mathrm{d}S} \qquad (6-81)$$

如图6-10所示,考虑掠射角为 α_0 和 $\alpha_0+\mathrm{d}\alpha_0$ 的两条声线,令它们绕 z 轴旋转一周,得到一个声线管束,它所张的立体角内微元为 $\mathrm{d}\Omega$,由于对称性,$\mathrm{d}\Omega$ 等于

$$\mathrm{d}\Omega = \frac{\mathrm{d}S_0}{r_0^2} = 2\pi\cos\,\alpha_0\mathrm{d}\alpha_0 \qquad (6-82)$$

式中,α_z 为单位距离 $\mathrm{d}x$ 处立体角 α_0 所张微元面积。由图6-10可见,当声线到达观察点处,$\alpha_0+\mathrm{d}\alpha_0$ 所张的垂直于声线的横截面积

$$\mathrm{d}S = 2\pi x \cdot \overline{PQ} = 2\pi x\sin\,\alpha_z\mathrm{d}x$$

式中,α_z 为接收点处的声线掠射角;$\mathrm{d}x$ 为初始掠射角从 α_0 增加到 $\alpha_0+\mathrm{d}\alpha_0$ 时,接收深度上声线水平距离 x 的增量。如果已经知道初始掠角 α_0 所射出声线的轨迹方程为 $x=x(\alpha_0,z)$,则水平距离 x 的增量为

$$\mathrm{d}x = \left(\frac{\partial x}{\partial \alpha_0}\right)\mathrm{d}\alpha_0$$

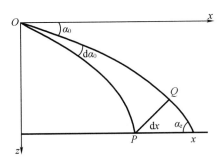

图6-10 声能沿射线管束的传播

于是

$$\mathrm{d}S = 2\pi x\sin\,\alpha_z\left(\frac{\partial x}{\partial \alpha_0}\right)_{\alpha_0}\mathrm{d}\alpha_0 \qquad (6-83)$$

将式(6-82)和式(6-83)代入式(6-81),得到

$$I(x,z) = \frac{W\cos\,\alpha_z}{x\left(\dfrac{\partial x}{\partial \alpha_0}\right)_{\alpha_0}\sin\,\alpha_z}$$

考虑到声速梯度 $g<0$ 时,$(\partial x/\partial \alpha_0)<0$,它将导致声强 $I(x,z)<0$,这是不合理的,因此将上式修改为

$$I(x,z) = \frac{W\cos\,\alpha_0}{x\left|\dfrac{\partial x}{\partial \alpha_0}\right|_{\alpha_0}\sin\,\alpha_z} \qquad (6-84)$$

式(6-84)就是射线声学计算单条声线声强的基本公式,它在水声学中有很多重要应用。

水声学中,用 r 表示水平距离,则上式成为

$$I(r,z) = \frac{W\cos\alpha_0}{r\left|\dfrac{\partial r}{\partial\alpha_0}\right|_{\alpha_0}\sin\alpha_z} \tag{6-85}$$

求得声强后,由该式可得到声压振幅表示式。如不计入常数因子,则声压幅值等于

$$A(r,z) = |I|^{1/2} = \sqrt{\frac{W\cos\alpha_0}{r\left|\dfrac{\partial r}{\partial\alpha_0}\right|_{\alpha_0}\sin\alpha_z}} \tag{6-86}$$

以上,从强度方程求得射线声场的振幅因子 $A(r,z)$,结合先前从程函方程求得射线声场的程函 $\varphi(r,z)$,把它们代入形式解 $p(x,z)$ 中,便求得平面问题的射线声场表示式为

$$p(r,z) = A(r,z)\,\mathrm{e}^{-jk_0\varphi(r,z)} \tag{6-87}$$

3. 射线声学的适用条件

程函方程(6-63)是在条件

$$\frac{1}{k^2}\frac{\nabla^2 A}{A} \ll 1 \tag{6-88}$$

下推导出的,该条件可理解为:

(1)在可以与声波波长相比拟的距离上,声波振幅的相对变化量远小于1;

(2)要求声波波长很短,即高频情况。

条件(1)要求介质不均匀是慢变的,在一个波长距离上,声速变化应很小,折射率 n 是小量,所以振幅的相对变化量很小。

条件(2)表面射线声学适用高频条件,是波动声学在高频条件下的近似。这里的高频可以理解为

$$f > 10\,\frac{c}{H}$$

式中,c 是声速;H 是海深。

(3)射线声学在焦散区和影区不适用

在射线声学中,当用式(6-85)计算声强时,可能会遇到 $\left|\dfrac{\partial r}{\partial\alpha_0}\right| = 0$,这时 $I\to\infty$,这是不合理的。另外,没有直达声线到达的区域称为影区,射线方法给出影区中声强为零,这与实际情况不符,所以这种射线方法在影区失效。

因此射线声学是波动声学的高频近似,适用于高频条件和弱不均匀介质。

6.3.2 分层介质中的射线声学

海水介质的垂直分层特性,即声速(折射率)不随水平方向变化,仅是海水深度的函数。所以,工程上往往在测得声速分布 $c(z)$ 后沿深度方向将其分成若干层并使每层中的相对声速梯度 a 等于常数,这就是分层介质模型。在这种分层模型下,每层介质的特性可描述为

层厚度

$$h_i = z_i - z_{i-1} \quad (i = 1, 2, \cdots, N)$$

层中相对声速梯度

$$a_i = \frac{c_i - c_{i-1}}{c_{i-1}(z_i - z_{i-1})}$$

层中声速

$$c(z) = c_{i-1}\left[1 + a_i(z - z_{i-1})\right] \quad z_{i-1} \leqslant z \leqslant z_i$$

海水介质的这种垂直分层模型,是对实际海洋声速分布的近似,比较客观地反映了声速的空间变化。本节将讨论介质分层模型下的射线声学,所得结果在水声工程中有广泛的应用。

1. Snell 定律和声线弯曲

射线声学所遵循的基本规律是 Snell 定律,表示为

$$\frac{\cos\alpha}{c} = \frac{\cos\alpha_0}{c_0} = 常数 \tag{6-89}$$

式中,α 为深度 z 上声线与水平坐标 Ox 轴的夹角,称为掠射角;c 为该深度上的声速。α_0、c_0 为某特定深度上,如声源深度上声线出射处的掠射角和声速。若 α_0 和声速的垂直分层分布 $c(z)$ 为已知,则可由 Snell 定律求出海洋中任意深度处声线的掠射角,从而确定了任意深度处声波传播方向。由式(6-89)可知,对于每个初始掠射角 α_0 都有一条声线与其对应,初始掠射角 α_0 不同,与其对应的声线也就不同。

2. 恒定声速梯度情况下声线轨迹

由式(6-73)可求得平面问题的声线曲率的表达式

$$\frac{\mathrm{d}\gamma}{\mathrm{d}s} = \frac{\sin\gamma}{c}\frac{\mathrm{d}c}{\mathrm{d}z} = \frac{\cos\alpha}{c}\frac{\mathrm{d}c}{\mathrm{d}z} \tag{6-90}$$

式中,γ 为声线入射角,即声线长度微元 $\mathrm{d}s$ 与垂直轴 z 的夹角,初始入射角 γ_0 与初始掠射角 α_0 的关系为 $\alpha_0 = \pi/2 - \gamma_0$;$c$ 为 $\mathrm{d}s$ 微元处的声速。曲率半径 R 与曲率的关系为

$$R = \frac{1}{\left|\dfrac{\mathrm{d}\gamma}{\mathrm{d}s}\right|} = \frac{1}{\left|\dfrac{\cos\alpha}{c}\dfrac{\mathrm{d}c}{\mathrm{d}z}\right|} \tag{6-91}$$

Snell 定律指出,当初始掠射角 α_0 及相应的声速值 α_0 给定后,比值 $\cos\alpha/c = \cos\alpha_0/c_0$ 为常数。另外,对于恒定声速梯度介质而言,$c = c_0(1 - az)$,这里 c_0 为 $z = 0$ 处的声速,a 为相对声速梯度(这里 a 为常数),则 $\mathrm{d}c/\mathrm{d}z = ac_0$ 是常数。于是,由式(6-90)得到

$$\frac{\mathrm{d}\gamma}{\mathrm{d}s} = a\cos\alpha_0 \tag{6-92}$$

这是一个常数,表示在恒定声速梯度情况下,声线曲率到处相等,则其轨迹必是圆弧,且圆弧对应的半径为

$$R = \frac{1}{|a\cos\alpha_0|} \tag{6-93}$$

3. 层中声线轨迹方程

(1)声线轨迹方程的一般形式

设海水介质中声速 $c = c(z)$,深度 z 处声线掠射角为 α,现在该处截取足够小声线微元 $\mathrm{d}s$,则由图 6-11 可知,$\mathrm{d}x = \dfrac{\mathrm{d}z}{\tan\alpha}$。如 α_0、c_0 分别是声线初始掠射角和该处声速,并定义

$n(z) = \dfrac{c_0}{c(z)}$,则应用 Snell 定律 $\dfrac{\cos \alpha_0}{c_0} = \dfrac{\cos \alpha}{c(z)}$ 后,可得声线轨迹方程的微分形式为

$$\mathrm{d}x = \frac{\cos \alpha_0}{\sqrt{n^2 - \cos^2 \alpha_0}} \mathrm{d}z \tag{6-94}$$

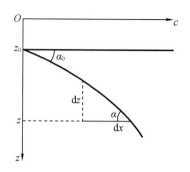

图 6-11　求声线轨迹方程示意图

对式(6-94)进行积分,就可得到声线轨迹方程。

(2)恒定声速梯度条件下的声线轨迹方程

考虑层中相对声速梯度 a 等于常数的特殊情况,此时声速 $c = c_0(1 + az)$,则 $n(z) = 1/(1+az)$,将其代入式(6-94)中得

$$x = \int_{z_0}^{z} \cos \alpha_0 \frac{(1 + az)}{\sqrt{1 - (1 + az)^2 \cos^2 \alpha_0}} \mathrm{d}z$$

因仅考虑一层,可令 $z_0 = 0$,则完成上式积分得

$$x = \frac{\tan \alpha_0}{a} - \frac{1}{a\cos \alpha_0} \sqrt{1 + (1 + az)^2 \cos \alpha_0} \tag{6-95}$$

式(6-95)经整理得

$$\left(x - \frac{1}{a}\tan \alpha_0\right)^2 + \left(z + \frac{1}{a}\right)^2 = \left(\frac{1}{a\cos \alpha_0}\right)^2 \tag{6-96}$$

式(6-96)就是 a 为常数时的声线轨迹方程,明显,此时声线轨迹满足圆方程,圆心坐标为

$$x = \frac{\tan \alpha_0}{a}, \quad z = -\frac{1}{a}$$

曲率半径为

$$R = \frac{1}{|a\cos \alpha_0|}$$

因 α_0 很小的声线才能远距离传播,因此设 $\alpha_0 = 0$,即声线水平出射。一般情况下 $|a| = 10^{-6} \sim 10^{-4}$,这些条件决定了声线曲率半径 $R = |1/a|$ 一般是很大的,达几千米,甚至上百千米。

需要注意的是,只在相对声速梯度 a 等于常数的条件下,声线轨迹才是圆弧。

例 6-2　水平分层介质中已知某条声线的起始掠射角为 0,起点处介质声速为 c_0,海水介质的声速梯度为大于零的常数 g。试证明声线轨迹为半径 $R = c_0/g$ 的一段圆弧。

证明 由前文可得,恒定声速梯度情况下声线曲率到处相等,则其轨迹必是圆弧,且曲率半径为 $R = \dfrac{1}{|a\cos \alpha_0|}$。初始掠射角为零,则 $\cos \alpha_0 = 1$;又相对梯度与声速梯度的关系为 $a = g/c_0 > 0$,则可知曲率半径为 $R = \dfrac{1}{a} = \dfrac{c_0}{g}$,即声线轨迹为半径 $R = \dfrac{c_0}{g}$ 的一段圆弧。

4.层中声线经过的水平距离

(1)水平距离的一般关系式

若声源位于 $x=0$,$z=z_0$ 处,接收点位于 (x,z) 点处,声速分布为 $c=c(z)$,则可由下列积分求出声线经过的水平距离。

由图 6-11 可知,$\tan \alpha = \dfrac{\mathrm{d}z}{\mathrm{d}x}$,则

$$x = \int \mathrm{d}x = \int_{z_1}^{z} \frac{\mathrm{d}z}{\tan\alpha(z)}$$

由 Snell 定律可知 $\tan \alpha = \dfrac{\sqrt{n^2 - \cos^2\alpha_0}}{\cos \alpha_0}$,其中 $n(z) = c(z_0)/c(z)$,如图 6-12 所示,得水平距离为

$$x = \cos \alpha_0 \int_{z_0}^{z} \frac{\mathrm{d}z}{\sqrt{n^2(z) - \cos^2\alpha_0}} \tag{6-97}$$

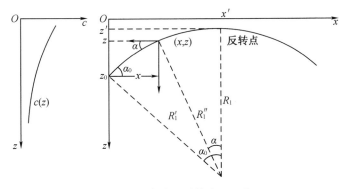

图 6-12 声线经过的水平距离

当接收点远离声源时,声线往往要经过反转后才到达接收点,这时由图 6-12 可以看出,声线经过反转点 z' 之后,z 和 x 不再一一对应,同一 z 值对应两个 x 值,因此在求水平距离时积分应分段相加,于是有

$$x = \cos \alpha_0 \left| \int_{z_0}^{z'} \frac{\mathrm{d}z}{\sqrt{n^2(z) - \cos^2\alpha_0}} \right| + \cos \alpha' \left| \int_{z'}^{z} \frac{\mathrm{d}z}{\sqrt{n^2(z) - \cos^2\alpha'}} \right| \tag{6-98}$$

因为反转点处掠射角 $\alpha' = 0$,所以式(6-98)可写为

$$x = \cos \alpha_0 \left| \int_{z_0}^{z'} \frac{\mathrm{d}z}{\sqrt{n^2(z) - \cos^2\alpha_0}} \right| + \left| \int_{z'}^{z} \frac{\mathrm{d}z}{\sqrt{n^2(z) - 1}} \right| \tag{6-99}$$

式(6-98)或式(6-99)即为一般声速分布条件下的声线水平距离公式。

（2）恒定声速梯度下层中声线水平距离

对于恒定声速梯度情况，声线轨迹为一圆弧，可直接从声线轨迹图中利用几何关系求水平距离，由图 6-12 可看出

$$x = R_1 \mid \sin \alpha_0 - \sin \alpha(z) \mid = \frac{c(z_0)}{\cos \alpha_0 \cdot g} \mid \sin \alpha_0 - \sin \alpha(z) \mid \qquad (6-100)$$

式中，g 为绝对声速梯度，$g = \dfrac{\mathrm{d}c}{\mathrm{d}z} = ac_0$。

由图 6-12 可知，声线经过的垂直距离等于 $z_0 - z = R_1(\cos \alpha - \cos \alpha_0)$，把它代入式（6-100），便得水平距离的另一表达式

$$x = \frac{\mid z - z_0 \mid}{\tan \left[\frac{1}{2} \left[\alpha_0 + \alpha(z) \right] \right]} \qquad (6-101)$$

显然，使用式（6-101）计算水平距离是更加方便的。同样，当声线经过反转点后，水平距离也需分段相加，经化简后得

$$x = \frac{\mid z_0 - z' \mid}{\tan \left(\frac{\alpha_0}{2} \right)} + \frac{\mid z - z' \mid}{\tan \left(\frac{\alpha}{2} \right)} \qquad (6-102)$$

例 6-3 海水中声速从海面的 1 500 m/s 均匀地减小到 100 m 深处的 1 450 m/s。求：（1）声速梯度；（2）从海面水平出射的声线传播到 100 m 深处时，声线传播的水平距离；（3）上述声线到达 100 m 深处时的掠射角。

解 （1）由题意可知，声速梯度 g 恒定，计算得 $g = \dfrac{\mathrm{d}c}{\mathrm{d}z} = \dfrac{1\ 500 - 1\ 450}{-100} = -0.5\ \mathrm{s}^{-1}$。

（2）水平出射，表示初始掠射角为 0°，由例 6-2 可知，恒定声速梯度时，声线轨迹是一段圆弧，圆的曲率半径为 $R = \dfrac{1}{\mid a\cos \alpha_0 \mid} = \left| \dfrac{c}{g} \right| = \dfrac{1\ 500}{0.5} = 3\ \mathrm{km}$，则水平传播距离可由式（6-96）得到，故 $x \approx 0.768\ \mathrm{km}$。

（3）由 Snell 定律知，到达 100 m 深度时的掠射角为 $\theta = \arccos \left(\dfrac{1\ 450}{1\ 500} \cdot \cos \alpha_0 \right) = 14.84°$。

5. 层中声线传播时间

（1）层中声线传播时间的一般式

声线经过微元 $\mathrm{d}s$ 距离所需要的时间 $\mathrm{d}t = \mathrm{d}s/c$，声速随深度而变，因而声传播时间为

$$t = \int \frac{\mathrm{d}s}{c}$$

将声线微元 $\mathrm{d}s$ 取得足够小，则 $\mathrm{d}s = \dfrac{\mathrm{d}z}{\sin \alpha(z)}$。当声线从 z_0 深度传播到 z 深度，则所需要的时间为

$$t = \int_{z_0}^{z} \frac{\mathrm{d}z}{c(z) \sin \alpha(z)}$$

根据 Snell 定律，$c\sin \alpha = \dfrac{c_0}{n} \sqrt{n^2 - \cos^2 \alpha_0}$，其中，$n = c(z_0)/c(z) = c_0/c$，所以有

$$t = \frac{1}{c_0} \int_{z_0}^{z} \frac{n^2(z)\,\mathrm{d}z}{n^2(z) - \cos^2 \alpha_0} \tag{6-103}$$

上式为计算声线传播时间的一般式。

（2）恒定声速梯度条件下层中声线传播时间

在恒定梯度条件下，由 Snell 定律可求得 $\mathrm{d}z = -\sin \alpha \mathrm{d}\alpha / (a\cos \alpha_0)$，代入式（6-103）中得到

$$t = -\int_{\alpha_0}^{a} \frac{\mathrm{d}\alpha_0}{ac_0\cos \alpha} \tag{6-104}$$

α_0 和 α 分别为深度 z_0 和 z 处的声线掠射角。对上式积分，得到

$$t = \frac{1}{2ac_0}\left(\ln\frac{1+\sin \alpha_0}{1-\sin \alpha_0} - \ln\frac{1+\sin \alpha}{1-\sin \alpha}\right) \tag{6-105}$$

式（6-105）给出了恒定声速梯度层中声线传播时间的计算公式。

6. 恒定声速梯度层中的声强度

考虑层中为恒定声速梯度时的声强，利用水平距离表达式（6-100），并由 Snell 定律得到 $\dfrac{\partial \alpha}{\partial \alpha_0} = \dfrac{\cos \alpha \sin \alpha_0}{\cos \alpha_0 \sin \alpha}$，代入式（6-84）得

$$\left|\frac{\partial x}{\partial \alpha_0}\right|_{\alpha_0} = \frac{x}{\cos \alpha_0 \sin \alpha}$$

于是，求得单层线性分层介质中的声强为

$$I = \frac{W\cos^2 \alpha_0}{x^2} \tag{6-106}$$

前面已经得到平面问题中的射线声学声压一般表达式为

$$p(x,z) = A(x,z)\mathrm{e}^{-jk_0\varphi(x,z)} \tag{6-107}$$

在忽略常数因子情况下，声压振幅为

$$A(x,z) = \sqrt{I(x,z)}$$

这就得到了线性分层介质中的声压振幅。

7. 聚焦因子

在不均匀介质中，声线弯曲使得传播声能的声线管束横截面积发生变化。S_0 为均匀介质中的声线管束横截面积，S_1 为不均匀介质的声线管束横截面积。当发射声功率一定时，由于截面积 S_0 和 S_1 一般不等，因此通过这些截面单位面积上的声功率，即声强度也是不相等的，聚焦因子就是用来描述声强度的这种差异的。

聚焦因子定义为不均匀介质中的声强 $I(x,z)$ 与均匀介质中的声强 I_0 之比，即

$$F(x,z) = \frac{I(x,z)}{I_0} \tag{6-108}$$

设 W 是单位立体角内的发射声功率，则均匀介质中的声强 $I_0 = W/R^2$，不均匀介质中的声强 $I(x,z)$ 由式（6-84）给出，于是有

$$F(x,z) = \frac{R^2\cos \alpha_0}{x\left|\dfrac{\partial x}{\partial \alpha_0}\right|_{\alpha_0}\sin \alpha} \tag{6-109}$$

在斜距 R 近似等于水平距离 x 时,上式近似为

$$F(x,z) = \frac{x\cos\alpha_0}{\left|\dfrac{\partial x}{\partial\alpha_0}\right|_{\alpha_0}\sin\alpha} \qquad (6-110)$$

聚焦因子 $F(x,z)$ 说明了声能的相对会集程度,若聚焦因子 $F(x,z)<1$,说明射线管束中的发散程度大于球面波的发散,管中声强小于球面波声强;如 $F(x,z)>1$,说明射线管束中的发散小于球面波的发散,管中声强大于球面波声强。当 $\left|\dfrac{\partial x}{\partial\alpha_0}\right|_{\alpha_0} \to 0$ 时,$F(x,z)\to\infty$,此时声强急剧增强,这是由于射线管束横截面积强烈收缩,或声线大量集中,声能聚集所致,称为声聚焦,这时式(6-84)和式(6-110)不能成立,射线声学在这里就不再适用。事实是聚焦处声强不是无限大,但远高于邻近区域中的声强。

8. 声线轨迹图

图 6-13 是展现不同类型声速分布条件下的声线轨迹情况。

图 6-13 中绘制了四种不同类型声速分布下的声线轨迹。图 6-13(a)和图 6-13(b)分别是恒定负梯度和恒定正声速梯度下的声线轨迹,图 6-13(c)为表面层具有正梯度和下层为负梯度情况下的声线轨迹,图 6-13(e)和图 6-13(f)分别对应声源位于接近海面和接近海底的情况。比较图 6-13(d)、图 6-13(e)、图 6-13(f),三张轨迹图可看出,声线轨迹不仅与声速分布有关,而且与声源位置也有关系。

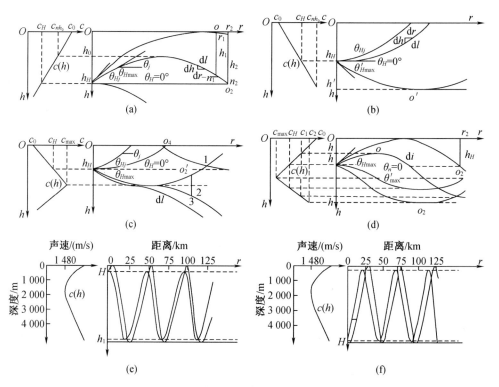

图 6-13　几种不同类型声速分布条件下的声线轨迹情况

6.4 表面声道的声传播

由第5章可知,声波在海洋中传播受多个因素的影响,包括海水中的声速、密度分布,海面的平整度、反射损失,以及海底的密度、声速、反射系数、吸收衰减等,这些因素总称为声传播条件。本章最后两节,将运用射线声学的方法,讨论两类典型海洋环境条件下的声传播特性,所得结果从理论上说明了海洋中的声传播机理及其规律,也为声呐设计和声呐合理应用提供了理论依据。

图6-14为北大西洋中纬度和高纬度地区的冬季两条典型声速分布曲线。由于海洋中湍流和风浪对于表面海水的搅拌作用,使得海表面下形成一层一定厚度的温度均匀层,该等温层也称混合层。在等温层内,温度均匀,压力随深度增加,引起声速变大,如图6-14(b)所示的声速正梯度分布。声速的最小值点一直延伸到接近海表面,声速增加的一端可以与声速的主跃变层相接,如图6-14(a)所示;在浅海中,声速正梯度分布也可能一直延伸至浅海海底,呈现全部是正梯度分布,如图6-14(b)所示。

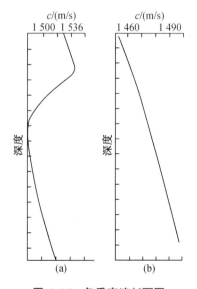

图6-14 冬季声速剖面图

水声中,将这种声速分布称作表面声道。在表面声道中,海面附近的小掠射角的声线,在混合层中由于折射而不断地发生反转,即声线在层中的某个深度上改变传播方向,传向海面,并在海面发生反射,此过程不断重复,于是,声能量几乎被完全限制在表面层内传播,形成声信号沿表面声道远距离传播的现象。

图6-15中绘出了表面声道中的声线图,图6-15(a)是表面声道中的声速分布,图6-15(b)中虚声线是表面声道的临界声线,它在声源处的掠射角等于−1.76°。凡是声源处掠射角在−1.76°~1.76°范围内的声线,均沿表面声道传播;掠射角超出该范围的声线,将折射入深海中,如图6-15中的−2°,−3°声线。如图6-15(b)中的阴影部分是直达声线不能到达的区域,称为声影区。

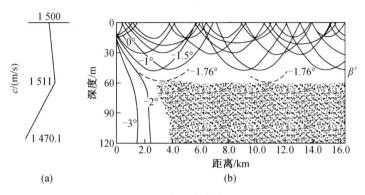

(a)   (b)

图 6-15　表面声道声线图

6.4.1　表面声道中声线参数

虽然表面声道确实存在,但不易得到其声速分布的解析表达式。为了分析方便,根据表面声道声速分布的主要特征,通常把它简化为线性正梯度分布模型,表示为

$$c(z) = c_{\mathrm{s}}(1 + az) \qquad (0 \leqslant z \leqslant H) \tag{6-111}$$

式中,c_{s} 为海表面声速值;a 为声道中相对声速梯度,这里 $a > 0$。

对于某一确定的海水声速分布,可以应用波动理论或射线声学方法,得到海水中的声场分布特性。应用声传播的射线方法,在恒定声速正梯度下,混合层内的声线如图 6-16 右边所示。图 6-16 中,c_{s}、c_0、c、c_H 分别为海面、声源、接收点处和混合层中 H 深度处的声速;α_{s}、α_0、α 和 α_H 分别为海面、声源、接收点处和混合层中 H 深度处的掠射角。它们之间满足如下关系:

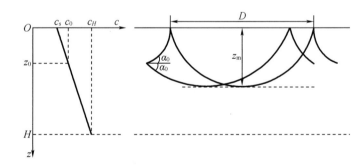

图 6-16　恒定正梯度下的表面声道声线

$$\begin{cases} c_0 = c_{\mathrm{s}}(1 + az_0) \\ c = c_{\mathrm{s}}(1 + az) \\ c_H = c_{\mathrm{s}}(1 + aH) \end{cases} \tag{6-112}$$

— 158 —

和

$$\frac{\cos \alpha_0}{c_0} = \frac{\cos \alpha_s}{c_s} = \frac{\cos \alpha}{c} = \frac{\cos \alpha_H}{c_H} \tag{6-113}$$

式中，z_0 和 z 代表声源和接收点处的深度。根据以上各关系式和相关条件，可以确定出表面声道中声线的有关参数。

1. 反转深度和临界声线

声源处以小掠射角出射的声线，在层中某一深度上会因折射而发生反转，该深度称为反转深度。明显，反转深度 z_m 的声线掠射角 $\alpha = 0$，因而

$$\frac{\cos \alpha_0}{1 + az_0} = \frac{1}{1 + az_m}$$

$$z_m = \frac{az_0 + 1 - \cos \alpha_0}{a\cos \alpha_0} \tag{6-114}$$

如果声源就在海面附近，则 $\alpha_0 = \alpha$，$z_0 = 0$，反转深度 z_m 为

$$z_m = \frac{1 - \cos \alpha_s}{a\cos \alpha_s} \tag{6-115}$$

一般来说，α_0 和 α_s 都是小量，将余弦函数展开并取近似后，由式（6-114）和（6-115）分别可得

$$z_m \approx z_0 + \frac{\alpha_0^2}{2a} \text{或} z_m \approx \frac{\alpha_s^2}{2a} \tag{6-116}$$

当反转深度 z_m 等于表面声道的层深 H 时，可以求得声源处最大掠射角 α_{0m} 和海表面处最大掠射角 α_{sm}，由式（6-116）得

$$\alpha_{0m} = \sqrt{2a(H - z_0)}$$

$$\alpha_{sm} = \sqrt{2aH} \tag{6-117}$$

α_{0m} 和 α_{sm} 称为临界角，如图 6-17 所示。

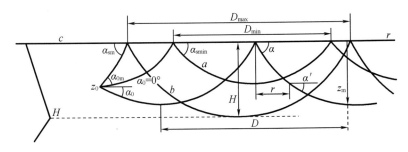

图 6-17　表面声道跨度 D、掠射角 α_s 和深度 z_m

将在 $z = H$ 深度上翻转的声线称为表面声道中的临界声线。当声源处掠射角 $|\alpha_0| > \alpha_{0m}$（或者海面掠射角 $\alpha_s > \alpha_{sm}$）时，声线将会越出表面声道，进入 $z > H$ 的深水区域中，且不再回到表面声道中。当声源处掠射角 $|\alpha_0| < \alpha_{0m}$（或者海面掠射角 $\alpha_s < \alpha_{sm}$）时，声线将在反转深度上发生反转，改变传播方向，传向表面并在那里经海面反射又一次改变传播方向，此过程不断重复，声能则被限制于表面声道中，声波由此传向远处。

2. 声线跨度

跨度 D 指的是声线接连两次发生海面反射,海面两相邻反射点之间的水平距离。利用声线水平距离计算公式(6-101)和反转深度 z_m 表达式(6-115),得

$$D = \frac{2z_m}{\tan\left(\frac{\alpha_s}{2}\right)} = \frac{2}{a} \frac{1-\cos\alpha_s}{\tan\left(\frac{\alpha_s}{2}\right)\cos\alpha_s} = \frac{2}{a} \frac{\sin\alpha_s(1-\cos\alpha_s)}{\tan\left(\frac{\alpha_s}{2}\right)\cos\alpha_s\sin\alpha_s} = \frac{2\tan\alpha_s}{a} \qquad (6-118)$$

式(6-118)为海面处掠射角等于 α_s 的声线的跨度。当海面掠射角取其临界值 $\alpha_m = \sqrt{2aH}$ 时,跨度 D 就取最大值 D_{max}。因为只有 α_s 很小的声线才能传播大的水平距离,因此可应用级数 $\tan\alpha_s \approx \alpha_s + \cdots$,于是由式(6-118)得到

$$D_{max} \approx \sqrt{\frac{8H}{a}} \qquad (6-119)$$

当声源 z_0 处声线掠射角 $\alpha_0 = 0$ 时,声线向海面传播,并经海面反射而改变传播方向,在向下传播过程中发生反转,反转深度 z_m 就等于声源深度 z_0,该声线在海面的掠射角为最小 $\alpha_s = \alpha_{smin}$,由式(6-116)求得最小海面处掠射角 α_{smin} 等于

$$\alpha_{smin} = \sqrt{2az_0} \qquad (6-120)$$

声源处以掠射角 α_{smin} 出射的声线的跨度是最小跨度,它等于

$$D_{min} = \sqrt{\frac{8z_0}{a}} \qquad (6-121)$$

举例:设海面下为等温层,声源位于海面附近,由静压力引起的声速正梯度 $a \approx 1.2 \times 10^{-5}$,当混合层深度(即最大反转深度)$H = 80$ m 时,求得临界声线的海面掠射角为(如图6-17 中声线 b)$\alpha_{smax} = \sqrt{2aH} = 2.5°$,对应的跨度为

$$D_{max} = \sqrt{\frac{8H}{a}} = 7.3 \text{ km}$$

可见,对于小掠射角声线,其一个跨度所通过的水平距离是相当可观的。

3. 循环数 N 和声能沿深度的分布

设声源和接收器靠近海面,它们的水平相距为 r。如果以掠射角 α_{sN} 出射的声线在海面反射 N 次后到达接收点,则 $r = ND(\alpha_{sN})$,这里 $D(\alpha_{sN})$ 是跨度,N 取正整数,称为循环数。可以证明,对于每一个 N 值,都有一个 α_{sN} 和 $D(\alpha_{sN})$ 与其相对应,这些声线有不同的循环数 N 和掠射角 α_{sN},但有可能到达同一接收点,满足 $N = \frac{r}{D(\alpha_{sN})}$。$N = 1$ 指经过一个跨度传来的声线,$N = 2$ 为经过两个跨度传来的声线,……。结合式(6-118),得循环数为

$$N = \frac{ar}{2\tan\alpha_{sN}} \qquad (N = 1, 2, \cdots, \infty) \qquad (6-122)$$

由式(6-122)可知,掠射角 α_{sN} 满足上式的声线,可到达水平距离为 r 的同一接收点。由式(6-122)可得

$$\alpha_{sN} = \arctan\left(\frac{ar}{2N}\right) \qquad (N = 1, 2, \cdots, \infty) \qquad (6-123)$$

可见,循环数 N 越大,掠射角 α_{sN} 就越小,声线越接近海面。当 $N \to \infty$ 的声线,相应于沿

海面传播的声线,它的掠射角最小,其跨度也最小。掠射角取极大值 α_{smax} 的声线,N 的取值为最小,它是跨度最大,反转深度最深的声线。

考察式(6-123)可知,N 和 $N+1$ 是两个相邻正整数,分别表示掠射角为 α_{sN} 和 α_{sN+1} 的两相邻声线。当 N 值很大时,则由式(6-123)可看出,其相邻声线的掠射角十分接近,此时声线比较密集;当 N 值减小时,相邻掠射角变得疏散,则声线就变得稀疏。因而,声能高度集中在那些大 N 值的声线族中,它们在靠近海面的层中传播,表明声能高度集中于海面附近区域。

式(6-116)指出了反转深度 z_m 与 α_s^2 的正比关系,当掠射角由 α_s 变为 $\alpha_s/2$ 时,反转深度由 z_m 变为 $z_m/4$,即变小时,反转深度以平方速度变小;相反,当 α_s 变大时,反转深度以平方速度变大。由此可见,小掠射角声线将十分密集,且 α_s 越小,声线越密集;相反,大掠射角声线则变得较为稀疏,且 α_s 越大,声线越稀疏。所以,声能高度集中于小掠射角声线传播区域,即海面附近区域。根据以上分析,可得出如下结论:在表面声道中,声线高度集中于海面附近,因而那里声强最强;随深度的增加,声线变得越来越稀疏,声强也就越来越弱。

关于层中声能沿深度分布的特性,可以用波动理论得到的结果来验证,可以验证射线声学结果与高频条件下的波动声学结果的一致性。

6.4.2 传播时间及接收信号波形展宽

式(6-122)表明,在表面声道中可以有多条声线到达同一接收点。对于脉冲信号,将会有多个脉冲到达同一接收点,这些脉冲沿着不同的声线传播,有不同的传播时间,它们的叠加将导致接收信号波形畸变和信号宽度展宽。

首先,计算这些声线的传播时间。取足够小的一段声线微元,它们等于 $ds = dz/\sin\alpha$,在线性模型下,声速 $c(z) = c_0(1+az)$,经过微元 ds 的传播时间 $dt = \dfrac{ds}{c} = \left|\dfrac{dz}{c\sin\alpha}\right|$,通过折射定律求得

$$dz = -\frac{\sin\alpha\,d\alpha}{a\cos\alpha_0}$$

由此,将对变量 z 的积分换成对变量 α 的积分后得

$$t = \int\left|\frac{dz}{c\sin\alpha}\right| = \frac{1}{c_0 a}\cdot\int_{\alpha_1}^{\alpha_2}\frac{d\alpha}{\cos\alpha} \tag{6-124}$$

式中,t 为声线从深度 z_1 传播到深度 z_2 的时间,式中 $\alpha_1 = \alpha(z_1)$,$\alpha_2 = \alpha(z_2)$,完成上式积分得

$$t = \frac{1}{2c_0 a}\left(\ln\frac{1+\sin\alpha_1}{1-\sin\alpha_1}-\ln\frac{1+\sin\alpha_2}{1-\sin\alpha_2}\right) \tag{6-125}$$

若要计算一个完整跨度 D 得声传播时间,可令 α_1 等于海面掠射角 α_s,反转点上 $\alpha_2 = 0$,一个跨度的传播时间 Δt 等于式(6-125)的两倍,得

$$\Delta t = \frac{1}{c_0 a}\ln\frac{1+\sin\alpha_s}{1-\sin\alpha_s}$$

通常 α_s 是一个小量,上式可展开为

$$\Delta t = \frac{2\alpha_s}{c_0 a}\left(1+\frac{1}{6}\alpha_s^2+\frac{1}{24}\alpha_s^4+\cdots\right)$$

如果信号传播到接收点经历了 N 个跨度,在忽略 α_s^2 以上各项后,得总传播时间

$$t_N = \frac{2N_{\alpha_s}}{c_0 a}\left(1+\frac{1}{6}\alpha_s^2\right) \tag{6-126}$$

另一方面,经历 N 个循环的声线的掠射角 α_{sN} 与水平距离 r 应满足式(6-123),于是得 $\alpha_{sN} = \arctan\left(\dfrac{ar}{2N}\right)$,将 α_{sN} 代入式(6-130),并利用级数 $\arctan\alpha = \alpha - \dfrac{1}{3}\alpha^3 + \cdots$,得到

$$t_N \approx \frac{r}{c_0}\left(1-\frac{a^2r^2}{24N^2}\right) \tag{6-127}$$

由此可见,循环数 N 最小的声线最接近深度 H,传播时间最短,最先到达接收点;N 最大的声线最靠近海面传播,传播时间最长,最后到达接收点。

若令 N_{min} 和 N_{max} 分别代表到达接收点声线的最小和最大循环数,根据式(6-127)求出信号的持续时间 T 为

$$T = t_{N\max} - t_{N\min} = \frac{a^2r^3}{24c_0}\left(\frac{1}{N_{min}^2} - \frac{1}{N_{max}^2}\right)$$

在远距离上,$N_{max} \gg N_{min}$,故

$$T = \frac{a^2r^3}{24c_0} \cdot \frac{1}{N_{min}^2} \tag{6-128}$$

由式(6-123)可知,$\alpha_{sN} = \arctan\left(\dfrac{ar}{2N}\right) \approx \dfrac{ar}{2N}$。因与 N_{min} 对应的是最大海面掠射角 α_{smax},则 $N_{min} \approx \dfrac{ar}{2\alpha_{smax}}$。而 $\alpha_{smax} = \sqrt{2aH}$,把 N_{min} 和 α_{smax} 代入式(6-128)得到

$$T = \frac{aHr}{3c_0} \tag{6-129}$$

可见,信号持续时间 T 与距离 r 成正比,因此远距离上,脉冲展宽将非常明显。平均地说,T 正比于 r 的规律与实验结果是吻合的。

6.5 深海声道中的声传播

深海声道存在于全球的深海海域,因其具有优良的声传播性能而受到极大关注。图 6-18 是典型的深海声道声速剖面图,显示了深海声速沿深度方向的分布,它的重要特点是存在一个声速极小值,其所在深度称为声道轴,在声道轴的上、下方分别为声速负梯度和声速正梯度。由折射定律可知,声线总是弯向声速极小值方向,因此,声道内的小掠射角声线将由于折射而被限制于声道内传播。它们无须借助海面和海底反射,没有反射损失,因此声信号可传播很远距离,尤其对于吸收小的低频声信号传播得更远。例如,深海中 1.8 kg 和 2.7 kg 的炸药爆炸声可以在 4 250 km 和 5 750 km 处被接收到。深海声道另一优点是,与表面声道相比,它不受季节变化的影响,声道终年存在,十分稳定。

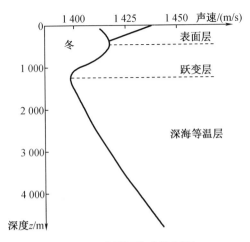

图 6-18 典型深海声速剖面

利用深海声道良好的传播性能,声波可以有效地对目标进行测距和定位。深海声道亦称 SOFAR 声道,后者是 Sound Fixing and Ranging 的缩写,含意是声学定位和测距。通常,SOFAR 系统由若干个水声接收基阵组成,它们能够收到海上失事目标发出的求救(爆炸)信号,根据信号到达各接收基阵时间的不同,可以确定海上失事目标的距离和位置。因为利用了深海声道的良好传播性能,所以 SOFAR 系统的作用距离一般是很远的。

6.5.1 典型的深海声道声速分布模型

1. Munk SOFAR 声道声速剖面标准模型

深海声道声速分布如图 6-18 所示,Munk 给出了该模型的数学表达式为

$$c(z) = c_0 \{ 1 + \varepsilon [e^{-\eta} - (1-\eta)] \} \tag{6-130}$$

式中,$n = 1(z-z_0)/B$,其中 z_0 为声速极小值的位置,B 为波导宽度;c_0 为声速极小值;ε 为偏离极小值的量级。对于该模型,Munk 给出的典型数据为 $B = 1\ 000$ m,$z_0 = 1\ 000$ m,$c_0 = 1\ 500$ m/s,$\varepsilon = 0.57 \times 10^{-2}$。

图 6-18 中的声道轴深度,与纬度密切相关。在大西洋中部,声道轴深度为 $1\ 100 \sim 1\ 400$ m。随纬度升高,声道轴变浅,在地中海、黑海、日本海以及温带太平洋中,声道轴位于 $100 \sim 300$ m,在两极,声道轴位于海表面附近。我国南海,声道轴深度为 $1\ 100$ m 左右。

2. 深海声道声速分布线性模型

除 Munk 的声速标准分布之外,为了计算方便,理论研究中,常使用简化了的线性声速分布模型,如图 6-19(a) 所示,它可以表示为

$$\begin{aligned}
c &= c_0 & -H \leqslant z \leqslant H \\
c &= c_0 [1 + a_2(z-H)] & z \geqslant H \\
c &= c_0 [1 - a_1(z-H)] & z \leqslant -H \\
a_1 &< 0 & a_2 > 0
\end{aligned} \tag{6-131}$$

式(6-131)是一种最简单的声速分布模型,因使用方便而被经常引用,如图 6-19(b) 所示。当 $H = 0$ 时,式(6-131)简化成

$$\begin{aligned}
c &= c_0(1 + a_2 z) & z \geqslant 0 \\
c &= c_0(1 - a_1 z) & z < 0
\end{aligned} \tag{6-132}$$

线性声速模型因其简单,使用方便,在应用射线声学分析深海声道中的声传播特性时,得到广泛应用。

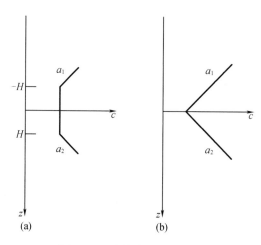

图 6-19 线性声速分布模型

3.深海声道宽度

深海声道宽度可以理解为,如果海面声速大于海底声速,则在海面附近,必有一深度上的声速等于海底处声速,将该深度到海底的垂直距离视为声道宽度;如果海面声速小于海底声速,则在海底附近,必有一深度上的声速等于海面处声速,将海面到该深度的垂直距离视为声道宽度。

6.5.2 深海声道接收信号的基本特征

1.声线图

图 6-20 为我国南海深海声道的声速分布,以及声源位于声道轴附近时的声线图。图中声速分布符合 Munk 的声速标准模型。与表面道中的声传播相类似,偏离声道轴较远的声线,其路程最长,但最先到达;沿声道轴传播的声线,路程最短,但因声速最小而最迟到达。沿声道轴传播的声线最密集,携带的能量最大,信号最强。

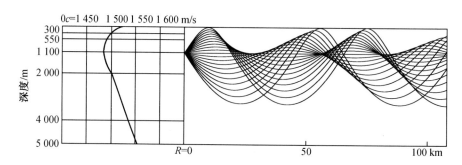

图 6-20 我国南海深海声道声速剖面与声线轨迹图,声源位于 1 000 m

2.会聚区和声影区

(1)深海声道的会聚区和声影区

当声源位于海表面附近,或深海内部接近海底(应在深海声道范围内)时,会形成声强很高的焦散线和出现在海面附近的会聚区。焦散线(或焦散面)是指邻近声线交聚点(或线)所形成的包络线(或面),而会聚区,则是在海面附近形成的高声强焦散区域。实际的水声探测中,声源和接收器通常位于海表面附近,因此,就有可能利用深海声道中的会聚区来实现远程探测。

图6-21中绘出了双线性声速垂直分布条件下的声线图,条件是海深 $H = 2\ 100$ m,声源深度为150 m和1 800 m。图6-21(a)中声源位于 $z = 150$ m处,此时出现明显的会聚区,A_1A_1',A_2A_2',A_3A_3',$\cdots$,称为第一会聚区,第二会聚区,第三会聚区,$\cdots\cdots$。图中 C_1,C_2,C_3,$\cdots$ 为反转折射声线无法到达的区域,称为声影区。在声影区内,只存在经海面或海底的反射声线,没有直达声线到达,因此声强明显地小于会聚区内的声强。由图6-21(a)看出,会聚区宽度随序号增加而变宽,声影区宽度随序号增加而变窄。随着会聚区宽度变宽,当前一序号会聚区尾部与后一序号会聚区首部相重叠时,如图6-21(a)的第三、第四会聚区,声影区就消失,会聚区声强则减弱。图6-21(b)所示为声源位于 $z_0 = 1\ 800$ m时的声会聚区和声影区,可以看出,图6-21(a)中的会聚区位置与图6-21(b)中的会聚区位置是不相同的。

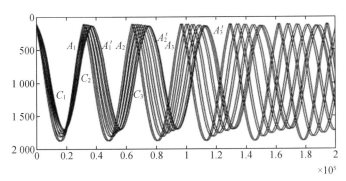

(a)z_0=150 m,声道传播中的会聚区和声影区

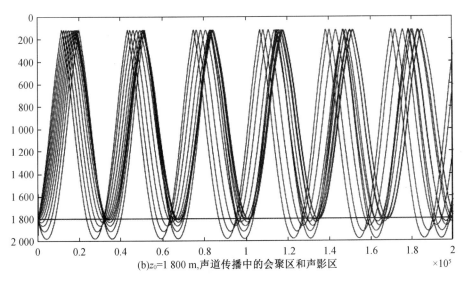

(b)z_0=1 800 m,声道传播中的会聚区和声影区

图6-21 深海声道中的会聚区和声影区

（2）会聚区内的平均声强

令 W 为无指向性声源的发射声功率，$W/4\pi$ 为单位立体角内的发射声功率。设形成会聚区的声源掠射角范围为 $-\alpha_m \sim \alpha_m$（平面角），则 $2\pi \cdot 2\alpha_m$ 为形成空间会聚区的掠射立体角，因而空间会聚区内的总声功率为

$$\frac{W}{4\pi} \cdot 2\pi \cdot 2\alpha_m = \alpha_m W \tag{6-133}$$

在水平距离 r 处，声功率 $\alpha_m W$ 分布在宽度为 Δr 的圆环形面积 $2\pi r \Delta r$ 之上，如图6-22所示。若 r 处的声线平均掠射角等于 α，且有 $\alpha = \alpha_m/2$，则垂直于声线方向的环形截面积等于 $2\pi r \Delta r \sin(\alpha_m/2)$。如果声功率 $\alpha_m W$ 平均地分布在环形面积 $2\pi r \Delta r \sin(\alpha_m/2)$ 上，则会聚区的平均声强为

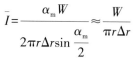

$$\bar{I} = \frac{\alpha_m W}{2\pi r \Delta r \sin\dfrac{\alpha_m}{2}} \approx \frac{W}{\pi r \Delta r}$$

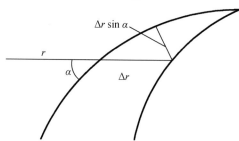

图6-22　声会聚示意图

（3）深海声道的会聚增益

定义会聚增益 G 等于会聚区声强 $\bar{I}$ 与球面规律声强 $I_S = W/(4\pi r^2)$ 之比，即

$$G = \frac{\bar{I}}{I_S} = \frac{4r}{\Delta r} \tag{6-134}$$

式中，r 为水平距离；Δr 为会聚区的宽度，它们与会聚区序号有关，会聚区宽度通常为距离的 $5\% \sim 10\%$。如果已在声线图上确定出 r 和 Δr，则就可得到会聚增益。以图6-21（b）中第二会聚区为例，$r = 70$ km，$\Delta r = 20$ km，则会聚增益 $G = 14$。会聚增益 G 的分贝值称为声强异常，写作

$$A = 10\lg G = 10\lg \frac{\bar{I}}{I_S} = \text{TL}_S - \text{TL} \tag{6-135}$$

式中，$\text{TL}_S = 10\lg \dfrac{I(1)}{I_S}$ 为球面扩散的传播损失；$\text{TL} = 10\lg \dfrac{I(1)}{\bar{I}}$ 为会聚区的传播损失，$I(1)$ 为离声源单位距离处的声强。因而，声强异常 A 即为球面传播损失高于会聚区传播损失的分贝值，也就是会聚区声强高出球面规律声强的分贝值。研究表明，声强异常 A 最大可达 25 dB，通常可取 $10 \sim 15$ dB。

（4）会聚区的传播损失

图6-23绘出了会聚区的传播损失曲线，虚线为球面规律下的传播损失，实线为会聚区的传播损失，虚线与实线之差即为声强异常 A。影区位于两个会聚区之间，影区声强主要由海底反射声给出，其传播损失远大于球面规律的传播损失。

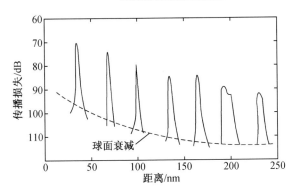

图6-23　会聚区的声传播损失

图6-24绘出了深海声道声线图和前三个会聚区声强异常 A 的理论计算图。图6-24(a)中,左侧曲线为深海声速分布,声源位于7 m处,右侧为声线轨迹图;图6-24(b)中,给出了六个不同接收深度上前三个会聚区的 A 值。由图6-24可看出,当发射声源和当接收器都位于表面附近时, A 最大,会聚区宽度最小;随着接收深度下降, A 变小,会聚区宽度变大,并且出现一个会聚区"分裂"成两个较小会聚区的现象。另外,当会聚区序号增加时,会聚区宽度也变大。

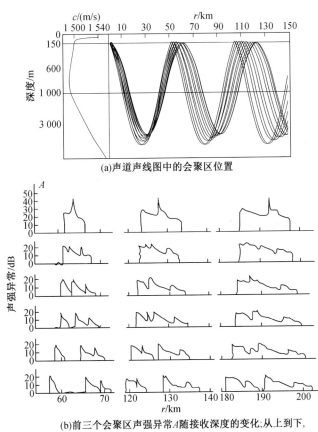

(a)声道声线图中的会聚区位置

(b)前三个会聚区声强异常 A 随接收深度的变化:从上到下,
接收深度分别等于7 m、51 m、155 m、302 m、606 m和985 m

图6-24　深海声道声线图和声强异常

对于表面声速大于海底处声速的情况,若声源位于海表面处,则不能形成声道传播的条件,因为此时声源位于声道区域以外,发射声线将投向海底,由于海底反射,可在反转点附近接收到由海底反射回来的声线,也会形成声线会聚现象,但其声强远远小于声道区域内的会聚区声强。

从波动理论看来,会聚现象是焦散线上发生大量同相简正波叠加的结果。同相叠加的简正波数目越多,会聚增益越大。另外,会聚增益也与每一简正波的深度分布函数有关,因此,会聚增益也应该是深度的函数。

6.6 习 题

1. 设海面为平整的自由边界,海底为平整的刚性边界,试写出它们的边界条件,并说明物理意义。

2. 何谓波道的截止频率,如声波频率低于波道的截止频率,则声波在波道中如何传播?

3. 什么是表面声道,声波在表面声道中为什么能远距离传播?

4. 什么是深海声道的会聚区,它有哪些特点?

5. 比较表面声道与深海声道声传播特性之异同。

参 考 文 献

[1] 杜功焕,朱哲民,龚秀芬. 声学基础[M]. 3 版. 南京:南京大学出版社,2012.

[2] 刘伯胜,雷家煜. 水声学原理[M]. 2 版. 哈尔滨:哈尔滨工程大学出版社,2010.

[3] 汪德昭,尚尔昌. 水声学[M]. 2 版. 北京:科学出版社,2013.

[4] 周洪嵩. 基于射线声学深海混响强度预报[D]. 哈尔滨:哈尔滨工程大学,2016.

[5] 朴胜春,黄益旺,杨士莪. 水声传播中射线声学方法的应用[C]// 中国声学学会青年学术会议,2005.

[6] JENSEN F B, KUPERMAN W A, PORTER M B, et al. Computational Ocean Acoustics || Fundamentals of Ocean Acoustics[J]. 2011, 10. 1007/978−1−4419−8678−8(Chapter 1):1−64.

[7] 布列霍夫斯基赫,雷桑诺夫. 海洋声学基础[M]. 北京:海洋出版社,1985.

[8] WEINBERG H, KEENAN R E. Gaussian ray bundles for modeling high−frequency propagation loss under shallow−water conditions[J]. Journal of the Acoustical Society of America, 1996, 100(3):1421−1431.

[9] NORTON G V, NOVARINI J C, KEIFFER R S. Modeling the propagation from a horizontally directed high−frequency source in shallow water in the presence of bubble clouds and sea surface roughness[J]. Journal of the Acoustical Society of America, 1998, 103(6): 3256−3267.

[10] PORTER M B, JENSEN F B. Anomalous parabolic equation results for propagation in leaky surface ducts[J]. The Journal of the Acoustical Society of America, 1993, 94(3): 1510−1516.

［11］ MUNK W H . Sound channel in an exponentially stratified ocean, with application to SOFAR［J］. Journal of the Acoustical Society of America, 1974, 55(2):220−226.

［12］ HALE F E . Long−Range Sound Propagation in the Deep Ocean［J］. Journal of the Acoustical Society of America, 1961, 33(4):456−464.

第7章 声波在目标上的反射与散射

在水声学中,目标一词是指潜艇、鱼雷、水雷、礁石等物体,或是声波的反射体,或是声波的散射体,或者两种作用兼而有之。当声场中存在障碍物时,会在障碍物上激起次级声波,它与原来入射波的形式和传播方向都不同,被统称为散射波。散射波是由于入射波在介质中传播时,碰到物体表面和介质的声学特性不连续而出现的一种物理现象。这种信号的产生,遵循着某种物理规律,是一种有规则的信号。至于那些无限伸展的非均匀体,如深水散射层、海面、海底等,虽然也会产生反(散)射信号,但这种信号是一种无规则信号,更多地具有随机量的特性,属于海中声混响的研究范畴。

目标的声散射是主动声呐的信息源。水中基于主动探测的声对抗中,目标声散射特征是声呐工作的基础。一方面,根据目标声散射特征可以确定己方主动声呐的作用距离、探测概率和最佳识别策略等;另一方面,根据本舰(艇)声散射特征,通过采取隐身措施进行特征控制,提高本舰(艇)战斗力。这两方面都需要对目标声散射特征及其形成机理有深入的认识。

本章将从刚性球散射的问题出发,介绍目标散射声场的理论求解及散射声场特性,然后围绕目标强度来讨论水下目标的声散射特征及测量方法,最后给出回波信号特征及产生机理。

7.1 刚性球的散射

由于不同形状的障碍物对声波的散射是不一样的,这里不可能去讨论各种具体形状障碍物的散射。处理声波的散射在数学上是比较困难与麻烦的,而至今能较好解决的也仅限于几种形状比较规则的散射体,如圆球、圆柱等。虽然声呐目标的几何形状因物而异、千差万别,但是总体形状近似球形或近似柱形。将目标近似视为球体或者圆柱体进行理论分析,能直接给出目标的目标强度值,更重要的是它从理论上给出声散射的物理本质及其规律特性,揭示出实验结果的理论内涵,使得人们对目标声散射现象有了更加深刻的机理认识。

本节主要探讨平面波场中刚性不动球散射问题,从理论上对目标散射声场物理特性进行计算分析。通过对问题进行分析,引入了求解散射问题的思路,得出了解释散射现象特征所必需的几个结论。而弹性物体的声散射特性,在工程中具有更重要的应用,是主动目标检测和分类识别的物理基础。由于篇幅有限,本书不介绍弹性物体的声散射特性,这部分内容可参见文献[1]。

7.1.1 刚性不动球体的散射声场

所谓刚性,是指球体在入射声波作用下不发生形变,声波也透不到球体内部,因而不会激发起球体内部的声场;所谓不动,是指该球体不参与球体周围的流体介质质点的运动。

设有半径为 a 的表面光滑刚性不动球位于无限流体介质中,平面波 $p_0 e^{j(kx-\omega t)}$ 沿 x 轴入射到该球上,现在来计算该球体的散射声场。考虑到球体的对称性,采用球坐标系,坐标原点与球心 O 重合,并取 x 轴与平面波入射方向相一致如图 7-1 所示。于是,入射平面波可写为

$$p_i = p_0 e^{j(kr\cos\theta-\omega t)} \tag{7-1}$$

式中,p_0 是振幅,为常数;θ 和 r 如图 7-1 所示。

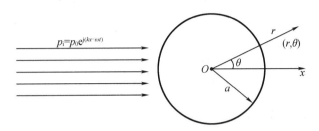

图 7-1 平面波在球面上的散射

1. 波动方程及求解

(1)散射声场 p_s 的方程

设散射声场为 p_s,它满足球坐标系中的波动方程

$$\frac{1}{r^2}\frac{\partial}{\partial r}\left(r^2\frac{\partial p_s}{\partial r}\right)+\frac{1}{r^2\sin\theta}\frac{\partial}{\partial\theta}\left(\sin\theta\frac{\partial p_s}{\partial\theta}\right)+\frac{1}{r^2\sin^2\theta}\frac{\partial^2 p_s}{\partial\varphi^2}+k^2 p_s=0 \tag{7-2}$$

式中,r、θ 和 φ 是球坐标系中的变量;$k=\omega/c$ 是波数,等于入射声波圆频率 ω 和球体周围介质中的声速 c 之比。考虑到球体的高度对称性,且入射波又对轴 x 对称,散射波也应对轴对称,所以,它与变量 φ 无关,于是,式(7-2)简化为

$$\frac{1}{r^2}\frac{\partial}{\partial r}\left(r^2\frac{\partial p_s}{\partial r}\right)+\frac{1}{r^2\sin\theta}\frac{\partial}{\partial\theta}\left(\sin\theta\frac{\partial p_s}{\partial\theta}\right)+k^2 p_s=0 \tag{7-3}$$

对于球体目标,可应用分离变量法求解方程(7-3),设

$$p_s = R(r)\cdot\Theta(\theta) \tag{7-4}$$

式(7-4)中的 $R(r)$ 仅是变量 r 的函数,$\Theta(\theta)$ 则仅是变量 θ 的函数,将式(7-4)代入方程(7-3),整理后有

$$\frac{1}{R}\frac{\partial}{\partial r}\left(r^2\frac{\partial R}{\partial r}\right)+k^2 r^2=-\frac{1}{\Theta\sin\theta}\frac{\partial}{\partial\theta}\left(\sin\theta\frac{\partial\Theta}{\partial\theta}\right) \tag{7-5}$$

上式的左端仅与变量 r 有关,而右端也只与变量 θ 有关,要使式(7-5)对任何 θ、r 都能成立只能是方程两端等于常数,即

$$\frac{1}{\Theta\sin\theta}\frac{\partial}{\partial\theta}\left(\sin\theta\frac{\partial\Theta}{\partial\theta}\right)=-l \tag{7-6}$$

$$\frac{1}{R}\frac{\partial}{\partial r}\left(r^2\frac{\partial R}{\partial r}\right)+k^2 r^2-l=0 \tag{7-7}$$

式中的 l 是分离变量时引入的常数,它满足 $l=m(m+1)$,$m=0,1,2,\cdots$。

（2）函数 $R(r)$ 和 $\Theta(\theta)$ 的解

不难看出，方程(7-6)就是勒让德方程，它的解就是

$$\Theta_m(\theta) = a'_m p_m(\cos\theta) \quad m = 0,1,2,\cdots \tag{7-8}$$

式中，$P_m(\cos\theta)$ 是 m 阶勒让德函数，系数 a'_m 是待定常数。由勒让德方程的性质可知，分离常数 m 必须是正整数，其取值为 $0,1,2,\cdots$。

另外，方程(7-7)是球贝塞尔方程，它的解是

$$R_m(r) = b'_m h_m^{(1)}(kr) + c'_m h_m^{(2)}(kr) \quad m = 0,1,2,\cdots \tag{7-9}$$

式中，b'_m 和 c'_m 是待定常数，$h_m^{(1)}$ 和 $h_m^{(2)}$ 分别是第一类、第二类 m 阶球汉克尔函数。注意到时间因子为 $e^{-j\omega t}$，由无穷远处辐射条件知，系数 c'_m 应为零（如果时间因子采用 $e^{j\omega t}$，则应取系数 b'_m 为零）。

综合以上讨论，得到方程(7-3)的解为

$$p_s = \sum_{m=0}^{\infty} a_m P_m(\cos\theta) h_m^{(1)}(kr) \tag{7-10}$$

式中，$a_m = a'_m \cdot b'_m$ 是待定常数，由边界条件确定。

（3）利用边界条件确定待定常数

本例中的球是刚性的，相应的边界条件是球面上介质质点径向振速为零，即

$$u_r \big|_{r=a} = \frac{j}{\rho_0 \omega} \frac{\partial p}{\partial r}\bigg|_{r=a} = 0 \tag{7-11}$$

式中，ρ_0 是球体周围介质中的密度；p 是介质中的总声压，它等于入射声压 p_i 和散射声压 p_s 之和，u_r 是介质质点振速的径向分量，它为入射波引起的介质质点振速的径向分量 u_{ir} 和散射波引起的介质质点振速的径向分量 u_{sr} 之和，即

$$p = p_i + p_s \tag{7-12}$$

$$u_r = u_{sr} + u_{ir} \tag{7-13}$$

为了能够由边界条件式(7-11)得到待定系数 a_m，需要将入射波用勒让德函数和球贝塞尔函数表示，注意到

$$e^{jkr\cos\theta} = \sum_{m=0}^{\infty} (2m+1) j^m j_m(kr) P_m(\cos\theta) \tag{7-14}$$

并将它代入式(7-11)、式(7-12)和式(7-13)，就可以得到常数 a_m 为

$$a_m = \left[-j^m(2m+1)p_0 \frac{\partial}{\partial r} j_m(kr) \bigg/ \frac{\partial}{\partial r} h_m^{(1)}(kr) \right]\bigg|_{r=a} \tag{7-15}$$

式中，$j_m(kr)$ 为 m 阶球塞贝尔函数。加时间因子 $e^{-j\omega t}$ 后，得到散射声压表达式为

$$p_s = \sum_{m=0}^{\infty} -j^m(2m+1)p_0 \frac{\dfrac{d}{dka}j_m(ka)}{\dfrac{d}{dka}h_m^{(1)}(ka)} P_m(\cos\theta) h_m^{(1)}(kr) e^{-j\omega t} \tag{7-16}$$

（4）散射声场的远场解

虽然式(7-16)给出了散射声场的一般表达式，但人们更关心它的远场特性，这时可应用球汉克尔函数在大宗量条件下的渐近展开式

$$h_m^{(1)}(kr) \underset{kr\to\infty}{\approx} \frac{1}{kr} e^{j\left(kr - \frac{m+1}{2}\pi\right)} \tag{7-17}$$

将它代入式(7-16),就有

$$p_s = -\frac{p_0}{kr} e^{j(kr-\omega t)} \sum_{m=0}^{\infty} j^m (2m+1) \frac{\frac{d}{dka} j_m(ka)}{\frac{d}{dka} h_m^{(1)}(ka)} e^{-j\frac{m+1}{2}\pi} P_m(\cos\theta), \quad kr \gg 1 \quad (7-18)$$

如记

$$b_m = j^m(2m+1) \frac{\frac{d}{dka} j_m(ka)}{\frac{d}{dka} h_m^{(1)}(ka)} \ \text{及} \ D(\theta) = \frac{1}{ka} \sum_{m=0}^{\infty} b_m e^{-j\frac{m+1}{2}\pi} P_m(\cos\theta) \quad (7-19)$$

式中,$D(\theta)$是散射场的指向性函数。则散射波声压表达式简化为

$$p_s(r,\theta) = -p_0 a \frac{1}{r} D(\theta) e^{(kr-\omega t)} \quad (7-20)$$

当$r=a$时,由式(7-11)和式(7-13)得$u_r = u_{sr} + u_{ir} = 0$。

散射波质点的径向振速为

$$u_{sr}(r,\underset{r \gg \lambda}{\theta}) \approx \frac{-p_0 a}{\rho_0 c} \cdot \frac{e^{j(kr-\omega t)}}{kr} \sum_{m=0}^{\infty} b_m e^{j\frac{m+1}{2}\pi} P_m(\cos\theta) \quad (7-21)$$

垂直半径方向的振速为

$$u_{s\theta} = -\frac{1}{j\omega\rho_0} \cdot \frac{\partial p_s}{\partial(r\theta)} = -\frac{1}{j\rho_0\omega r} \cdot \frac{\partial p_s}{\partial(\theta)} = (-j) \frac{p_0}{\rho_0 c} \cdot \frac{e^{j(kr-\omega t)}}{(kr)^2} \sum_{m=0}^{\infty} b_m e^{j\frac{m+1}{2}\pi} \frac{d}{d\theta}[P_m(\cos\theta)]$$

$$(7-22)$$

故在$kr \gg 1$的远场中,$u_{s\theta}$远小于u_{sr}。

由式(7-18)、式(7-21)和式(7-22)可见,在远场中($kr \gg 1$),径向振速幅值比垂直半径方向的振速幅值大得多,因此质点沿半径方向振动,并且径向振速和散射波声压同相,而垂直径向的速度与声压相位差$\pi/2$,故球的散射声能有功部分完全决定于径向振速并向半径方向传输。

2. 散射声场的空间指向特性

式(7-20)是空间任一点(r,θ)上的散射波声压表达式,它表明了:

(1)散射波振幅正比于入射波振幅;

(2)散射波是各阶球面波的叠加,具有球面波的某些特性,如振幅随距离$1/r$衰减;

(3)散射波在空间的分布不均匀,具有明显的指向性,它由指向性函数$D(\theta)$决定;

(4)指向性函数$D(\theta)$是ka值的函数,ka值改变时,散射波在空间的分布随之而变。

7.1.2　散射波强度和散射功率

1. 散射波强度

由散射声压表达式(7-20),可以得到刚性球散射波的强度为

$$I_s(r,\underset{r \gg \lambda}{\theta}) = \frac{p_0^2}{2\rho_0 c} \cdot \frac{a^2}{r^2} |D(\theta)|^2 = I_i \frac{a^2}{r^2} |D(\theta)|^2, \quad kr \gg 1 \quad (7-23(a))$$

式中,$I_i = (p_0^2/2c\rho_0)$是入射平面波的强度;$|D(\theta)|^2$是表示指向性函数$D(\theta)$的平方值:

$$|D(\theta)|^2 = \frac{1}{(ka)^2} \sum_{\substack{m=0 \\ n=0}}^{\infty} \left[b_m b_n^* e^{\frac{m-n}{2}\pi} P_m(\cos\theta) P_n(\cos\theta) \right] \tag{7-23(b)}$$

2. 散射波功率

散射功率为

$$W_s = \iint_s I_s(r,\theta) ds$$

$$= 2\pi r^2 \int_0^\pi I_s(r,\theta) \sin\theta d\theta$$

$$= 2\pi r^2 \frac{I_i}{(kr)^2} \sum_{m,n=0}^{\infty} \left\{ \left(b_m b_n^* e^{\frac{m-n}{2}\pi} \right) \int_{-1}^{+1} P_m(\cos\theta) P_n(\cos\theta) d(\cos\theta) \right\} \tag{7-24}$$

利用 $P_m(\mu)$ 的正交性,所有 $m \neq n$ 的项均为零,所以有

$$W_s = \frac{2\pi}{k^2} I_i \sum_{m=0}^{\infty} \left[b_m b_n^* \frac{2}{2m+1} \right] = \frac{4\pi}{k^2} I_i \sum_{m=0}^{\infty} \frac{|b_m|^2}{2m+1} \tag{7-25}$$

$|b_m|^2$ 由式(7-19)给出

$$|b_m|^2 = (2m+1)^2 \frac{\left| \dfrac{d[j_m(ka)]}{da} \right|^2}{\left| \dfrac{d[h_m^{(2)}(ka)]}{da} \right|^2} = (2m+1)^2 \frac{[j'_m(\mu)]^2}{[j'_m(\mu)]^2 + [n'_m(\mu)]^2} \Bigg|_{\mu=ka} \tag{7-26}$$

$j'_m(\mu)$ 和 $n'_m(\mu)$ 可以通过 $j_{m-1}(\mu)$ 和 $j_{m+1}(\mu)$,以及 $n_{m-1}(\mu)$、$n_{m+1}(\mu)$ 得到。根据柱函数关系有 $Z'_m(\mu) = l Z_{m-1}(\mu) - (l-1) Z_{m+1}(\mu)$,$Z_m(\mu)$ 为 $n_m(\mu)$ 或 $j_m(\mu)$ 函数。

由此可见:

(1)由于 b_m 和 b_n^* 的数值取决于 ka,则式(7-23(b))中 $b_m b_n^* e^{\frac{m-n}{2}\pi}$ 取决于 a/λ 值,因此散射波强度随 ka 而变。即声场中小球对不同频率入射声波的散射能力不同;另一方面,在声场中,不同半径的球所散射的声波强度在同样距离处也不相等。还可看出,散射功率除了和入射波强度有关外,它完全取决于 ka(即取决于 a/λ 值,ka 愈小,散射声功率愈小。

(2)散射波强度和入射波强度成正比,在远场中,声波强度随距离 r 的平方成反比衰弱。

(3)散射声波强度的空间分布不均匀,在不同方向,强度不等,其方向特性由函数 $|D(\theta)|^2$ 决定。当 ka 改变时,a_m 或 b_m 的数值改变,即各阶散射波分量的振幅和各阶波的能量分配随 ka 而变,因此散射波的方向特性也随而变。不同 ka 时,$|D(\theta)|^2$ 的极坐标图如图7-2所示。

Morse 1936 年计算了散射声强度的指向性随 ka 值的变化,不同 ka 值时,指向性函数 $|D(\theta)|^2$ 的图案也不相同。由图7-2可见,低频散射时,球前方散射比较均匀。在频率增高时,开始出现花瓣,并且频率愈高花瓣愈多。在背着声波入射方向小球后面的散射声很弱,即几乎全部保留原来自由场,表现声波对小球的绕射现象。频率增高,背部散射波逐渐增强,与入射产生干涉,开始在球背面出现声阴影区。频率甚高时,背面散射波甚强,它们的振动相位与入射波反相,结果在球的背面形成明显的几何阴影。

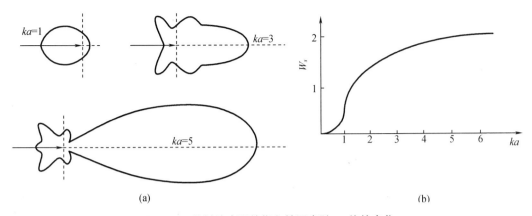

图7-2 散射波声强的指向性图案随 ka 值的变化

7.1.3 刚性不动小球的散射声场

1.刚性不动小球的散射声强度

以上对刚性不动球的声散射问题做了一般性的讨论,以下我们讨论刚性微小球形粒子的散射特性。所谓微小粒子,是指 $ka \ll 1$,即声频率很低或粒子半径 a 很小的情况。在 $ka \ll 1$ 的条件下,求和式(7-18)的每一项随 m 的增大而迅速减小,仅有 $m=0$ 和 $m=1$ 两项起主要作用。作为一种近似解,不妨就取这两项来考察小球的散射特性。在上述近似下,散射波声压表达式(7-18)简化为

$$p_{\mathrm{s}} \approx -P_0 a \frac{1}{r} \mathrm{e}^{\mathrm{j}(kr-\omega t)} \cdot \frac{1}{ka} \big[b_0 \mathrm{e}^{-\mathrm{j}\frac{\pi}{2}} P_0(\cos\theta) + b_1 \mathrm{e}^{-\mathrm{j}\pi} P_1(\cos\theta) \big] \qquad (7-27)$$

式中,勒让德函数 $P_0(\cos\theta)$、$P_1(\cos\theta)$ 和 b_0、b_1 分别等于

$$P_0(\cos\theta) = 1$$
$$P_1(\cos\theta) = \cos\theta$$
$$b_0(ka) = (ka)^3/(3\mathrm{j})$$
$$b_1(ka) = (ka)^3/2$$

由此,式(7-27)就变为

$$p_{\mathrm{s}} = \frac{P_0}{kr} \mathrm{e}^{\mathrm{j}(kr-\omega t)} \frac{(ka)^3}{3} \Big(1 - \frac{3}{2}\cos\theta\Big) \qquad (7-28)$$

相应的声强度和目标强度为

$$I_s(r,\theta) = \frac{I_{\mathrm{i}}}{r^2} \cdot \frac{k^4 a^6}{9} \Big(1 - \frac{3}{2}\cos\theta\Big)^2 \qquad (7-29(\mathrm{a}))$$

$$\mathrm{TS} = 10\lg\Big[\frac{k^4 a^6}{9}\Big(1 - \frac{3}{2}\cos\theta\Big)^2\Big] \qquad (7-29(\mathrm{b}))$$

2.刚性不动小球散射声场的空间指向特性

接下来讨论刚性不动小球散射声场的空间指向特性。先讨论反向散射方向,此时 $\theta = \pi$,则声强度为

$$I_s(r,\theta) = \frac{I_{\mathrm{i}}}{r^2} \cdot \frac{25}{36} k^4 a^6 \qquad (7-30(\mathrm{a}))$$

再考虑前向散射方向,此时 $\theta = 0$,则声强度为

$$I_s(r,\theta) = \frac{I_i}{r^2} \cdot \frac{1}{36} k^4 a^6 \qquad (7-30(b))$$

可见两者强度相差达 25 倍,这就表明了小球粒子的散射场具有明显的空间指向性。

在空间的其他方位上,因子 $\left(1 - \frac{3}{2}\cos\theta\right)^2$ 决定了小球粒子散射场的指向特性。

3. 刚性不动小球散射声场的频率特性

由式(7-30(a))还可看到,散射波强度有着强烈的频率特性,与频率的四次方成正比。这一关系首先由瑞利在光学散射理论中提出,并成功地解释了天空在晴空万里时呈现淡蓝色、早晚时分呈现橘红色的原因:由于大气分子密度起伏引起分子散射,可见光中的短波散射较强,因此晴空呈现淡蓝色;而在早晚,大气中充满了稠密雾气,它们对光线有吸收效应,这种吸收随频率的增高而增加,所以,可见光的长波部分虽然散射弱,但由于其吸收小、穿透力强,因而天空呈现橘红色。

7.2 目标强度及其特征

上一节以刚性不动球体为例,研究了声波照射在目标上散射场特性。目标散射场中某个特定方向上的散射波到达接收点被接收,主动声呐就是通过接收这种信号实现目标探测和目标分类识别的。因此,回声信号的强弱和所携带的目标特性信息的多少,对主动声呐的工作起着十分重要的作用,其中,回声信号的强弱及其特征与目标的声反射特性密切相关,工程上,用参数"目标强度"来描述目标声反射本领的大小。

7.2.1 声呐目标强度

目标强度 TS 是主动声方程中的一个重要参数,应用主动声呐方程优化设计声呐或合理应用声呐,都首先要对目标的 TS 值做出估计。目标强度 TS 从回声强度的角度描述了目标的声学特性,具体反映了目标声反射本领的大小。设有强度为 I_i 的平面声波入射到某物体上,测得空间某方向上物体回声强度为 I_r,则目标强度 TS 定义为

$$\text{TS} = 10\lg \left| \frac{I_r}{I_i} \right|_{r=1} \qquad (7-31)$$

式中,$I_r|_{r=1}$ 是距离目标等效声中心 1 m 处的回声强度。

关于式(7-31)需要注意以下四点。

1. 测量距离

测量应在远场进行,再按传播衰减规律将测量值换算至目标等效声中心 1 m 处,得到的 $I_r|_{r=1}$ 值,再由式(7-31)得到 TS 值。

2. 目标等效声学中心

图 7-3 是对式(7-31)的直观解释,图中 QC 是入射方向;C 点是目标等效声学中心,它是一个假想的点,可

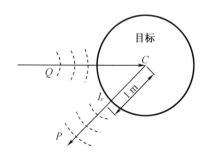

图 7-3 目标回声示意图

位于目标外面,也可位于目标内部,从射线声学观点来看,回声即是由该点发出的,故称点 C 为目标的等效声学中心。

3. 回声强度是入射方向和回波方向的函数

图 7-3 中,P 是接收点,它可以位于空间任何方位上,CP 是回声方向。通常,回声强度 I_r 是入射方向和回波方向的函数,只有在收发合置情况,接收点和声源位于同一位置,回声则仅是入射方向的函数。因为这时回声方向与入射波方向恰好相反,所以习惯上称为"反向反射"或"反向散射"。考虑到多数声呐是收发合置型的,本节仅讨论反向反射情况下的目标回声问题。

4. 参考距离

由于采用了 1 m 作为参考距离,往往使许多水下物体具有正的目标强度值。应该说明这并不表明回声强度高于入射声强度,而是选取了 1m 作为参考距离的结果。如果将参考距离选得远些,物体的目标强度值可能就会变成负值。

物体目标强度值的大小,除了和声源、接收点方位有关外,还取决于物体几何形状、体积大小和材质等因素。

以一个不动的光滑刚性球为例,考察该球的 TS 值。设球半径为 a,且满足 $ka \gg 1$,$k = 2\pi/\lambda$ 是波数,λ 是声波波长。现有强度为 I_i 的平面波以角 θ_i 入射到球面上,如图 7-4 所示。对于这种大球,散射过程具有几何镜反射特性,反射声线服从局部平面镜反射定律。

由 7.1 节可知,可用式(7-23)求解刚性不动球目标强度,但式 $(7-23)$ 中指向性函数 $D(\theta)$ 的模 $|D(\theta)|$ 求解较为复杂,一般只能用数值方法进行计

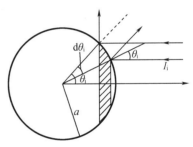

图 7-4 球面上的几何镜反射

算。此处根据能量守恒定律,给出另一种近似解的方法。由于球是刚性的,声能不会透入球体内部;又因为球表面光滑,是理想反射体,反射过程没有能量损耗,因此,入射声功率等于散射声功率。设入射波在 θ_i 到 $\theta_i + \mathrm{d}\theta_i$ 范围内的功率为 $\mathrm{d}W_i$,则它应为

$$\mathrm{d}W_i = I_i \mathrm{d}s \cos \theta_i \tag{7-32}$$

$$\mathrm{d}s = 2\pi a^2 \sin \theta_i \mathrm{d}\theta_i \tag{7-33}$$

$\mathrm{d}s$ 为图 7-4 中的阴影区面积。

由图 7-4 可知,在 θ_i 方向上,$\mathrm{d}\theta_i$ 内的声能经反射后分布在 $2\mathrm{d}\theta_i$ 范围内,假设 I_r 是距等效声中心 r 处的反射声强度,于是得到距等效声中心 r 处的散射声功率为

$$\mathrm{d}W_i = I_r \cdot 2\pi r^2 \sin(2\theta_i) \cdot 2\mathrm{d}\theta_i \tag{7-34}$$

因为反射过程没有能量损失,$\mathrm{d}W_i = \mathrm{d}W_r$,于是得到

$$\frac{I_r}{I_i} = \frac{a^2}{4r^2} \tag{7-35}$$

由式(7-35)可直接得到该球的目标强度

$$\mathrm{TS} = 10\lg \frac{I_r}{I_i}\bigg|_{r=1} = 10\lg \frac{a^2}{4} \tag{7-36}$$

可见当 $ka \gg 1$ 时,刚性球的目标强度值与声波频率、接收方位等因素无关,只和球的半径 a 有关,半径为 2 m 时,它的目标强度值为 0 dB。大球目标强度值的这一特性使它成为

很好的参考目标,被应用于目标强度值的测量中。应该说明,这里得到的刚性球强度仅是考虑反射的平均效果,不是严格解。

7.2.2 常见声呐目标的目标特征

1. 潜艇的目标强度

(1)潜艇实测目标强度值的离散性

关于潜艇的目标强度,研究人员首先注意到测量值的明显离散性。这种离散性,不但表现在对不同型号潜艇,由不同研究人员在不同时间所测得的目标强度值具有很大的不同,而且还表现在对同一艘潜艇所进行的测量中,每次得到的目标强度值也有很大的变化。图7-5中的曲线 A 和 B 就是这种离散性的实例。曲线 A 是第二次世界大战时用 24 kHz 的频率测得的,曲线上每隔 15° 有一个测量点,它是 40 个单个回声的平均值。曲线 B 是战后测得的,每隔 5° 有一个测量点,它是 5 个单个回声的平均值。由图7-5可见,这两条曲线的形状是很相似的,但数值上约有 10 dB 的差异。

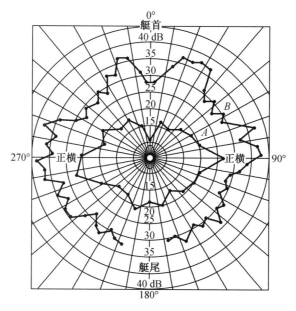

图 7-5 潜艇目标强度随方位的变化

(2)潜艇目标强度值的空间方位特性

对于潜艇目标来说,它的几何形状和内部结构都是很不规则的,因此在不同的方位上测量其目标强度值,结果是各不相同的,这是潜艇目标强度值的另一个显著特征。图7-5中的曲线 A 和 B 就是这种方位特性的实例。应该说明,图7-5具有普遍的意义,不同型号潜艇的目标强度值随方位的变化曲线是和曲线 A 或 B 相类似的,由此可以得到以下结论:

①在潜艇左右两舷侧的正横方向上,目标强度值最大,曲线 A 平均可达 25 dB,曲线 B 平均可达 35 dB,这是由艇壳的镜反射引起的;

②在艇首和艇尾方向,目标强度取极小值,为 10~15 dB,主要是由于艇壳表面的不规则和尾流的遮蔽效应引起目标强度的降低;

③在艇首和艇尾20°附近,比相邻区域高出1~3 dB,造成这个现象的原因是由潜艇舱室结构的内反射产生的。

(3)潜艇目标强度值随测量距离的变化

实验结果表明,潜艇目标强度值和测量距离密切有关,往往近处测量值小于远处测量值,随着测量距离的变大,目标强度值也逐渐变大,直至距离足够大时,目标强度值才不再随测量距离而变。这种现象的出现,有以下两方面的原因。

①当使用指向性声呐在近处进行目标强度测量时,由于指向性的关系,入射声束没有"照射"到目标的全部。这时,仅有被"照射"到的部分表面对回声有贡献,未被"照射"部分对回声则没有贡献。随着测量距离的变大,被"照射"表面也随之变大,回声信号也就变强,目标强度值自然也变大,直至整个目标表面都对回声有贡献为止。

②有些物体由于几何形状比较复杂,其回声随距离衰减的规律不同于点源辐射声场,声强随距离的变化不遵循球面规律。例如,对于一个长度为 L 的柱体,在近距离上,它的回声强度随距离的衰减服从柱面规律,即与距离的 1 次方成反比;在远距离上,回声随距离的平方而衰减,即服从球面衰减规律;两者的过渡距离是 L^2/λ,这里 λ 是声波波长。如果测量分别是在近处和远处进行,而归算到目标等效声学中心 1 m 处时都应用球面规律,则其结果必然是远处测得的目标强度值大于近处的测量值。

潜艇目标强度值随测量距离变化的事实说明,为了要得到稳定可靠的测量结果,测量应在远场进行,测量距离 r 要大于 L^2/λ。

(4)潜艇目标强度值与脉冲长度的关系

测量结果表明,潜艇目标强度值还受到入射声波脉冲长度的影响,表现为用短脉冲测得的值小于长脉冲测得的值,脉冲变长,目标强度值变大,直至声脉冲足够长,测量值才不再随脉冲长度而变。以上现象,也是由对回声有贡献的表面积大小不同引起的。设有脉冲长度为 τ(信号时间长度)的平面波入射到长度为 L 的物体上,它们之间的夹角为 θ,如图 7-6 所示。

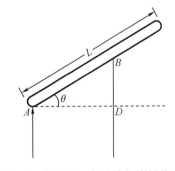

图7-6 目标强度与脉冲长度的关系

若要物体表面上的 A 点和 B 点所产生的回声在脉冲宽度内被同时接收到,则必有

$$\overline{AB} \cdot \sin \theta = c\tau/2 \tag{7-37}$$

式中,c 是声速;τ 是脉冲长度。由式(7-37)可以看出,随着脉冲长度 τ 的增加,对回声有贡献的物体表面积也相应地变大,直到变得足够大,以至物体全部表面都能对回声产生贡献为止。由此可见,当脉冲长度由短逐渐变长时,目标强度值也由小逐渐变大,直到脉冲长度变为 $2L\sin \theta/c$ 后,目标强度值就不再随脉冲长度而变化。

如果测量是在潜艇正横方向进行的,则由于目标沿入射方向上的长度比较小,且回声的形成主要是镜反射过程,所以,目标强度值随脉冲长度变化的现象并不显著。

(5)潜艇目标强度值与其他因素的关系

针对潜艇的目标强度值,研究人员还关注它与频率、潜艇航行深度等因素之间的关系。第二次世界大战期间,曾用 12 kHz、24 kHz、60 kHz 频率声波进行潜艇目标强度的测量,试图确立它的频率响应关系,但测量结果表明,潜艇目标强度不存在明显的频率效应,如果有,也被实测值的离散性所掩盖了。事实上,潜艇目标的结构和几何形状都十分复杂,产生回声的机理是多种多样的,因而,它的目标强度值没有明显的频率关系也是不奇怪的。

至于潜艇目标强度随航行深度的变化,除了尾流回声受其影响外,原则上目标强度值不应发生明显的变化。如果一定要说深度对目标强度值有影响,那并不是深度影响到产生回声的机理,而是深度变化后声传播特性也随之变化所引起的。

(6)现代潜艇的目标强度特点变化

如图7-5所示,Urick所归纳的"蝴蝶"形方位特征是人们对潜艇回声的经典概念。这是第二次世界大战期间测量一些老式潜艇数据的归纳。战后无论是潜艇的设计理念和结构特点还是声呐工作频率都有很大变化。其中,现代声呐目标强度及方位分布特性如图7-7所示,有以下一些新的现象:

(i)潜艇回声除正横方位外最大,还可能在附近角度区域出现极大值,如图7-7(a)所示,是指挥台围壳或稳定翼的作用,一般发生在中高频;

(ii)潜艇正横方向两侧的强反射不再出现,如图7-7(b)所示,是因为消声瓦的作用以及低频段隔板的反射不再明显,艏部方位起主要作用的是艏声呐阵,而艉部方位起主要作用的是螺旋桨。图7-7(a)的目标强度导致更高的暴露概率或角检测率,图7-7(b)的目标强度则具有更好的隐蔽性。

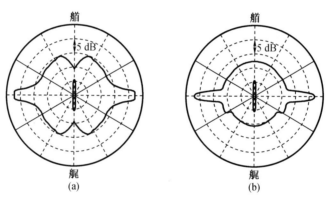

图7-7 潜艇目标强度的方位特性

2. 鱼雷和水雷的目标强度

鱼雷和水雷的几何形状基本上都是带有平头或半球体的圆柱体,长度为一米至数米,直径为0.3~1 m,鱼雷的尾部安装有推进器,水雷的雷体上安装有翼及有凹凸不平处。对于这样的物体,其正横方位上或头部会有较强的目标强度值,因这些方位上有强的镜反射;至于尾部和雷体上小的不规则部分,其目标强度值一般较小。当然,如果声波入射到雷体上的某些不太小的平面上,由于镜反射较强,也会有较强的目标强度值。

表7-1给出了简单几何形状物体的目标强度计算公式,它虽然源自雷达技术,但对声呐目标具有很好的参考价值。

表 7-1 简单形状物体的目标强度

形状		目标强度 = $10\lg t$	符号	入射方向	条件
任何凸曲面		$\dfrac{a_1 a_2}{4}$	$a_1 a_2 =$ 主曲率半径 $r =$ 距离 $k = 2\pi/$波长	垂直于表面	$ka_1, ka_2 \gg a$ $r > a$
球体	大	$\dfrac{a^2}{4}$	$a =$ 球半径	任意	$ka \gg 1$ $r > a$
	小	$61.7\dfrac{V^2}{\lambda^4}$	$V =$ 球体积 $\lambda =$ 波长	任意	$ka \ll 1$ $kr \gg 1$
柱体 无限 长	粗	$\dfrac{ar}{2}$	a 柱半径	垂直于柱轴	$ka \gg 1$ $r > a$
	细	$\dfrac{9\pi^4 a^4}{\lambda^2}r$	$a =$ 柱半径	垂直于柱轴	$ka \ll 1$
柱体 有限长		$aL^2/2\lambda$	$a =$ 柱半径 $L =$ 柱长	垂直于柱轴	$a \gg 1$
		$(aL^2/2\lambda)(\sin\beta/\beta)^2\cos^2\theta$	$a =$ 柱半径 $\beta = kL\sin\theta$	与法线成 θ 角	$r > L^2/\lambda$
平板	无限 (平面)	$\dfrac{r^2}{4}$		垂直于平面	
	有限 任何 形状	$\left(\dfrac{A}{\lambda}\right)^2$	$A =$ 平板面积 $L =$ 平板的最大线度 $I =$ 平板的最小线度	垂直于平板	$r < L^2/\lambda$ $kl \gg 1$
	矩形	$\left(\dfrac{ab}{\lambda}\right)^2\left(\dfrac{\sin\beta}{\beta}\right)^2\cos^2\theta$	$a, b =$ 矩形边长 $\beta = ka\sin\theta$	与含有 a 边的 法线平面成 θ 角	$r > a^2/\lambda$ $kb \gg 1$ $a > b$
	圆板	$\left(\dfrac{\pi a^2}{\lambda}\right)^2\left(\dfrac{2J(\beta)}{\beta}\right)^2\cos^2\theta$	$a =$ 圆板半径 $\beta = 2ka\sin\theta$	与法线成 θ 角	$r > a^2/\lambda$ $ka \gg 1$
椭圆体		$\left(\dfrac{bc}{2a}\right)^2$	$a, b, c =$ 椭圆体的 主半轴	平行于 a 轴	$ka, kb, kc \gg 1$ $r \gg a, b, c$
锥体		$\left(\dfrac{\lambda}{8\pi}\right)^2\tan^4\psi\left(1 - \dfrac{\sin^2\theta}{\cos^2\psi}\right)^{-3}$	$\psi =$ 锥体的半角	与锥轴成 θ 角	$\theta < \psi$
各个方向取 平均圆盘		$\dfrac{a^2}{8}$	$a =$ 圆板半径	各个方向上 取平均	$ka \gg 1$ $r > \dfrac{(2a)^2}{\lambda}$

表 7-1(续)

形状	目标强度 = 10lg t	符号	入射方向	条件
任意的光滑凸面体	$\dfrac{s}{16\pi}$	s = 物体的全部表面积	各个方向上取平均	各个线度与曲率半径都大于波长
三棱反射体	$\dfrac{L^4}{3\lambda^2}(1-0.000\,76\theta^2)$	L = 反射体棱边的长度	与对称轴成 θ 角	各个线度均小于波长

3. 鱼的目标强度

目前,国际上对鱼类目标强度的研究方法可以分为两大类,即理论模型法和实测法。理论模型法是将单体鱼近似视为空间规则模型,再根据声波散射原理,通过计算机计算出这些模型对不同频率声波的散射强度。实测法是利用声学仪器在不同环境下直接测量单体或鱼群的散射回波强度。

在实测法研究方面,世界上沿海国家的科技工作者做了大量的研究工作,英国的 Cushing 对死鱼进行测量,并在有些鱼体上安装了薄膜塑料人工鱼鳔,使用频率为 30 kHz 的声束自上而下垂直照射到脊背上,鱼处于正常游动姿态,测量结果示于图 7-8 中。该图给出了鱼体长度与目标强度之间的关系,其中的直线为 TS 值与 30lg L 之间的关系,这里 L 是鱼的长度。

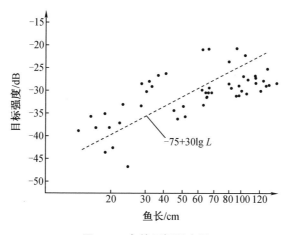

图 7-8　鱼的目标强度图

文献[4]在 12～200 kHz 频段的 8 个频率上测量了鱼的目标强度值,鱼体样本长为 1.9～8.8 in(1 in=2.54 cm),发现目标强度与鱼体长度有明显的关系,与频率关系则不明显,并总结出脊背方向入射时,鱼的目标强度经验公式为

$$\mathrm{TS}=19.1\lg L-0.9\lg f-62.0 \tag{7-38}$$

式中,L 为鱼体长(cm);f 为频率(kHz),适用范围 $0.7<L/\lambda<90$。

对于探鱼声呐来说,它的探测目标总是鱼群,研究人员关心的是鱼群作为一个整体的目标强度值。试验结果表明,如果该鱼群由 N 条相距较大的鱼所组成,则该鱼群的总目标强度为 $\mathrm{TS_T}=\mathrm{TS}+10\lg N$,TS 是单个鱼体的目标强度值。

4.常见的声呐目标的目标强度值

关于各种常见声呐目标的目标强度值,研究人员已进行了大量的实验测量,一般来说,所得到的结果具有较大的离散性,但即使如此,这些测量还是从统计的意义上给出了规律性的结果。表7-2所列是常见声呐目标的目标强度标准值,作为水声工程中处理问题时的一般估值,这些结果是很有参考意义的。

表7-2　常见声呐目标的目标强度标准值

目标	方位	TS		
		小型艇	大型艇,有涂层	大型艇
潜艇	正横	5	10	25
	中间	3	8	15
	艇艏或艇艉	0	5	10
水面舰艇	正横	25		
	非正横	15		
水雷	正横	0		
	偏离正横	−25～−10		
鱼雷	随机	−15		
拖曳基阵	正横	0(最大)		
鲸鱼,30 m	背脊方向	5		
鲨鱼,10 m	背脊方向	−4		
冰山	任意	10(最小)		

7.3　目标强度的测量

由主动声呐方程可知,无论使用什么类型的主动声呐,都不可避免地要对被探测目标声呐目标的目标强度值做出估计。声呐目标的目标强度值可以通过理论计算求得,也可直接由实验测量得到。本节将主要介绍声呐目标强度的实验测量方法。根据目标尺寸及测量环境的不同,实验测量又分为现场测量及实验室测量。对于大型目标,应在湖泊或海上进行现场测量;对于小型目标,则可在实验水池进行测量。

7.3.1　现场测量

在湖泊或海上现场测量目标强度值,容易满足远场条件,能直接得到结果,但环境条件不易控制和重复,且结果有一定的离散性,测量精度较低。图7-9是目标强度现场测量的示意图,其中 A 是指向性脉冲声源,它向被测目标辐射声波;B 是水听器,接收来自目标的回波。由目标强度的定义 $TS = 10\lg\dfrac{I_r}{I_i}\Big|_{r=1}$,可知只要测得入射声强度 I_i 和距离目标等效声中心

1 m 处的回声强度$I_r|_{r=1}$,就可方便地得到被测目标的目标强度值。为了提高测量精度,测量应重复多次,取其平均值作为最终测量结果。

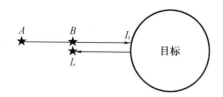

图 7-9　目标强度测量示意图

根据声学理论关于远场特性的论述可知,为得到确定、可信的结果,测量应满足远场条件,即目标应位于声源辐射声场的远场区。同样,水听器 B 也应位于目标散射声场的远场区。一般来说,对于较大的目标,其远场距离总是大于 1 m 的,因此在应用定义计算目标强度值时,首先应将在远场测得的回声强度,归算到距离目标等效声中心 1 m 处,然后代入公式计算该目标的 TS 值。

1. 比较法

比较法是一种比较实用的方法,在实际工作中经常被应用。比较法需要一个目标强度为为已知的参考目标,首先测量参考目标的回声强度,设为 I^*。其次,在相同的测量条件下测量被测目标的回声强度,设为 I_r,又设参考目标的目标强度 TS^*,被测目标的目标强度为 TS,则 TS 为

$$TS = 10\lg \frac{I_r}{I^*}\Bigg|_{r=1} + TS^* \tag{7-39}$$

应用比较法测量目标强度如图 7-10 所示,该方法的优点是操作简单,仅需测量回声强度 I_r 和 I^*,计算简单。但是应用比较法测量目标强度,必须有一个目标强度值为已知的参考目标,对于复杂几何形状的目标,逼真程度高的参考目标制作比较困难。

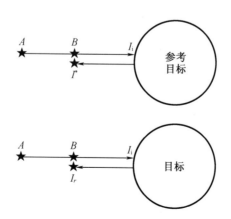

图 7-10　比较法测量目标强度示意图

2. 直接法

多数声呐目标的目标强度值是用直接法测得的,图 7-11 是这种测量的示意图。图中,假设 A 是收发合置换能器,B 是被测目标,它与 A 之间的距离 r 满足远场条件。又设声源 A

是指向性脉冲声源,声轴指向被测目标,其声源级为 SL,声源与目标之间的声传播损失为
TL。若水听器(声源)处测得回声级为 EL,则应有 EL=SL-2TL+TS,式中,TS 为被测目标强
度值。由回声级 EL 的定义知 EL=10lg(I_r/I_0),这里 I_0 和 I_r 分别为参考声强和水听器处回
声强度,则可得

$$TS = 10lg \frac{I_r}{I_0} + 2TL - SL \tag{7-40}$$

由式(7-40)可知,应用直接法测量目标强度值,需要测量三个物理量:声源级 SL、回声
强度 I_r 和传播损失 TL,然而,在实际海洋环境中要准确测量回声级 EL 和声源级 SL 并不容
易,这涉及大型基阵及其电子设备的校准技术,尤其在基阵孔径较大和具有旋转波束的情
况,校准的工作量大。如果将设备校准归结为技术因素,传播损失的直接测量则要归结为
环境因素。信号频率、脉冲宽度、指向性、传播距离、接收深度、海底底质和声速剖面等都是
影响声传播的重要因素。因为这要求精确测量声源与目标之间的距离,并根据现场水文条
件确定相应的传播损失值,其难度一般是比较大的。虽然直接测量法有着上述不便之处,
但它仍不失为一种比较简单的方法,加之它又无须特殊的仪器设备,因而成为一种基本的
测量方法。

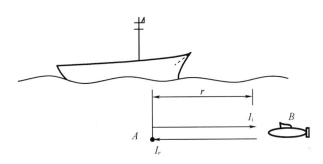

图 7-11　直接法测量目标强度示意图

3. 应答器法

针对直接测量法的缺点,研究人员提出了一种不需要确定传播损失的测量方法,它应
用了一种通常称为应答器的特殊设备,所以习惯上称这种测量方法为应答器法,图 7-12 是
这种测量方法的示意图。由图可见,在测量船上,除了安装有声源外,还在其附近安装了一
个水听器 I,用以测量目标回声和应答器所辐射的脉冲信号;在待测目标上,安装有水听器
II 和应答器各一个,它们相距 1 m。测量中,应答器在接收到声源发射的信号后,向水听器
I 发射声脉冲信号,供其接收。测量时,声源发射脉冲信号,水听器 II 先后接收声源和应答
器所发射的脉冲信号,设它们的声级差为 B(dB),则有

$$B = 应答器源级 - (声源辐射声级 - TL)$$

另外,水听器接收目标回声信号和应答器的发射信号,设它们的声级差为 A,则

$$A = (应答器源级 - TL) - (声源辐射声级 - 2TL + TS)$$

式中,TL 是声源至目标间的传播损失;TS 是被测目标的目标强度值。于是得到

$$TS = B - A \tag{7-41}$$

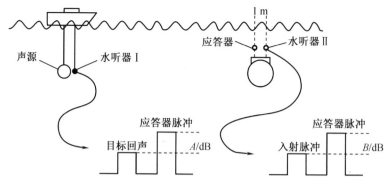

图 7-12　应答器法测量目标强度示意图

由此可见,应用应答器法测量目标强度,不需要确定传播损失,这是该方法的一大优点。另外,该方法测量比较简单,不需要做复杂的绝对校正工作。

7.3.2　实验室测量

以上讨论的测量方法,适用于现场测量大型目标,如潜艇、鱼雷、水雷等物体的目标强度值,对于尺寸较小的目标,如潜艇模型、实验室目标等物体,则宜于在实验室水池中进行测量,因为水池中的测量条件远优于现场的测量条件。水池中测量目标强度,一般可采用比较法或直接法,但测量应满足以下条件。

1. 满足远场条件

测量应在远场进行,即目标处于声源的远场,水听器处于目标的远场。

2. 满足自由场条件

测量应保证自由场条件得到满足。对于测量条件较好的消声水池而言,这条件总是满足的,但对于非消声水池,由于存在四壁及水面、池底的反射,反射声信号有可能和目标回波信号相叠加干涉,从而直接影响测量结果的可信度。对于这种多途干扰,可采用脉冲信号,它是常用的抗多途干扰有效措施。因直达脉冲总是先于反射声到达水听器,所以,可根据水池的长、宽、高尺寸,合理选用脉冲宽度,并适当调整声源、目标、水听器三者之间的位置,使界面反射脉冲和目标回波脉冲在接收时间上前后分开,采集信号时,选用首先到达的回声信号,这样就保证了测量结果的正确性。

3. 合理选取发射信号脉冲宽度

上面已经提到,选用脉冲宽度,要考虑自由场条件能否得到满足,为了抗多途干扰,要求脉冲宽度取值较窄,另外,研究人员总希望得到稳态结果,这又要求脉冲宽度不能太窄,应保证一个脉冲宽度内至少包含有十个左右波。所以,选用脉冲宽度时,应兼顾以上两方面的要求。

7.3.3　目标 TS 值的降低

对于某些水下目标,降低其目标强度值有着非常重要的意义。例如,主动声呐探测水下目标,若该目标的目标强度值降低 6 dB,其他条件不变,则声探测到该目标的距离将变为原来的十分之七,甚至更小。由此可见,降低目标强度值,能降低敌方探测声呐的探测距离,有效提高己方目标的安全性。

1. 低频条件下目标强度值的降低

在低频条件下,声波波长大于目标的所有尺寸,可采用技术措施来降低目标强度值,如在目标表面覆盖消声被覆等,则一般而言,工程实现难度很大,也收不到预期效果。但注意到体积越大的目标,其回声也就越强,可以通过减小目标的体积来降低目标强度值。

2. 高频条件下目标强度值的降低

高频条件下,可以应用多种技术来降低目标强度值,如改变目标几何形状、表面覆盖消声被覆、主动抵消和采用薄调谐材料等。

(1)改变目标几何形状

首先,应该使目标的两个主曲率半径都达到最小,尽量避免平板或圆柱面,因为它们会产生强的镜反射。其次,目标表面,包括边缘应该是光滑的,没有棱角突起,尤其不能有空洞、腔开口等不规则性,以尽可能减小散射声。

(2)表面覆盖消声被覆

现代潜艇几乎无一例外采用的技术是表面覆盖消声被覆,即在外壳上敷设吸声覆盖层,俗称消声瓦。吸声型消声瓦的简单作用原理如图7-13所示。当声波从水中入射到消声瓦的外表面时,一部分能量在表面上反射回来,另一部分能量透射到消声瓦中。由于消声瓦是黏弹性材料,进入消声瓦的波在消声瓦中边传播边衰减,到达消声瓦与艇壳的界面后再次反射,反射波传播回前界面后又有一部分能量透射到水中,这是消声瓦的二次反射波。无限多次反射波的叠加就是总的反射波。

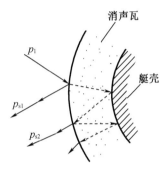

图7-13 吸声型消声瓦的作用

为了使消声瓦的反射回波尽可能小,希望一方面从消声瓦前界面的反射为零,即入射波能量全部透进消声瓦,另一方面透进消声瓦的能量在消声瓦中很快被衰减掉,使得二次以上的反射波小到可以忽略。前者要求消声瓦前界面的声阻抗与水匹配,使入射波能量全部透入,后者要求消声瓦损耗足够大,使透射波在几厘米距离内衰减殆尽。如果采用均匀黏弹性材料,这两个要求都难以满足。一是受到材料损耗作用的限制,因为材料损耗通常按照传播距离与波长之比来计算,若材料厚度远小于波长,损耗将很小,这就限制了低频的吸声作用;二是阻抗匹配与材料高损耗之间的矛盾,因为水的损耗小到可以忽略,于是消声瓦的损耗越大失配就越严重。有关消声瓦的材料、设计及性能测试等问题,本书不做介绍,可参考有关文献。

(3)主动抵消

在目标上对入射声进行监听,并据此复制一个信号,使它与入射声大小相等相位相反,则它与入射声的叠加,能使回声信号强度显著下降。对于大型目标,这种方法的工程实现难度较大。

(4)采用薄调谐材料

薄调谐材料可以看作一种声吸收器,它有一个按一定模式挖空的橡胶层,并在层上再覆盖一层相同厚度的外层。声波入射至层上时,激发产生共振,入射声能被有效吸收,从而降低回波能量,起到降低目标强度的作用。

7.4 目标回声信号

声波入射到无限大的平面分界面上,产生反射和折射,若表面起伏不平则在表面产生漫反射;又如声波碰到与波长相比微小的物体时,由物体产生的再辐射声几乎各向均匀,这种现象称为散射。在不透声的物体背朝入射波的一面会形成阴影,而在物体的几何影区边界处形成声波的干涉现象。而当入射波穿过很小的物体时,物体背后的声场和入射波差不多,该现象称为绕射现象。一般情况,在物体的附近,由于物体各部分对波的散射作用,产生复杂的散射波场,它和入射波场迭加干涉,形成复杂的干涉声场,这种现象称之为衍射现象,而物体附近的波场又称为衍射场。总之,入射波在物体表面会激起再辐射,习惯上称近场为衍射场,远场为散射场。其实,从波动原理来考虑,近场与远场没有区别。近场衍射问题,对接收声波的物体表面压力分布的研究有重要意义;远场散射问题,对于进行声探测分析物体的散射声和回声的结构和特征有重要意义。

7.4.1 回声信号的形成

通常,声呐目标在线度大小上总是有限的,所以,当声波投射到它们表面时,上面提到的反射、绕射和散射过程均可能发生。但是在不同的场合,往往只有其中的一两种过程是主要的,其余的过程则是次要的。这里须要特别说明,对于弹性目标,入射声波会透射进目标内部,激发起内部的声场,引起目标共振,从而向周围介质中辐射声波,它也是回声信号的组成部分。

1. 镜反射回声信号

对于曲率半径大于波长的目标,回声基本上由镜反射过程所产生。声波投射到大曲率半径目标表面时,在与入射声垂直的点(或面)上会产生镜反射回声,而与垂直入射点相邻的那些目标表面,则产生相干反射回声,它们和目标上不规则处产生的散射信号叠加,组成目标回声信号。在这些组成信号中,镜反射信号总是最强的,而且最先到达,其波形是入射波形的重复,两者高度相关。对潜水艇和水雷目标来说,其正横方向上的回声,镜反射是主要过程。

2. 目标表面上不规则散射信号

目标表面上的不规则性,诸如棱角、边缘和小的凸起物等,其曲率半径一般小于声波波长,声波投射到这些表面上时,就会发生不规则散射,这时散射成为主要过程。这种散射信号也是目标回声的组成部分,但一般情况下,它总小于镜反射信号。大多数声呐目标表面都有这种不规则性,所以,声呐目标的回声中,总包含了这种不规则散射信号。

3. 目标的再辐射信号

原则上,常见的声呐目标基本上都是弹性物体,入射声波会透射进入目标内部,激发起内部声场,形成驻波场,从而,目标的某些固有振动模式将会被激发起来,这些振动会向周围介质中辐射声波,这种波称为再辐射波,它也是目标回声的组成部分。图7-14所示为窄脉冲声信号入射到光滑铝球上后,所接收到的回波脉冲串,其中第一个脉冲为镜反射回波,尾随的那些脉冲,就是目标的再辐射波。因为这种再辐射波不遵循反射定律,所以也称为

"非镜反射"。一般地说"非镜反射回波"提高了目标强度值,其贡献与方位角、被激发振动模式的阻尼常数等有关。

图7-14 来自铝球目标的回波脉冲串

应当指出,再辐射波的激发,受到多种因素的影响,如目标的几何形状、组成材料的力学参数、它与入射声波的相对位置、入射声波频率、入射声波脉冲宽度等,都会对再辐射波的激发产生影响。

4. 回音廊式回声信号

图7-15所示为回音廊式回声的传播途径,投射到目标表面上 A 点的声波,除产生镜反射波以外,还按折射定律产生折射波透射到目标内部。折射波在目标内部传播,在点 $B,C,\cdots$ 上同样产生反射和折射,到达 G 点时,折射波恰好在返回声源的方向上,这种波也是回波的部分。根据这种波的产生机理,形象地称其为回音廊式回波。

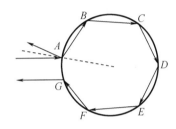

图7-15 回廊式回声传播途径

7.4.2 回声信号的一般特征

回声是目标和入射声波互相作用后产生的,是一个复杂的物理过程。回声信号的特征取决于目标的几何形状、组成材料、它与入射声波的相对位置、入射声波频率和脉冲宽度等多种因素,它们的综合作用,导致回声信号特征的复杂性。这里不对回声信号的特征做详尽讨论,仅给出它的一般特征。

1. 多普勒频移

运动目标的多普勒效应是一种常见物理现象。设入射波频率为 f,目标与声源之间的距离变化率为 V,则回声频率 f_r 为

$$f_r = f\frac{c+V}{c-V} \qquad (7-42(a))$$

注意到 c 是海水中的声速,总有 $c \gg V$,以及目标运动可能是接近声源,也可能是远离声源,于是有

$$f_r = f + \Delta f \qquad (7-42(b))$$

$$\Delta f = \pm\frac{2V}{c}f \qquad (7-42(c))$$

式中,Δf 是回波频率与入射波频率之间的差值,称为多普勒频移,式中正负号的选择是当目标接近时,取正号,反之则取负号。由式(7-42(c))可知,只要测出 Δf,就可结合 f、c 的值求得 V 值。例如,已测得回波频移为 2 000 Hz,并已知声呐工作频率为 100 kHz,$c=1$ 500 m/s,则根据式(7-42(c))可知目标是以 15 m/s 的相对速度趋近声源的。

根据多普勒效应制造的测速仪器称为多普勒测速仪,它给出的是目标相对于大地的运动速度。迄今所应用的水下目标测速设备中,多普勒测速仪是唯一能测量对地速度的仪

器。多普勒测速仪的另一个优点是其测量精度远优于其他水下测速仪器可达 5 mm/s。

2. 脉冲展宽

通常,回波脉冲宽度都宽于入射脉冲,这是因为目标回声是由整个目标表面上的反射体和散射体所产生的,物体的整个表面对回波都有贡献,但由于传播路径不同,目标表面不同部分产生的回波到达接收点的时间将有先有后,它们的叠加就加宽了回声信号的脉冲宽度。图 7-16 中,一束平面波以掠射角 θ 入射到长为

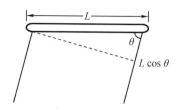

图 7-16 回声信号脉宽为 $2L\cos\theta/c$

L 的目标上,很明显,在收发合置条件下,回波脉冲将比入射脉冲拖长,其值 $\Delta\tau$ 等于

$$\Delta\tau = \frac{2L\cos\theta}{c} \tag{7-43}$$

式中,c 为介质中的声速。

回声脉冲的这种展宽现象,在入射声为窄脉冲信号,而目标又是由许多散射体组成的复杂形状目标时,回声脉冲的拉长就更加明显。如果回声的主要过程是镜反射时,回声展宽就不明显,这种拉长就可以忽略。例如,对于潜艇目标来说,在正横方向,回波展宽仅为 10 ms 左右,而在艏艉线方位,这种展宽则可达 100 ms。

3. 包络的不规则性

回声的包络是不规则的,特别是当镜反射不起主要作用时更是如此,这是因为镜反射不起主要作用时,目标上的各散射体所散射的声波是由干涉叠加造成的。例如,当发射信号为正弦填充脉冲时,其回波包络就可能变得很不规则,不再具有发射脉冲所具有的那些特征。另外,在目标的回声中,还可能有个别的强脉冲,它们来自目标上那些能产生镜反射的部位,例如,潜艇上的指挥塔就能产生这种强回声,它与散射声波互相叠加,进一步改变回声的包络形状。

4. 调制效应

在具有螺旋桨推进器的目标尾部,它所产生的回声幅度会出现周期性的变化,这是由于螺旋桨周期性旋转,目标的散射截面产生周期性变化所致。另一个产生调制的因素是由运动着的船体与其尾流产生的两种回声相互间的干涉导致调制效应。

7.5 习 题

1. 给出目标强度的定义。已知实验测量得到距离目标声学中心 1 m 处的回波声压振幅是入射波声压振幅的 1/10,求目标的 TS 值。

2. 在非消声水池中测量目标 TS 值,已知水池长×宽×高为 20 m×10 m×5 m,目标长 0.5 m,收发换能器为长 0.2 m 的水平连续直线阵,工作频率 20 kHz,试设计测量布设及信号参数的选择。

3. 说明潜艇目标 TS 值的特点。

4. 说明长柱目标 TS 值随测量距离、入射信号脉冲宽度的变化及其原因。

参 考 文 献

[1] 刘伯胜,黄益旺,陈文剑,等. 水声学原理[M]. 3 版. 北京:科学出版社, 2019.

[2] MORSE P M. 振动与声[M]. 南京大学《振动与声》翻译组,译. 北京:科学出版社,1974.

[3] URICK R J. Principles of Underwater Sound[M]. 3rd ed. Westport:Peninsula Publishing, 2013.

[4] CUSHING D H. Measurements of the target strength of fish[J]. Radio and Electronic Engineer,1963,25(4):299-303.

[5] WAITE A D. 实用声纳工程[M]. 3 版,王德石,译. 北京:电子工业出版社,2004.

[6] 汪德昭,尚尔昌. 水声学[M]. 北京:科学出版社,1981.

[7] 柏格曼 P G. 水声学物理基础:上册[M]. 邵维文,桂宝康,吴绳武,等译. 北京:科学出版社,1958.

[8] ANDERSOO N R. Oceanic Sound Scattering prediction[M]. NewYork:Plenum Press, 1977.

[9] 李建鲁,范军,汤渭霖. 水下简单形状目标回声的近远场过渡特性[J]. 上海交通大学学报,2001(12):1846-1850.

[10] 汤渭霖,范军,马忠成,等. 水中目标声散射[M]. 北京:科学出版社,2018.